高职高专农林牧渔系列“十四五”规划教材

农业基础

NONGYE JICHU

主　编　邵　权　霍海龙　杨净云

副主编　杨章松　刘凤丽　褚素贞　方其仙

参　编　罗瑞芳　王莉丽　刘丽仙　吴潇潇
李　涛　杨群兴　祁永琼　盛　鹏
周婧媛　张伟芳

苏州大学出版社
Soochow University Press

图书在版编目（CIP）数据

农业基础 / 邵权，霍海龙，杨净云主编. —苏州：苏州大学出版社，2021.8（2022.7重印）
高职高专农林牧渔系列“十四五”规划教材
ISBN 978-7-5672-3669-1

Ⅰ.①农… Ⅱ.①邵… ②霍… ③杨… Ⅲ.①农业技术－高等职业教育－教材 Ⅳ.①S

中国版本图书馆 CIP 数据核字（2021）第 160436 号

农业基础
邵　权　霍海龙　杨净云　主编
责任编辑　管兆宁
助理编辑　施　然

苏州大学出版社出版发行
（地址：苏州市十梓街 1 号　邮编：215006）
江苏凤凰数码印务有限公司印装
（地址：南京市鼓楼区湖北路83号　邮编：210000）

开本 787 mm×1 092 mm　1/16　印张 18.25　字数 389 千
2021 年 8 月第 1 版　2022 年 7 月第 2 次印刷
ISBN 978-7-5672-3669-1　定价：49.00 元

若有印装错误，本社负责调换
苏州大学出版社营销部　电话：0512-67481020
苏州大学出版社网址　http://www.sudapress.com
苏州大学出版社邮箱　sdcbs@ suda.edu.cn

前言

Preface

本教材立足服务“三农”发展，服务乡村振兴战略，培养造就一支懂农业、爱农村、爱农民的“三农”工作队伍的需要，突出职业性、实践性和针对性。在编写过程中，基于农业产业发展，力求体现科学性、针对性、知识性和综合性：既有“三农”宏观的学习，也有结合“三农”发展现实的大农业介绍；既有对农业历史的基本认知，又有对未来农业发展的展望；既做到理论联系实际，紧密联系国内外，又强调我国乡村振兴战略发展的实际；既有对农业产业的各领域进行系统性全方位阐述，又有对农业产业发展的重点的详细阐述；突出对学生农业产业知识架构的培养和职业素质的养成。全书结合教学实践，采用学习任务模式进行项目教学方式结构设计，形成了13个学习任务，在每个学习任务中明确相应的学习目标及内容。本教材的特点是：通过情景案例导入，构建并分解学习任务；通过知识扩展，延伸学习广度与深度；通过将思政元素融入到学习任务中，深化课程思政工作。通过学习本教材，学农专业学生可以系统、全面、快速地了解本专业，非农专业学生可以从宏观方面了解最基本的农业情况，提升对农业的认知。

本教材不仅适合高职高专院校农业及相关专业作为基础入门教学使用，也可供非农业相关专业学生选择使用，同时还可作为涉农人员社会培训教材使用。

本教材由云南农业职业技术学院相关一线教师历时两年共同编写而成。其中，学习任务一由杨章松负责编写；学习任务二由方其仙负责编写；学习任务三由邵权、刘凤丽负责编写；学习任务四由罗瑞芳、王莉丽、杨净云负责编写；学习任务五由霍海龙、刘丽仙负责编写；学习任务六由吴潇潇负责编写；学习任务七由李涛负责编写；学习任务八由杨群兴负责编写；学习任务九由霍海龙、刘丽仙负责编写；学习任务十由祁永琼负责编写；学习任务十一由褚素贞负责编写；学习任务十二由盛鹏、邵权负责编写；学习任务十三由周婧媛、杨净云负责编写。张伟芳老师参与了教材部分资料收集、修改等工作。

感谢编写人员和审稿人对本教材付出的辛勤劳动，感谢学院对本教材的支持和帮助。本教材在编写过程中得到了苏州大学出版社的大力支持，对此，我们深表感谢。同时本教材在编写过程中借鉴了国内外大量的文献资料，在此，谨对原作者一并表示感谢。

由于编者水平所限，书中难免存在不足之处，敬请广大读者批评指正。

编　者

2021 年 3 月

序 言

Preface

乡村振兴战略是习近平同志2017年10月18日在党的十九大报告中提出的。十九大报告指出，农业、农村、农民问题是关系国计民生的根本性问题，必须始终把解决好“三农”问题作为全党工作的重中之重，实施乡村振兴战略。

产业兴旺、生态宜居、乡风文明、治理有效、生活富裕，建设乡村振兴战略，需要大量各专业的人才推动农业、农村发展。当前职业教育在社会服务与“三农”发展中的作用逐步凸显，这也更需要鼓励更多的职业院校学生去了解和认识“三农”发展的过去、当下和未来。乡村振兴，关键在人，基础靠教育。当前向高等职业院校的非农业类专业学生普及农业知识的教材和书籍相对较少，多数是针对普通高校本科生的农业专业基础教材，内容相对较深，专业性要求较高，不适合职业院校非农业专业学生和渴望了解农业的人士去学习。

农业职业院校承载着为“三农”发展提供人才、培训农业人才的重要责任。为了让更多的人方便去了解农业，了解国家农业发展的基本情况，让更多的年轻学子加入农业发展中，投入到乡村振兴战略大发展中，培养造就一支懂农业、爱农村、爱农民的“三农”工作队伍，我们组织了一批从事农业专业教学及“农业基础”课程教学的相关老师，在充分总结多年专业材料及课程经验的基础上编写了这本教材。

希望该教材能够为大学生和广大读者提供助力，为推进国家乡村振兴战略提供支撑，为“三农”人才培养贡献力量！

邵权

2021年3月

目录

Contents

学习任务一　绪论

【学习目标】

1. 知识目标：了解农业的几大起源中心；知晓农业发展各阶段的特征。
2. 能力目标：掌握农业的概念及其典型特点。
3. 态度目标：理性认识农业对人类发展的重要性和农业在我国的基础地位。

【案例导入】

全球粮食安全不容乐观

2020年7月13日，联合国发布《世界粮食安全和营养状况》报告。报告指出，2019年全球遭受饥饿的人数有近6.9亿，比上一年增加1 000万，与5年前相比增加近6 000万。其中，遭受饥饿人数最多的是亚洲，饥饿人数增长最快的是非洲。报告还指出，新冠肺炎疫情使全球粮食体系的脆弱性凸显，并预测在全球范围内，2020年饥饿人数至少新增约8 300万，甚至可能新增1.32亿。

【案例分析】

农业是人类的衣食之源，是人类生存繁衍的基础。中国是农业大国，在几千年的历史发展长河中，创造过灿烂的农业文明，“食为政首，粮安天下”的思想深深地扎根在中国人心中。悠悠万事，吃饭为大。为人类提供维系生命的粮食，是农业最基础、最重要、最直接的功能，也只有农业具备这个功能，其他产业均不具备。当今的中国是有着14亿人口的大国，农业基础地位任何时候都不能被忽视和削弱，手中有粮，心中不慌在任何时候都是真理。我国也曾长期被吃饭问题困扰，党的十一届三中全会后，改革首先从农村破冰，在农业上显现成效，解决了广大人民的吃饭问题，并实现温饱有余到逐步小康。今天的中国，已全面实现“不愁吃”这一世世代代的愿望，用仅占全球9%的耕地和6.4%的淡水，养活了全球近20%的人口，实现了把饭碗牢牢端在自己手中，并且碗中装的主要是中国粮。我国之所以取得如此举世瞩目的成就，得益于党和国家始终坚持农业的基础地位不动摇，把握农业发展的正确规律，不断推进农业改革，任何时候都牢牢把住农业这一“基本盘”，稳住农业这一“压舱石”。

【学前思考】

1. 农业是从哪里来的？
2. 农业究竟是什么？
3. 农业有哪些特征？

学习内容一　农业的起源与发展历程

了解农业的历史和现在，展望农业的将来，是农业基础知识学习的必备内容。探索农业的形成及发展进程，认知农业发展的规律，对于深入认识农业对人类、对国家、对个人发展的重要性，树立知农、尚农、爱农的情怀，具有重要意义。

农业产生之前

一、农业的起源

（一）农业的产生

大量考古研究表明，大约在一万年前的新石器时期，农业从原始人类的采集和渔猎活动中逐步产生出来，其表现是人类在采集和渔猎的同时逐渐学会了对植物和动物的驯化，并从这种驯化过程中收获同采集和渔猎活动一样或相似的结果。农业起源之初的两三千年时间里，通过动植物驯化所得来的产物毕竟不是立刻就能满足人们生存所需的，因此原始人类依然以采集和渔猎为主来维持生存，动植物的驯化仅仅是附带的，但随着从自然环境中采集或渔猎产品变得越来越不稳定，人们不得不将获取生存所需的目光更多地投向更能稳定提供食物的动植物驯化活动，随着通过动植物驯化活动所获得的产物逐步增加，人类逐渐摆脱了依靠采集和渔猎为生的方式，开始了在获取生存物质方面区别于其他动物的方式——农业生产。

（二）农业的起源中心

经大量的遗传学和考古学研究证明，目前世界公认的农业的起源中心有 3 处，分别是中国起源中心、西亚北非起源中心、中南美洲起源中心。它们均在北纬 40 度至南纬 10 度之间，地理和气候大体相似，大多属于半湿润、半干旱的高地或丘陵地区。

1. 中国起源中心

大量考古研究证实，早在一万年前，在中国的北方，人们就已经分别利用野生狗尾草和野生的黍驯化出旱地作物粟和黍，成为世界上目前可证实的最早栽培粟和黍的国家。大约在一万多年前，中国长江中下游地区的先民们利用野生稻驯化出了水稻，中国是水稻的起源地是世界所公认的。自农业起源至今，中国南方以稻谷为主体农作物的生产特点不但没有改变，反而在逐渐发展壮大。北方地区旱作农业在发展历程中却发生了一次重大的转变。在距今四千多年前后，起源于西亚的小麦传入中国，并逐步取代粟和黍成为北方旱作农业的主体农作物，中国“南稻北麦”自此开始逐步形成，并一直延续至今。在动物养殖方面中国起源中心还驯化了家猪、鸡等牲畜。

2. 西亚北非起源中心

在今天的伊拉克、伊朗、巴勒斯坦、埃及等西亚北非地区是世界上农业起源最早的聚集地之一，在距今一万多年至八九千年前，西亚北非的幼发拉底河、底格里斯河、尼罗河流域的先民们就已将野生小麦、大麦、高粱、扁豆、豌豆、葡萄、橄榄等成功地驯化为农作物，并驯化出山羊、绵羊、牛、驴等动物。

3. 中南美洲起源中心

墨西哥的里约巴尔萨斯地区与南美安第斯山区，驯化了玉米、马铃薯、花生、烟草、红薯、南瓜、西葫芦、辣椒等农作物，还驯化出驼羊、荷兰猪等动物。

世界三大农业起源中心起源的农作物及驯化的畜禽如表 1.1.1 所示。

表 1.1.1 世界三大农业起源中心起源的农作物及驯化的畜禽

起源中心	起源的农作物	驯化的畜禽
中国	谷物：水稻、粟、黍、荞麦等 豆类：大豆、绿豆、赤小豆等 块根茎类：山药、莲藕、茨菇、芋等 经济作物：大麻、苎麻、油菜、茶叶等 蔬菜：白菜、萝卜、芥蓝、黄花菜、韭菜等	家蚕、猪、鸡、狗等
西亚北非	谷物：小麦、大麦、黑麦、高粱等 豆类：蚕豆、豌豆、鹰嘴豆、豇豆、扁豆等 经济作物：亚麻、油菜、橄榄、咖啡等 蔬菜：胡萝卜、茴香、卷心菜、马齿苋等	绵羊、山羊、狗、黄牛、驴等
中南美洲	谷物：玉米、藜麦等 豆类：菜豆、刀豆、利马豆等 块根茎类：马铃薯、红薯、竹芋等 经济作物：烟草、花生、剑麻、向日葵、可可等 蔬菜：西红柿、辣椒、南瓜、佛手瓜、西葫芦等	骆马、驼羊、火鸡等

综上所述，农业起源是一个人类和动植物协同进化渐变的漫长过程，并非一蹴而就的。农业起源的时间大约是在距今一万年前的新石器时期。农业起源于原始人类的采集和渔猎活动，农业的起源最具标志性的表现是对动物和植物的驯化，并以此获得生存所必需的物质，主要是维持生存的食物。农业起源的原因是自然环境的不利迫使人们放弃采集渔猎，选择通过驯化并培育动植物来获得食物。农业并非在世界各地同时起源的，农业的起源中心也不是唯一的，目前被考古学、遗传学等研究认定的世界

农业起源中心包括：中国起源中心、西亚北非起源中心、中南美洲起源中心。农业的产生是人类历史上的一次巨大革命，这场革命被称为第一次农业革命或新石器革命，具有开天辟地的意义。

二、农业的发展历程

农业革命

农业的产生使人类打开了文明的大门，农业的发展是人类发展的一个重要部分，农业的发展进步是人类发展进步的重要体现，农业的发展是推进人类发展的重要力量。在农业产生以后的漫长岁月里，随着生产工具的不断创造、使用、改进以及生产方式、土地利用方式等的不断进步，一万多年来，农业的发展大体上经历了原始农业、古代农业、近代农业、现代农业4个阶段历程。在不同的发展阶段中，农业的特点、生产方式、生产力水平有所不同，但前一阶段是后一阶段的基础，而且不管在哪个阶段农业都是人类生存的基础。

（一）原始农业阶段

原始农业阶段是一个漫长渐进的摸索过程，是农业的起源形成的过程，历时六七千年之久，这一时期主要是对动植物的驯化。原始农业的前期，人类依然以采集和渔猎为主，农业处于自然模仿阶段，原始人类依靠长期采集渔猎过程中积累起来的经验，模仿野生植物的自然生产状态，基本不采取任何栽培措施，只是简单地把种子撒播在地里，任其自然生长，待到收获时采集，相比原始的采集，仅多了一个播种环节。后来这种模仿行为又逐渐发展成为刀耕或者火耕，也就是利用石刀石斧或者火烧，开出一片用于撒播种子的土地，从而播种收获。研究表明，不管是初期的模仿还是后来的刀耕火耕，此时的原始人类均没有固定在某个地点进行农业生产。后来这种刀耕火耕的方式又逐渐进步到发明利用一些诸如耒耜、木锄、石锄等工具来对土地进行平整、翻耕、疏松而后播种的阶段，原始人类逐步进入了耕地连续种植的新阶段，人类也就逐步告别不断的迁徙，开始了相对稳定的定居。如图1.1.1所示，在这一阶段，一些简易的原始农业生产工具已经被发明使用。

在原始农业阶段，原始农业的特征主要有以下几点：

（1）农业生产使用的工具简陋落后，主要是石刀、石斧、石锤等石器，动物骨骼制成的骨耜、耒耜等其他骨器，简单制作后的木棍、木铲、木锄等。

（2）劳动力是人力，尚未使用畜牧力以及水力、风力等自然力。

（3）生产方式极为粗放，是自然状态下的粗放种养，刀耕火种、迁徙撂荒是主要生产方式。

（4）生产力十分低下，很长一段时间农业生产仅是从属于采集和渔猎的副业。

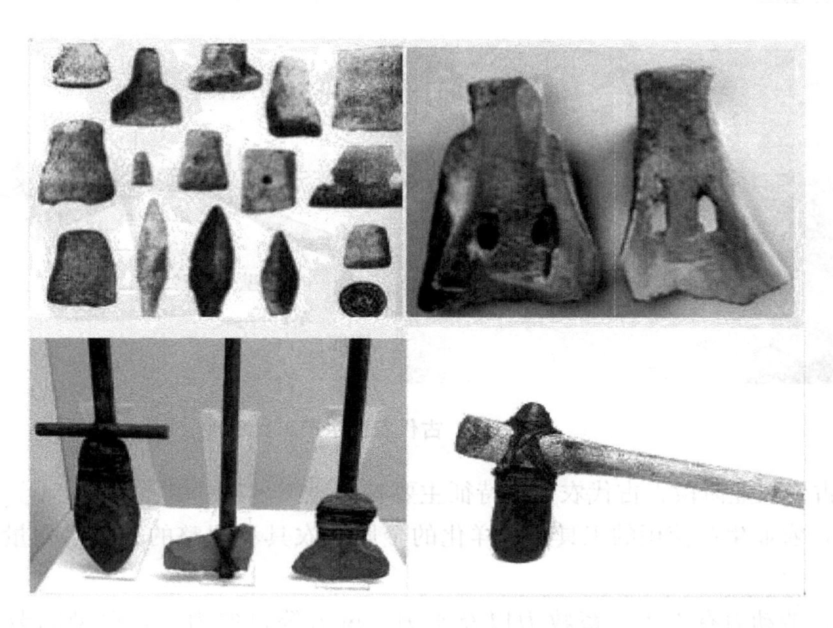

图 1.1.1　原始农业生产工具

（二）古代农业阶段

古代农业是使用铁、木农具，利用人力、畜力、水力、风力和自然肥料，主要凭借直接经验从事生产活动的农业。该阶段时间跨度大约 2 000 多年，在中国，囊括了整个封建社会和部分奴隶社会。这一时期的农业主要是在生产过程中通过积累经验的方式来传承应用并有所发展的，所以也称传统农业或经验农业。由原始农业进入古代农业的过程，并不是一步跨越的，也是一个逐渐演变的过程，从世界范围来看，在同一个时期，可能有的地方已经进入古代农业阶段，有的地方依然处在原始农业阶段。古代农业在西方是从奴隶制的希腊、罗马开始的，在中国则发端于春秋战国从奴隶社会过渡到封建社会的时候。随着青铜冶炼特别是冶铁铸铁技术的发明，农业生产的主要工具逐渐金属化，且结构更加规整实用，技术性更强。如图 1.1.2 所示，古代农业不仅使用铁犁牛耕，而且随着农业生产的一系列的技术措施逐步完备，如施肥技术、灌溉技术、间作套种技术，农作物的分选、去壳、加工技术等，逐渐形成了精耕细作的农业生产模式，总结出了服务农业生产的天文历法、物候、气象规律等。并且，利用各种农作物和饲养动物的生产经验措施，从农业中分化出了其他业态，国家设立有专门的农事管理和指导部门，形成了以农业为主的社会经济和上层建筑，产生了诸多比较全面的总结研究、指导推广农业生产的相关著作，最具代表的就是《氾胜之书》《齐民要术》《陈敷农书》《王祯农书》《农政全书》五大农书。我国古代农业开始于春秋战国，形成于秦汉，发展于唐宋，完善于明清，造就了两千多年的农业文明。

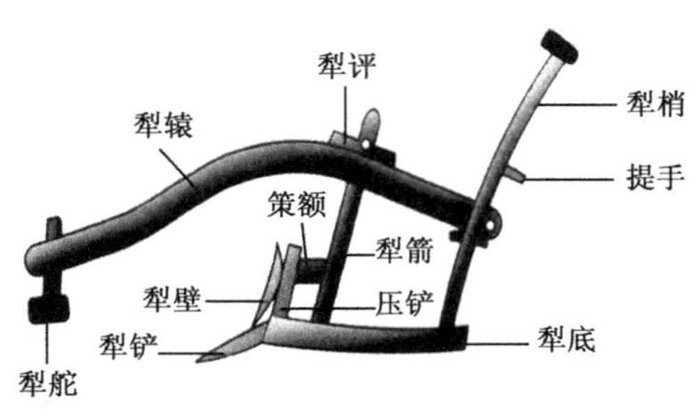

图 1.1.2 古代农业生产工具

在古代农业阶段，古代农业的特征主要有：

（1）农业生产使用的工具是多样化的金属质农具和规整的、技术含量更高的木质农具。

（2）劳动力有人力、畜牧力以及水力、风力等自然力，是典型的劳动密集型产业。

（3）铁犁牛耕既是古代农业的主要生产工具，也是主要的耕作方式。

（4）比之原始农业，生产力大大提高，发明创造并积累了丰富的农学科学技术，形成了比较系统的农耕文化，创造了灿烂的农业文明。

（5）男耕女织式的小农经济普遍存在，农业生产以家庭生产为单位，与家庭手工业相结合。

（三）近代农业阶段

我国古代农民种什么

近代农业阶段的到来，在科学技术层面得益于第一次工业革命，其开创了以机器代替手工劳动的时代。从社会关系来说，工业革命使古代农业阶段普遍依附于落后生产方式的自耕农阶级消失了，工业资产阶级和工业无产阶级形成和壮大起来，人类从此开始了由农业社会向工业社会迈进的步伐。农业的资本主义化更是为近代农业的产生和发展提供了充分的条件，尤其是18世纪英国的圈地运动，意味着土地与资本结合，是古代农业转变为近代农业的先导。圈地运动形成的新式农牧场迅速成为为社会提供商品农产品的资本主义实体，近代农业不再像古代农业一样以自给自足为主。在市场机制的作用下，一些先进的科技成果被引入农业生产，一些促使农业生产提高效益的发明创造不断涌现，农业生产的面貌焕然一新，近代农业逐步成型壮大。

西方资本主义国家是近代农业的起源地和快速发展的最大受益者。18、19世纪英国成功设计了种子条播机、马拉锄、脱谷机、收割机、饲料配制机等机器；19世纪美国农业方面从土地翻耕、播种、施肥、收割、打谷到分选、去壳、装袋等生产过程，都陆续发明使用了机器，但这些机器早期大多都需要畜力或人力辅助。19 世纪初，蒸汽机被广泛用作脱粒机、拖拉机等的机械动力，解放出了很大一部分畜力和人力。为了解决蒸汽机的庞大、笨重、速度慢、耗材多等弊端，加之石油能源内燃机的发明，19 世纪末至 20 世纪 30 年代，美国相继发明使用汽油拖拉机、柴油拖拉机，世界逐步进入了石油动力农业时代，在石油能源动力的基础上，动力更强、功能更全、结构更复杂，但操作更方便、性能更稳定、改造改装性更大、更加经济实用的一系列诸如联合收割机等农业机械被发明或改造出来，并广泛运用于农业生产。使得畜力逐渐被替代，直接从事农业生产的人力更是被大量解放出来。在此基础上，美国在 1940 年左右就基本实现了农业机械化，德、法、英、日等国家也在 20 世纪中叶相继实现了农业机械化，而近代中国，在西方国家已经基本完成近代农业进程的时候，整体尚处在传统农业阶段。

近代农业不仅是农业机械被大量发明使用的时期，更是其他科学技术大发展的时期。随着化学、物理学、地理学、气象学、生物学的研究不断深入和相关发明创造不断涌现并大量运用于农业生产，技术密集且成系统的农业技术体系逐步形成，一改古代农业靠经验进行农业生产的模式。化学方面，德国学者李比希创立了植物矿质营养学说（也称归还学说），俄国土壤学家道库恰耶夫发展了土壤学科，科学地揭示了农作物需要吸收土壤中的营养维持生长。土壤中的肥料不是用之不竭的，而是会随着农作物的种植而减退的，所以需要向土地补充营养，也就是施肥。人工施肥成为常识，化工方面合成氨、尿素被大量用于农业施肥，化肥工业就此产生，并蓬勃发展。化学农药的发明使用也是这一时期的伟大创举。DDT（双对氯苯基三氯乙烷）、六六六（六氯环己烷）被发明并用于杀虫，硫酸铜、2,4-二氯苯氧乙酸（2,4-D）用于除草，农药的使用由此兴起。生物学方面，19 世纪德国学者施莱登、施旺创立了细胞学说，英国学者达尔文创立了进化论，奥地利生物学家孟德尔和美国生物学家摩尔根建立了遗传理论，这为近代农业的良种选育提供了理论支撑和技术指导，农业新品种培育和改良的浪潮由此掀起。近代农业阶段，机械的发明使用大大提高了生产效率，化肥的发明使用促进了农业生产的增产增收，农药的发明使用使农业生产有了稳产的措施，良种选育技术的发明使用激发了农业生产的产量潜力。这些近代农业阶段创造的成果，是明显不同于古代农业的伟大进步。

在近代农业阶段，近代农业的典型特征主要有：

（1）农业生产工具半机械化和机械化，人力、畜力逐步被替代。

（2）化肥农药被发明并运用于农业生产，通过人为制造并输入农业的物质能量种类多，数量大。

（3）生产力比之古代农业有巨大飞跃，生产率大幅提高，形成了科学的农业生产技术体系。

（4）生产方式多样化，产品更加丰富，产量达到前所未有的水平，并出现大量剩余，农业自给自足的自然经济瓦解，开始进入农业商品经济时代。

（5）农业的进步促进了产业的分化，社会分工的进一步深化，社会状态不再是单纯农业社会，而是进入了工业社会。

（6）近代农业的发展也产生了环境污染、生态破坏、自然资源过度消耗等问题。

（四）现代农业阶段

从时间维度来看，现代农业是20世纪中叶特别是第二次世界大战以来的农业。现代农业是农业生产和社会经济发展到一定阶段的产物，是在采用大机器生产的现代工业基础上发展起来的。现代农业是一个动态的概念，是不断采用现代的、新的生产要素替代过去的生产要素的农业。

在持续100年左右的近代农业阶段，一些西方国家已经实现农业的半机械或机械化，发明使用化肥农药，农业生产力空前提高，已进入农业商品经济时代。近代农业高投入、高产出的同时，也付出了高代价，化学物质导致的环境污染、自然资源被大量破坏、能源被高消耗等生态危机和能源危机困扰着人们。为了有效解决这些问题，20世纪七八十年代，西方多数国家开始有意识地调整农业发展战略，并出现了“有机农业”“生态农业”“自然农业”“生物农业”等农业发展理念和实践。加之二战以后，经济全球化愈发凸显，要适应农业商品经济的进一步发展，一方面农业产品就必须进一步商品化，达到标准、均一、规模的特点；另一方面要符合全球不同类型不同层次的市场需求，实现多品种、多品牌、多规格。随着社会的进步人们更是要求农业产品品质优、成本低。因此，要实现农业可持续的发展，就必须走标准、节约、高效的道路。另外20世纪下半叶发生了两件具有代表性的重大科学事件，一个是计算机及相关技术的发明使用，另一个是DNA双螺旋结构的发现。因此，以可持续发展为代表的一系列新理念、世界经济一体化的市场需求、以生物技术与信息技术为主要代表的新的农业科技革命等，将近代农业推进到现代农业。

农业生产工具向着机械的自动化智能化发展。现代农业以近代农业的成果为基础，不但覆盖田间作业的翻耕、播种、收获，还拓展到经济作物、林果、蔬菜、水产、饲料、畜牧业以及农产品的精深加工等方方面面。同时，在实现机械化的过程中，人工智能的成果迅速与机械结合运用于农业的各环节、各方面，现代卫星技术、计算机网络信息技术、传感技术、自动控制技术等不断得到运用，机械的自动化、智能化、精确化、功能实用化更加明显。例如，大型无人操作联合收割机普遍采用电子监视仪和自动控制，可以监视籽粒散失和脱失率，有的农机采用光电感应技术就可以把不需要的苗株去除，无人机设定相应的程序就可以自行对作物精准喷施农药等。在农药化肥使用上，现代农业使用的是高效、低残留、低毒，对生态破坏小、对人类更安全的物质，如有机肥、长效肥、生物肥料、缓释肥、液体肥、生物农药等。在基础设施建设方面，现代农业更加注重建设适应现代化的、科技含量高的、精确化的、适应现代机械化的基础设施。如以色列的现代化灌溉系统、荷兰的温室等。在育种技术方面更加成熟，手段方法更加丰富，可利用空天技术实行太空育种，可深入到分子水平，对遗传物质进行定向改造，实施基因工程育种等。细胞工程、基因工程、酶工程、蛋白质工程、发酵工程等现代生物技术广泛应用于农业生产。得益于现代计算机信息技术，农业的实时监测、气象预报、灾害预警、病虫害防控、数据收集处理、系统模拟等更加准确适用，加之全球定位技术、大数据、物联网等的运用，不仅使农业生产变得越来越智能化，而且让农业经贸、农业科研、农业教育等与农业相关的人类生产生活更加现代智能。

现代农业阶段，就是人类将现代先进的科学技术特别是现代工业化技术和生物技术手段运用到农业当中，以现代组织制度和管理方法来经营，集科学化、市场化、集约化、社会化为一体，高产、优质、低消耗的农业生产系统和协调、高效、安全的农业生态系统。

在现代农业阶段，现代农业的特征主要有：

（1）实现了生产工具的机械化、自动化和智能化。

（2）是高技术密集型产业，以科学技术为核心，依靠现代计算机信息技术、生物技术等高科技技术，使生产力较之近代农业进一步发展，生产效率明显提高。

（3）是可持续发展的农业，缓解了近代农业的生态危机和能源危机。

（4）以市场为导向，与市场的关系更加紧密，受市场规律的支配，典型的商品化特征，面向的是全球化市场。

（5）以集约化为发展方向，以产业化为发展目标。要素投入集约化、产出高效化、生产专业化、服务社会化、农民职业化、功能多样化、经营一体化，产前、产中、产后各环节紧密联系、有机衔接，产业化链条长。

（6）现代农业的类型多样，出现了生态农业、有机农业、精准农业、数字农业、都市农业、观光休闲农业、设施农业、工厂农业、持续农业、农业园区等，呈现出多样、多维、立体的农业发展态势。

（7）农业与其他产业高度融合，尤其是与工业将融为一体。

综上所述，从农业起源到现在，一万多年的农业发展历程大体经历了原始农业、古代农业、近代农业、现代农业四个阶段，每一阶段有其典型的特征，但并非全世界各个地区或国家的农业发展历程都是一致。一方面，不是世界上所有国家或地区都经历了全部四个阶段；另一方面，不同的国家和地区在同一阶段的发展也是有差异的。农业的发展反映着人类的发展进步，人类在其他方面的发展也推动着农业的发展。每一次科技和工具上的重大突破和革命，都将农业推上一个新的台阶，进入到一个新的历史时期。农业的发展史就是人类的发展史，农业生产力的发展水平是人类生产力发展水平的集中表现。农业并不会止步于现代农业，它将随着人类社会的不断发展，持续向着更高水平发展下去。

头脑风暴：农业的未来是智慧农业，而且未来已来到。你认为农业会与当前涌现出的哪些新技术结合，从而实现智慧化？

学习内容二　农业的概念

农业的概念可以从狭义和广义来理解。狭义的农业主要指种植业，即农作物栽培业。广义的农业则包括种植业、林业、畜牧业、渔业以及农产品加工和其他农副业。我国《农业法》中所指的农业包括种植业、林业、畜牧业和渔业等产业以及与其直接相关的产前、产中、产后服务。现在对农业相对全面的定义是：农业是人类通过社会生产劳动，以土地为基本生产资料，利用自然环境提供的条件和人类社会创造的资源，以有生命的动物、植物、微生物为生产对象，通过促进或控制它们的生命活动过程来取得人类社会所需的物质生产部门。

一、农业是第一产业，国民经济的基础

产业是人类所从事的各种生产活动的泛称，农业是人类创造出来的一种生产活动，具有社会性，是一种社会分工现象。依据产业本身的性质来对人类的产业进行划分，将直接从自然界获得产品的物质生产部门划为第一产业，将加工取自自然界的产品的物质生产部门划为第二产业，将从第一产业和第二产业的物质生产活动中衍生出来，并为第一产业和第二产业提供社会服务的非物质生产部门划为第三产业。农业属于第一产业，人类最先从事的产业就是农业，因此它是一个最古老的产业，是世界上唯一能将太阳能转化为热能并储存在有机物质中的大产业。农业发挥着提供食物、工业原料和其他农产品，维护和改善生态环境，促进农村经济社会发展等不可替代的多方面作用，是人类赖以生存的基本生活资料的来源，也是其他社会活动赖以存在和发展的物质基础。国家把农业放在发展国民经济的首位，在国民经济中处于基础地位。

二、农业生产的对象和条件

（一）农业生产的对象

《汉书·食货志》对农业的定义为“辟土殖谷曰农”，即耕作土地、种植庄稼叫作从事农业。这句话中，“辟土”指耕作土地，谁来耕作土地呢？主体当然是人，也就是农业是需要人类劳动参与的。在哪里生产呢？在土地上，土地是生产的最基础最重要的资料。用什么来“辟”，又涉及耕作的工具。“辟土”的目的是什么呢？是为了“殖谷”，也就是说人作为主体，土地作为最基本的生产资料，谷是生产的对象。这里所说的农业，实际仅指农作物的栽培，也就是种植业。随着对农业的定义越来越完善，农业除了包括种植业外，还包括林业、畜牧业、渔业、农业副业等。那么，农

业生产的对象到底有哪些呢？农业起源于采集和渔猎，采集和渔猎的对象是生长在自然界的植物和动物，农业生产逐步替代了采集和渔猎，获取植物和动物的方式途径发生了变化，但要达到的目的是一样的，都是要获得动植物的某一部分或全部。如此来看，农业生产的对象是植物、动物。但是，除了动植物外，人类很早就会将微生物运用在生产食品、药品等方面，如生活中常见的发酵，人们今天还保持着采食野生菌类的习惯等。因此，准确地说，农业生产的对象应该是有生命的植物、动物、微生物。

（二）农业生产的条件

农业生产依靠的是植物、动物、微生物的生长发育来获得所需要的产品的，这个过程需要满足相应的条件才能实现，这也是促使人类主动进行农业生产，并不断发明创造，并改进生产技术的原因之一。总体来说，农业生产需要具备自然条件和社会条件。自然条件包括：土壤、种质、光照、热量、水分、空气等地理的、气候的、生物的条件。社会条件包括：劳动力、生产技术、生产工具、政策制度以及诸如基础设施等其他非自然投入品。

学习内容三　农业的特点

农业是人类社会最古老的物质生产部门，也是人类社会最基本的物质生产部门，没有农业就没有人类社会的发展，这是农业的重要性和物质生产属性。农业是人类有意识地利用生物的物质能量转化机能，以获得生活必需的食物和其他物质资料的经济活动，这是农业生产对象和经济属性。农业生产是自然再生产过程和经济再生产过程的统一。管理农业生产，既要尊重自然规律，又要服从经济规律，这是农业的双重规律制约特性。农业是国民经济和自然生态大系统的组成部分，同时又可划分成若干子系统，农业具有复杂性。土地对农业生产来说是极为重要的，是农业生产中不可替代的最基本的生产资料。在其他生产部门中，土地仅仅是劳动场所。在农业生产中，土地不仅是劳动场所，而且是提供动植物生长发育所必需的水分和养分的主要来源，是动植物生长发育的重要环境条件。因此，土地的数量、质量和位置都是农业生产的重要限制因素，这是农业对土地的依赖性。农业生产具有周期性和季节性。周期长且生产时间和劳动时间不一致性，比较强的季节性，生产资料和资金使用的不均衡性，产品收获的间断性，收入的风险性，以上都与需求的连续性形成矛盾，这是农业调控的必要性和复杂性。

农业由于以上的特性，使农业具有相对的弱质性，存在生产周期长，风险大，小规模生产下劳动生产率低，大宗农产品价值低，收益低等弱点。

一、农业是自然再生产和经济再生产相结合

农业的自然再生产过程是指农业生物的生长、发育和繁殖的过程。农业生产的对

象是有生命的植物、动物和微生物，这些生物是在一定的自然环境中繁殖，通过年复一年循环往复的生长发育过程来生产农业产品。在这个过程中存在不断地进行物质的循环与能量的转化。首先，绿色植物通过光合作用，把太阳能转化为化学能，把无机元素合成有机物质，不仅不断地再生产绿色植物本身，同时还创造人类及其他一切动物赖以生存的基本条件。其次，自然界的动物直接或间接地从植物体中摄取能量和营养，然后转化为各种主产品和副产品。最后，各种微生物利用动植物残体及其排泄物为养料，不断地生产和再生产微生物本身，同时分解出相应的营养物质，重新被植物所吸收。

如果动植物及微生物的这种自然再生产没有人类的介入，那么农业也就不会产生。现实情况是人类需要循环往复地进行农业的生产投入和产出以维持人类的生存。因此，农业生产是人类有组织、有目的的经济活动，具有一定的经济意义，体现着一定的经济关系。在现实的农业生产过程中，既没有脱离自然再生产过程的纯粹经济再生产过程，也没有脱离经济再生产过程的纯粹自然再生产过程，农业是自然再生产和经济再生产的交织结合，具有自然属性和社会属性，这是农业生产的对象、条件以及人类生存延续决定的。

二、农业具有地域性特征

各种农业生产的对象需要满足一定的环境条件才能正常生长发育。因地球所处的宇宙环境以及自身的结构和运行特点，不同的部位光照、降雨、温度、湿度、地形地貌、空气等在形态、数量、质量等各方面均有差异，即地球上自然气候条件有明显的地域性。另外，不同地区，生物种类也有明显差异，不同区域社会经济发展水平，人文特点、生产生活习惯等均不同，因此农业也随之呈现出地域性特征。

就算是同一物种在不同的地域其生产表现也是不一样的，有这样一段流传千古的话：“橘生淮南则为橘，生于淮北则为枳，叶徒相似，其实味不同。所以然者何？水土异也。”这说明早在春秋时期，我国的先民们已经科学地认识到农业生产的地域性特征。

二十四节气农事歌

三、农业具有季节性、连续性和周期性特征

在空间上，农业的地域性特征告诉我们，农业生产必须因地制宜；在时间上，农业的季节性特征则告诉我们，农业生产要因时制宜。地球围绕太阳公转，产生了四季变化，不同的季节，光照、降雨、温度等均不一样。农业生产对象的生长发育是一个连续不断的过程，在每一个生长发育阶段需要的最适条件又不完全相同，大多数农作物的发芽、开花、结果、成熟都表现出明显的季节性特征，也就导致不同的季节，人类的农业生产投入、管理、经营活动等方式方法和表现也随之呈现出季节性特征。因此，才会出现春种、夏耘、秋收、冬藏的季节性生产。在我国，古人很早就认识到农

业生产的季节性特点，提出“不违农时，谷物不可胜食也”，并科学地对农时节令进行总结运用，指导农业生产。今天还广泛流行的“二十四节气”就是先民们顺应农时，通过观察天体运行，认知一年的时候（时令）、气候、物候变化规律所形成的指导农事生产生活的经典知识体系，是古代农耕文化对于节令的反映。在科技发达的今天，农业的季节性特征依然非常明显地反映在农业生产的产前、产中、产后等各方面，影响着农业政策的制定实施、农业市场的变动、农业贸易的开展，以及人们的日常生活等方方面面。

农业生产具有连续性特征。一方面体现在农业是人类赖以生存的基本物质来源，一次农业生产不可能满足人类永远的需要，人类要延续下去就必须进行连续不断的农业生产；另一方面，农业生产依靠的是动植物及微生物的生长发育来获得产品的，而生物的生长发育又是一个连续不断的过程，且具有不可逆的特点。

农业从开始生产到获得产品所经过的全部时间叫作农业生产周期。在种植业中，一般从翻整土地到产品收获为一个生产周期；在畜牧业中，一般以饲养幼畜到获得畜产品为一个生产周期。大多数生产都具有周期性，但农业生产以生物为对象，生产时间与劳动时间不一致。因此，农业生产周期比工业生产周期长。农业生产的周期很大程度上受生产对象的生育期影响，生产对象的生育期又受自身遗传特性、环境条件等的影响，不同生产对象生育期不同，同一生产对象不同的品种、所处的生产环境不一样，也会导致生育期有所差异。对于一个地区，农业生产尤其是植物生产就会表现出不同的熟制，如一年一熟、一年两熟等。对于同一生产对象的不同品种或者同一品种放到不同地区生产就会出现早熟、中熟、晚熟等不同情况。生产对象的这种生育特点反映在农业上，就体现出明显的周期性。

四、农业具有波动性和脆弱性，产品具有特殊性

农业生产是自然再生产和社会再生产的结合，容易受到自然气候条件和人类社会活动的影响，加之农业生产具有的季节性、连续性、周期性等特征，常常会因为相应的因素引起波动。引起这些波动的因素包括自然的因素和人类社会活动的因素。自然的因素有：大范围的干旱、洪涝、低温、全球变暖等气候的变化引起的波动，突发性的暴雨、大风、霜冻等极端天气导致的波动，病虫害引起的波动，环境污染、资源破坏等引起的波动等。人类社会活动因素有：一是市场经济活动规律引起的波动，在现代商品农业时代，市场引起农业生产的波动是广泛而明显的，如某种农产品市场价格升高，则农业生产者会扩大该农产品的生产规模，规模扩大，市场供给增多，供给增多一般会导致价格下降，价格下降，农业生产者则会缩小生产规模。二是政策技术措施引起的波动，政策正确，技术得当，自然有利于农业生产，政策失误，技术不当，必然导致农业生产损失。另外像战争、大规模的产业结构调整、社会变革等均会引起农业的波动。正因为农业的易波动性也就体现出农业的脆弱性。

农业生产的绝大多数产品是鲜活的产品，在保质储存方面要求更高，对其利用一般都有保质期限，过期会失去利用价值。人类对农产品的需求是连续不断的，有些物质只能在农产品中获得，无法合成，比如八种必需氨基酸，多数农产品都是生活必需品，不可替代。农产品既是日常生活中的直接消费资料又是生产资料。因此，农产品具有特殊性。

头脑风暴：扫码听歌曲《红土地上谱新章》，思考歌词中涉及本章所学的哪些知识。

红土地上谱新章

课后实训：查阅相关资料，结合实际情况，调查你家乡的农业生产波动性主要是哪些因素造成的。

【学习任务小结】

农业属于第一产业，是国民经济的基础，是人类通过社会生产劳动，以土地为基本生产资料，利用自然环境提供的条件和人类社会创造的资源，以有生命的动物、植物、微生物为生产对象，通过促进或控制它们的生命活动过程来取得人类社会所需的物质生产部门。农业具有地域性、季节性、周期性、连续性、波动性、脆弱性、产品的特殊性等特点，是自然再生产和经济再生产的结合，对人类来说具有不可替代性。

农业起源于距今一万多年左右的新石器时期，农业的出现是人类历史上的第一次伟大革命，人们称为农业革命或新石器革命，其对人类的意义是开天辟地的。世界农业起源的中心大致有3处，分别是西亚北非起源中心、中国起源中心（或称东亚起源中心）、中南美洲起源中心。世界农业从起源到今天，大致经历了原始农业（刀耕火种）、古代农业（铁犁牛耕，精耕细作）、近代农业（半机械或机械化、化学化、石油化）、现代农业（高科技化、可持续性）4个阶段。

【复习思考】

一、单项选择题

1. 中国传统农业开始于春秋战国，形成于秦汉，发展于唐宋，完善于明清。中国传统农业最具有代表性的特点是（　　）。

A. 大量农业书籍和专著的出现

B. 规制的木质农具出现

C. 大量铁质农具的使用

D. 能够利用水力、风力等自然力，掌握了水利灌溉、施肥改土、良种选用等技术

2. 化学农药、化肥、饲料添加剂的使用是（　　）。

A. 近代农业的特征　　B. 传统农业的特征
C. 智慧农业的特征　　D. 原始农业的特征

3. 现代农业属于（　　）。
A. 技术密集型产业　　B. 劳动密集型产业
C. 经验型农业　　D. 自然型农业

4. 农药是农业生产的（　　）。
A. 稳产措施　　B. 增产措施
C. 产量潜力所在　　D. 提高劳动生产力的典型措施

5. 现代农业的核心是（　　）。
A. 商品化　　B. 集约化　　C. 科学化　　D. 产业化

6. 农业起源于原始人类的（　　）。
A. 打磨石器　　B. 采集和渔猎
C. 烧土制陶　　D. 用火

7. 北方有农谚“白露早、寒露迟、秋分种麦正当时”体现出农业生产具有明显的（　　）。
A. 地域性　　B. 连续性　　C. 季节性　　D. 波动性

二、多项选择题

1. 史学家认为，农业的发端开始的时期是（　　）。
A. 距今 10 万多年左右　　B. 距今 1 万多年左右
C. 旧石器时期　　D. 新石器时期

2. 以下是公认的世界农业起源地区的是（　　）。
A. 中国　　B. 西亚
C. 北非　　D. 中美洲、南美洲的安第斯山区
E. 西欧地区

3. 世界农业中国起源中心区又可以分为北方起源中心和南方（主要是长江中下游）起源中心，北方起源中心的作物主要是（　　）。
A. 小麦　　B. 粟　　C. 黍　　D. 高粱

4. 农业生产的对象包括（　　）。
A. 植物　　B. 动物　　C. 微生物　　D. 人

5. 以下是农业的特征的是（　　）。
A. 季节性　　B. 周期性　　C. 地域性　　D. 连续性
E. 波动性

6. 以下是农业生产所需的自然条件的是（　　）。
A. 光照　　B. 地膜　　C. 水分　　D. 热量
E. 技术

三、判断题

1. 中国最早驯化了家猪、狗和鸡。（　）

2. 传统农业创造了中国几千年的农业文明，达到了精耕细作的水平。（　）

3. 在云南元谋县上那蚌村西北发现的“元谋人”距今已经170万年，他们用石器和木棍进行渔猎采集，意味着农业在他们那个时期就已经出现。（　）

4. 农业是国民经济的支柱。（　）

5. 狭义的农业就是指种植业。（　）

6. 农业需要利用自然环境所提供的条件，又反过来影响环境条件。（　）

7. 农业是无可替代的生命产业。（　）

学习任务二　农业综述

【学习目标】

1. 知识目标：了解农业的形态及农业发展现状和前景；理解农业在国民经济中的重要地位；掌握农业的本质和内涵；掌握农业生产的重要性、农业生产的性质及特点；掌握农业增长要素。

2. 能力目标：能够解释自然、经济、技术等因素对农业生产及其分布的影响；能够熟悉我国农业的现状及对未来农业发展进行探索研究。

3. 态度目标：态度要端正，具有诚实守信、求实创新、钻研业务、精益求精、文明礼貌、热情服务的工匠精神和职业素养。

【案例导入】

正确积极应对全球粮食危机

受新冠疫情和蝗灾的影响，2020 年全球粮食产量大幅下降，全世界面临至少 50 年来最严重的粮食危机！一场危及 75 亿人的“新灾难”正在爆发……

联合国表示，2020 年新增 1 亿多饥饿人口，全世界有约 6 亿多人处于饥饿状态。换言之，全球 75 亿人，每 30 人中就有 1 人会在饥饿中度过 2020 年。据 FAO 报告显示，2020 年的两次蝗灾，仅每平方千米的沙漠蝗就吃掉了 3.5 万人一天的食物消费量。物以稀为贵，产量下降，粮价上涨，可疫情导致的失业无收入人口却在不断增加。

据统计，中国人口占世界人口的 1/5，耕地面积却不到世界的 1/10。每年，中国人消耗的粮食就超过 7.5 亿 t，相当于 300 多万辆重型卡车的承重量。人口基数大、食物消耗多、耕地面积有限……种种问题都在说明，要养活 14 亿中国人到底有多难！

【案例分析】

粮食是生命之源、宝中之宝，粮食问题是最大的民生问题，粮食安全关系到人类的生存与发展，关系到世界的和谐与稳定。世界粮食价格屡创新高，粮食危机席卷全球。中国是农业大国、人口大国，既是粮食生产大国也是粮食消费大国，必须正视全球粮食危机，立足自身解决粮食问题。“手中有粮，心中不慌”。我们一定要站在党和国家工作的全局高度，站在实现大国崛起的战略高度，深刻认识抓好粮食生产的极端重要性，要把发展农业放在一切经济工作的首位，并以经济效益为中心建设社会主义现代化农业。

【学前思考】

1. 农业的本质是什么？农业的内涵包括哪些？
2. 农业在国民经济中的重要地位主要体现在哪些方面？
3. 农业增长要素有哪些？
4. 我国农业的现状和发展前景如何？

学习内容一　农业形态

农业形态是指多元要素融合而成的不同农产品（服务）、农业经营方式和农业经营组织形式。根据时间、地域、人们调控手段和途径、农业功能等的不同，有多种多样的农业形态，从这些农业形态，可以看出农业的变迁、发展和作用。根据不同的分类方法，有不同的农业形态。

根据时间的不同，分为古代农业、原生农业、早期农业、原始农业、传统农业、近代农业、现代农业。

根据社会制度的不同，分为部落农业、奴隶制农业、封建主义农业、资本主义农业、社会主义农业。

根据物质投入的不同，有烧垦农业、轮垦农业、自然农业、驯化农业、有机农业、无机农业、生态农业、适应农业、旱作农业、灌溉农业、节水农业、海水灌溉农业。

根据动力和能源的不同，有马拉农业、石油农业、工业化农业。

根据地区和区域环境的不同，有都市农业、郊区农业、庭院农业、盐土农业、海洋农业、沙漠农业、干旱农业、热带农业、异地农业、全球化农业、太空农业。

根据农业功能的不同，有自给农业、计划农业、创汇农业、外向型农业、观光农业、旅游农业、环保农业、市场农业、保健农业、优质农业、数量型农业、订单农业、合同农业、加工农业、“三生”农业。

根据生物及其作用的不同，有一圃制农业、二圃制农业、三圃制农业、立体农业、基因农业、生物农业、微生物农业、籽种农业、木本农业、再生农业。

根据人们调控程度和科学技术的不同，有掠夺农业、循环农业、投入农业、集约农业、粗放农业、精细农业、精准农业、数字农业、虚拟农业、设施农业、核农业、激光农业、工厂化农业、自动化农业、温室模拟农业、智能化农业、超级农业、无土农业、网上农业、知识型农业。

其他分类：冬季农业、霜期农业、持续农业、竞争性农业、大农业、小农业、保护型农业、高效农业、法制农业、园区农业、十字型农业。

从众多的农业形态类型，可以看出，农业是一种渗透力强、影响力广、功能多样的产业。由于农业资源要素的多元性，近年来通过不同方式的资源融合，已催生出服务型、创新型、社会化和工厂化等多种农业新形态，各种形态发展呈现出不同的阶段性特征，目前，农业形态主要分为以下几大类：

一、服务型农业新业态

通过产业链的横向拓宽，产生了休闲农业、会展农业、创意农业、阳台农业等服务型农业新业态。

（一）休闲农业

休闲农业是利用农业景观资源和农业生产条件，发展观光、休闲、旅游的一种新型农业生产经营形态。可以深度开发农业资源潜力，调整农业结构，改善农业环境，增加农民收入。

休闲农业整体进入成长期，市场竞争逐渐加剧，面临转型升级的挑战，但市场远未饱和，未来发展空间仍然很大。目前，休闲农业在我国已呈全面发展态势，产品日渐丰富，规模不断扩大，利润加速增长。预计全国休闲旅游市场接待人数将超过 80 亿人次，远高于现阶段年接待 22 亿人次的规模。

（二）会展农业

农业会展就是有关农业的展览和会议。展览是指各种农业博览会、交易会、订货会。会议则包括各种农业论坛、洽谈会、交流会等。从增长潜力看，未来新开发的农业展会和农业节庆活动数量增速将放缓，整体进入竞争整合阶段，今后更多的是着力打造会展品牌，增强节庆衍生产品开发力度以及深入探索市场化运作新模式等。

（三）创意农业

创意农业处于萌芽期，目前多以创意元素的形式融入休闲旅游产品开发中，市场份额小。创意农业包括产品创意、服务创意、环境创意和活动创意等，目前主要以产品创意和活动创意为主。

在产品创意方面，主要是通过将产品功能与造型推陈出新或赋予文化新意，使普通农产品变成纪念品，甚至艺术品，从而价值倍增。在活动创意方面，主要是指通过定期或非定期举办创意活动，提高消费者体验价值。

（四）阳台农业

阳台农业从字面理解就是在阳台空间上搞农业生产，它不仅有地面土壤空间所具的所有作用，而且从技术角度说，阳台农业所涉技术更趋高新性，栽培模式更趋无土性，生产的产品更趋观欣赏性与自给性。

阳台农业开始走进城市，实行栽培无土化、设备智能化、空间集约化，一些大城市发展较为迅速，部分地区的市场上已出现矮化的番茄、苹果、桃子以及盆栽青菜等。阳台农业展示了都市型现代农业新形态，满足了市民对美好环境和休闲生活的需求，进行这种新型的服务型农业生产正逐渐成为市民的一种生活方式。

二、创新型农业新业态

以现代生物技术、信息技术等为代表的高科技向农业渗透，衍生出生物农业、智慧农业、农业大数据应用、农产品电子商务等创新型农业新业态。

（一）生物农业

生物农业是指运用先进的生物技术和生产工艺来栽培各种农作物的农业生产方式。其中包括种植业、林业、微生物发酵工程产业、畜牧业等生产项目。

生物农业整体上进入大规模产业化的起始阶段，发展前景广阔。现代生物技术在农业领域推广应用，由此形成了涵盖生物育种、生物农药、生物肥料、生物饲料、生物疫苗和制剂等领域在内的生物农业。

近年来，生物农业规模不断扩张，产业不断优化升级。比如，生物疫苗市场规模由2009年的58亿元增加到2015年的151亿元，年均增速22%。到2021年，我国生物农业总产值将达到1万亿元。

（二）智慧农业

智慧农业就是将物联网技术运用到传统农业中去，运用传感器和软件并通过计算机平台对农业生产进行控制，使传统农业更具有“智慧”。

除了精准感知、控制与决策管理外，从广泛意义上讲，智慧农业还包括农业电子商务、食品溯源防伪、物流运输、农业休闲旅游、农业信息服务等方面的内容。

智慧农业处于由萌芽期向成长期迈进阶段，大多属于试点示范，大规模商业化应用还需要时间。从生产性、商品性、营利性和组织性方面看，由于技术装备成本高、市场不成熟、规模化和标准化程度低等原因，智慧农业尚未真正实现产业化。

（三）农业大数据

农业大数据是融合了农业地域性、季节性、多样性、周期性等自身特征后产生的数据集合。这些数据来源广泛、类型多样、结构复杂、具有潜在价值，并难以应用通常方法处理和分析。

农业大数据资源还未找到有效的开发应用模式，整体处于萌芽期。目前，农产品大数据应用比较典型的是京东和淘宝。京东推出“京东大脑”，为消费者带来了个性化、区域化的推荐结果，可帮助不同地区与不同消费习惯的人群获得最适合自己的高品质产品。淘宝推出了农产品电商消费分析平台，商家可以根据以往的销售信息和淘宝指数，用可视化图表的方式向用户展现排行榜、成交指数等。

目前大数据的开放和交易尚未形成市场的主流形态，加上法律和数据交易机制有待健全，因此京东、淘宝等交易平台在对外开放交易数据上持谨慎态度。

（四）农产品电子商务

农产品电子商务简称农产品电商，是指用电子商务的手段在互联网上直接销售农产品，如五谷杂粮、新鲜果蔬、有机食品、地方特产、生鲜肉类等。农产品电商随着互联网的飞速发展，将有效推动农业产业化的前进步伐，促进农业经济发展，最终实现地球村，改变农产品交易方式。

农产品电子商务已进入到成长期的快速推进阶段，同时各种瓶颈正在显现，在平台运营、农产品标准化、仓储物流等方面还有待突破。

三、社会化农业新业态

社会分工细化以及社会组织方式变革衍生出农业众筹、订单农业、社区支持农业、农村养老服务业、农业生产性服务业、农产品私人定制等社会化农业新业态。

（一）订单农业

订单农业又称合同农业、契约农业，是近年来出现的一种新型农业生产经营模式，农户根据其本身或其所在的乡村组织同农产品的购买者之间签订的订单，组织安排农产品生产。订单农业很好地适应了市场需要，避免了盲目生产。

目前订单农业新表现形式主要有两大类：一类是流通、餐饮类服务型企业向前延伸产业链建立原材料直供基地；另一类是企业与农产品基地建立合作模式，将基地作为公司员工购买农产品和休闲体验的场所，为公司员工提供内部福利。

（二）社区支持农业

社区支持农业也称市民菜园，消费者提前支付预订款，农场按需求向其供应农产品，是生产者和消费者风险共担、利益共享的城乡合作新模式。

社区支持农业在农民和消费者之间创立了直接联系的纽带，也为消费者获取健康安全的农产品提供了一条可靠途径，有一定商机，需要继续探索完善。

当前农业新业态发展还呈较强的地域性特征。一是东中西部地区差异明显。新业态的发展与经济发展水平密切相关。经济越发达的地区，农业新业态发育越充分。比如，东部地区休闲农业的整体发展水平明显要高于中西部地区。二是城市化成为重要推动力。大中城市周边既有城市的功能，又有乡村的功能，是农业新业态发育比较充分的地区。特别是城市密集的人口和多样的消费需求以及休闲的便利条件为新业态提供了市场支撑。城市化水平越高的地区，农业新业态类型越多样，业态发展越成熟。三是发展空间呈层级结构特征。农业新业态在空间上，从近郊向中、远郊区发展，形成层级结构差别。其主要表现是：在业态类型上，越靠近城市，越接近城市休闲；越远离城市，越贴近生态休闲。

学习内容二　农业在国民经济中的重要地位

随着农业生产力的发展和农业剩余产品的增加，其他生产和非生产部门才先后得以产生和独立出去并获得进一步发展，最后形成今天我们所见到的国民经济体系和现代社会。农业的作用首先在于它直接为其他部门提供食物、原料和市场，向其他部门输送资金和其他生产要素，同时为人类社会提供更适宜的生态和生活环境。其次，农业与其他部门存在各种前向和后向联系，农业的发展必然引发其他部门一系列反应，从而在其直接作用以外还具有间接促进国民经济发展的作用。

一、农业是国民经济的基础

农业所包含的具体内容和范围，在不同国家和不同时期不完全相同。但就其主体或本质而言，农业都是人类利用生物有机体的生命活动，将外界环境中的物质和能量转化为各种动植物产品的生产活动。在人类社会发展史上，农业是出现最早的一个物质生产部门，是人类社会再生产的起点。随着农业的发展和农业剩余产品的增加，才逐渐形成部门繁多的国民经济体系。因此，农业是整个国民经济的基础。

（一）农业是人类赖以生存和发展的基础

农业是人类的衣食之源和生存之本。直到目前为止，维持人类生理机能所必需的糖类、蛋白质、脂肪和维生素等只能依靠农业来获得。农业生产利用作物光合作用吸收太阳能和自然界的无机物质来生产粮食、豆类、油料、蔬菜、水果等植物性产品，然后再利用动物的消化合成功能进一步将植物性饲料转化为肉、蛋、奶等动物性产品。尽管现代科学的发展十分迅速，但是用无机物人工合成食物以满足人类需要仍是十分遥远的事情，我们还将长期依赖农业生产以维持自身的生存和发展。

几百万年以来，人类一直依赖天然纤维和皮革来解决自己的穿衣问题。随着化学工业的发展，合成纤维的生产已经取得很大进展。但是，无论在世界上什么地方，合成纤维仍未能完全取代棉、麻、毛等天然纤维的地位，天然皮革的地位更未受到严重挑战。不仅如此，随着生活水平的提高和社会风尚的变化，近年来人们在穿着方面表现出一种回归自然的倾向，天然纤维再度受到人们的青睐。与此同时，野生动物皮毛的利用也受到社会公众的抵制与反对。因此，依靠农业生产提供天然纤维和家畜皮毛的重要性再度上升。

（二）农业是其他物质生产部门独立和发展的基础

农业曾经是人类社会的唯一生产部门。随着农业生产力的提高，人们生产的农产品在满足农业劳动者自身的需要后出现了剩余，手工业逐渐从农业部门分离出来成为独立的生产部门。随着农业和手工业的进一步发展和分离，商品交换的范围和规模不断扩大，从而导致商业也形成独立的经济部门。以后，人类社会又经过了数千年的发展，社会分工不断扩大，新的生产部门不断形成并独立出来。但是，人类社会分工的任何发展，都依赖农业生产力的提高和剩余农产品的增加。只有农业劳动生产的农产品在满足本部门和已有部门现有劳动力再生产的需要以后还有剩余，新的非农产业部门才有独立的可能。

不仅非农产业部门的形成依赖农业生产力的提高，其进一步发展同样依赖农业生产力的提高。国民经济任何部门的进一步发展通常都要追加劳动力，而这些劳动力最终要从农业部门分离出来。同时，这些新增的非农劳动力也需要衣食等基本生活资料，而这些生活资料还要靠余下的农业劳动者生产出来。此外，工业部门扩大再生产所需要的许多原料来自农业。因此，农业生产力的高低，农业所能提供的剩余产品的多少，在很大程度上决定了非农产业部门的发展速度。当然，工业部门需要的许多生产资料可以从本部门或其他非农部门获得，因而在一定时期内工业部门有相对独立发展的可能。但是，从长远来说，工业劳动力的追加及其再生产总要受到农业提供基本生活资料能力的限制。因此，非农产业部门的发展最终要受农业发展的制约。

（三）农业是非物质生产部门存在和发展的基础

国民经济是一个国家生产部门、流通部门和其他非物质生产部门的总体。随着生产的发展和生活水平的提高，人们的需求在不断发生变化。物质消费的重要性在逐渐下降，而精神文化方面的追求则逐渐增长。由于社会的需要，科学、文化、教育和卫生等部门先后出现并发展起来，政府等社会公共部门在维持经济、社会秩序方面的功能以及收入再分配方面的功能也不断增强。但是，与非农产业部门一样，这些非物质生产的社会部门的存在也离不开农业的发展。只有农业剩余产品的不断增加，才能使越来越多的人不仅能够脱离农业，而且能够脱离物质生产部门，从而使科学、文化、教育、卫生和其他公共部门得以独立出来并获得进一步发展。

因此，农业是国民经济的基础，过去如此，现在如此，将来仍然如此。

二、农业对国民经济发展的直接作用

农业是国民经济的一个重要物质生产部门，它为国民经济其他部门提供食物、原料，同时又从其他部门获取生产资料和非农业人口消费的非农生活资料。在国民经济的发展过程中，虽然资金、劳动力和其他资源逐渐从农业转向其他部门，但农产品出口还是改善外汇收支平衡状况的重要手段。此外，农业在生态环境方面的作用及其创造的优美生活环境逐渐被人们所重视，其经济价值也得到越来越多的承认。因此，我们可以从食物、原料、市场、劳动力、资金和其他生产要素、农产品出口等方面分析农业对国民经济的直接作用。

（一）食物供应

在多数发展中国家，农业是非农部门获得食物供应的主要甚至唯一来源。因此，经济多样化的程度和发展速度取决于国内食物生产者所生产的超过自身需要的剩余食物量。理论上，国内食物不足，可以通过扩大进口来加以弥补。但是，食物进口经常受到外汇短缺和成本过高的限制。与进口资本品不同，进口的食物被消费掉而不能增加资本存量。因此，如果必须在进口食物和资本品两者之间作出选择，发展中国家多半选择后者。

随着工业化、城市化的进展，非农部门对食物需求的增长速度有超过其本身发展速度的趋势。原因在于非农部门的人均收入往往高于农业部门，因而城市人均食物消费量通常也高于农村。如果农业劳动力迅速向其他部门转移的过程中，食物的生产和供应没有以更快的速度增长，就可能因食物短缺而限制其他部门和整个国民经济的增长。

食物供应的重要性还在于它与价格和实际收入之间的密切关系，而这一点即使在最发达的国家也不容忽视。通货膨胀的主要原因是货币发行量的增长速度超过经济增长的实际需要。但是，某些重要商品的供应不足也可能引发通货膨胀。食物就是这样一种重要商品。发展中国家的居民往往要将全部收入的40%甚至更多用于食物消费，因此食物的消费量具有相当的刚性。如果食物的供应不足，就可能导致自身价格的迅速上涨，较高的食物价格可能推动工资的上升，从而引发工业品价格的上涨，而工业品价格的上涨反过来又可能导致农产品生产成本的上升。因此，如果食物的供应在一段时期内不能满足需要，就有可能引发并加速通货膨胀的螺旋式上升。

相反，如果农产品供应充分，加上农业生产技术的提高，农产品的生产成本和市场价格不断下降，消费者的实际收入就会增加。这样不仅通货膨胀得以缓解甚至消除，消费者对工业品的需求也会相应增长，同时工业生产成本可能下降或者降低上升速度。因此，较低的食物价格不仅有利于缓和与低收入者有关的社会问题，同时可以刺激工业的增长并加强工业产品在世界市场上的竞争力。

（二）原料供应

农业是工业原料的重要来源。在工业化的初期阶段，农产品加工曾经在工业生产中占有主要地位。今天，大多数发展中国家仍然以农产品加工为重要产业，尤其是农业生产相对集中的地区，农产品加工更具有特殊重要的意义。在中国农村城镇化、工业化的进程中，农产品加工也是重要的生产部门。

衡量农业原料在国民经济中所起作用的一种方法是计算制造业中农业原料所占份额，或者计算制造业附加产值中农业原料所占份额。从中国的情况来看，目前30%~40%的工业原料来源于农业，其中轻工业的原料大约有70%来源于农业。随着工业的发展和国民经济结构的变化，农业原料在工业生产中的重要性可能有所降低，但是某些轻工业，如制糖、卷烟、造纸和食品工业，原料只能来自农业。随着人民生活水平的提高，直接食物的消费将持续下降，而对加工食品的需求将不断增加，从而将促进食品工业的发展。

从国际上看，农业原料在制造业附加产值中所占份额也相当显著。根据世界银行提供的数据，即使不计算纺织业和皮革加工业，这一份额在发展中国家平均也占到45%左右，在发达国家则占8%～30%，平均接近20%。如果加上纺织业和皮革加工业，这一份额将更高。因此，农业原料的供应，仍然在相当程度上制约着各国的工业发展速度。

（三）市场需求

与农业不同，其他部门一开始就是为他人、为市场交换而进行生产。从局部看，某些非农部门的生产短期内可以为自身的扩大再生产服务。但是，为生产而生产、为增长而增长既没有任何意义，也无法自我维持。因此，农业以外任何部门的生产都受到市场需求的制约，特别是受到其他部门需求的制约。

在经济发展的早期阶段，农业是国民经济的主要部门，农村人口占全国居民的绝大多数，其他部门的生产必然以农业、农村为主要市场。今天，大多数发达国家的农业占国民经济的份额大大缩小，其他部门的生产已转为互为主要市场，即产品交换主要在非农部门之间进行。但是，农业在市场需求方面的作用仍然不能低估。首先，农业仍然是一个重要的经济部门，农村人口仍然占有一定比重，农业、农村作为一个整体，对工业和服务业的需求在国民经济中仍然占有显著地位。其次，如果我们将非农部门之间的产品交换当作这些部门自我维持的需要，而将与农业的交换和出口作为最终需求，那么，农业和农村的市场需求仍然决定着非农部门的发展。对于发展中国家来说，由于农村人口占多数，农村市场需求的重要性更显而易见。

农业和农村的市场需求与农业的食物、原料供应密切相关。从根本上说，农业和农村对非农产业产品和服务的需求数量取决于农业向非农部门提供的食物和原料的数量。前者可以称为"农业生产过程的市场化"，后者可以称为"农业净产品的市场化"，两者相辅相成，都是农业对国民经济发展的贡献。在农业现代化的进程中，两种形式的市场化都在加速，农业在这两个方面的贡献都因而增加。

（四）劳动力转移

农业剩余劳动力是工业和国民经济其他部门劳动力的主要来源。随着国民经济的发展，越来越多的劳动力转入工业和其他部门，农业劳动力占从业总人数的比重不断下降。目前，多数发达国家农业劳动力仅占从业人员总数的5%～20%，有的甚至更低，而发展中国家这一比重也大多减少到30%～50%。正是由于这种劳动力的大规模转移，世界经济在工业革命以后才获得了如此迅速的发展。中国改革开放以来的情况也是如此，一方面农村非农产业异军突起，另一方面上千万甚至更多的农业劳动力离开农业、农村，在城镇从事长期或短期的非农生产经营活动，极大地增加了社会财富的生产和供应。

人们曾经认为，只有在农业劳动力的边际生产率为零，即农业劳动力的减少不影响农业生产，且非农部门的失业率为零的条件下，农业劳动力向非农部门的转移才是有意义的，才能增加社会产品的供应。因此，在农业人口大大减少且非农部门已经出现相当数量的失业人口以后，农业劳动力的转移不但失去了经济上的理由，而且可能加重现有的社会问题。但是，上述看法理论上并不正确。只要农业劳动力的边际生产率低于转入非农部门以后的边际生产率，这种劳动力的转移就是合理的，就能提高劳动力资源配置的效率，就能增加社会产品的生产和供应。在市场经济条件下，只要农业劳动力的边际收入低于转入其他部门以后可能得到的预期收入，这种转移就会实际发生。市场经济条件下这种劳动力的转移受个人利益的驱动，同时也能增加社会的整体利益。

失业是一个复杂的问题，既有制度和结构方面的原因，也有经济周期方面的原因。个人寻求更好的职业和新增劳动力进入市场都可能造成所谓“摩擦性”失业，而过去的政策失误也可能是特定时期失业问题的主要原因。因此，阻止农业剩余劳动力的流动，短期内也许有助于缓解城市失业问题。但是，这并非治本之策，从长远看是对劳动力资源的严重浪费，不仅延缓经济增长速度，同时必将在农村造成日益严重的失业问题。

（五）资金和其他生产要素的转移

与农业剩余劳动力的转移一样，农业部门的剩余资金和其他生产要素向非农部门的转移是那些部门发展的重要因素，特别是其发展初期的主要动力。在工业化的前期，以及在某些发展中国家，农业作为国民经济的主要部门，实际上是国内储蓄和投资的唯一来源。除了极少数最贫穷的国家不得不依赖国际援助之外，多数发展中国家都依靠本国积累作为投资的主要来源，而将外国投资和援助作为补充。

即使在工业和其他部门获得长足发展，自身已积累了超过农业部门的资金以后，农业剩余资金仍然源源不断流向非农部门。首先，与食物和其他农产品相比，非农部门产品和服务的需求收入弹性更大，即随着收入的增加，消费者倾向于将更多的收入用于非农产品，非农部门对资金的需求相对农业部门更高。其次，农业部门的资金报酬率通常低于非农产业部门，因而资金在市场经济条件下往往从农业部门流向非农部门，从落后地区流向发达地区。

（六）农产品出口

对于许多国家来说，扩大农产品出口是增加外汇收入、改善国际收支的有效途径。在工业化的初期阶段，资本积累具有特殊的重要性。市场经济的发展不仅需要实物形态的资本，也需要货币形态的资本。我们从英、美等国工业化的过程可以看到，高度发达的农业不仅为本国工业的发展提供了必需的食物和原料，而且通过农产品的出口换回了市场经济增长所迫切需要的货币。这些货币不仅可以用来进口本国不能生产或者不具备比较优势的生产和生活资料，而且可以满足不断增长的市场交换对货币的需求，以及迅速增长的资本流动和积累对货币的需求。

发展农业生产、扩大农产品出口在今天仍然具有同样的作用。对于发展中国家来说，用农产品交换资本品可能是工业化的第一步，而市场经济的发展除了资本品以外也需要货币的增长。因此，农业的外汇贡献可能是无法替代的。对一些发达国家来说，由于自然禀赋和生产技术方面的优越性，农产品在国际市场上具有较高的竞争力，因而农产品的外汇贡献继续发挥作用。特别是美国，非农项目每年的赤字经常高达 1 500 亿美元，农产品的出口在弥补国际收支赤字方面的作用更加不可低估。

三、农业对国民经济发展的间接作用

随着国民经济的不断发展，农业占国内生产总值的比重相对下降是一个自然趋势。但是，对于以农产品为原料的工业制成品来说，人们的收入需求弹性相对较大。因此，如果将这些工业部门生产的总值也计算进去，农业和相关部门在国民经济中相对重要性的下降速度就要缓慢得多。这样，在评价农业部门对国民经济的作用时就引入了产业间联系的概念。

作为一种正式的表述，产业间联系描述的是国民经济部门之间的相互依赖关系。在考察对一个特定产业部门产品最终需求的变化时，它不仅计算该部门生产的直接增长，还计算交易过程中各部门之间的物质联系，即为了增加这部分产量所必需追加的由本部门和其他部门生产的中间投入，以及其他部门为增加中间投入的生产所必需追加的由这一特定部门提供的产品。这种交易是一种反复循环过程，环环相接，直至无穷。为了对这种情况加以区别，第一个循环中所产生的效果可以称作直接效果，而第二循环和所有后继循环所产生的效果均称作间接效果。

产业间联系可以分为后向联系、前向联系和总联系。后向联系衡量从其他产业购买的中间投入占特定产业生产总值的比重；前向联系衡量出售给其他部门的中间产出占特定产业总出售量（包括对最终消费者的出售）的比重；而总联系则为后向联系与前向联系之和。如果某一产业不从其他部门购入任何中间投入，全部产品都用于自身消费而不出售给任何其他部门，那么，该产业的后向联系、前向联系和总联系均为零，该部门产品用于最终消费的直接增长量严格等于其对国民经济的全部影响。反之，如果某一产业具有很强的后向联系、前向联系和总联系，那么，该产业增加的用于最终消费的产品仅仅是其对国民经济所作贡献的一部分。为了增加这部分最终消费品的生产，它不仅要对其他部门增加中间产出的供应，还要增加从其他部门获得的中间投入。因此，该产业不仅自身要增加更多的总产出，还必然刺激其他部门增加生产。

原始农业是社会唯一的生产部门，大体上处于产业间联系为零的状况。现代农业则与此明显有别。即使是比较落后的发展中国家，其农业生产也需要化肥、农药和简单农业机械等生产要素的投入，而农产品加工业则往往是这些国家工业化进程中的先行产业。与某些特定工业部门相比较，农业的产业间联系也许相对较弱，这种联系不仅存在，而且相当明显。据一些研究表明，农业中食物生产的产业联系系数大约为 1. 90，原料生产的产业联系系数为 1. 50。这就是说，食物和农业原料的最终消费每

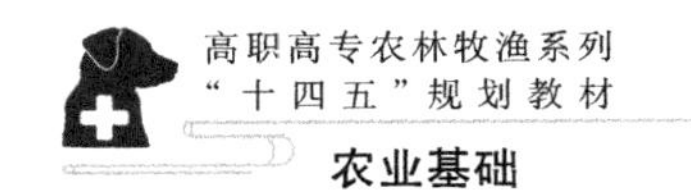

增长1个单位，国民经济将因此而分别增长1.9个和1.5个单位。

农业对国民经济的间接作用还表现在对生态环境的改善方面。掠夺性的农业生产、过度施用化肥和农药以及不合理的灌溉都可能破坏生态环境。但是，合理的农业生产却可以在增加经济生产的同时改善生态环境。生态环境的改善通常需要大量的投入。但是，如果与合理的农业生产相结合，生态环境的改善就可能在实现减轻自然灾害的威胁和保障人民生命财产的安全这一目标的同时，产生直接的经济效益并降低毗邻地区各有关部门的生产成本或提高其产品质量。

合理的农业基本建设和生产措施通常都具有维护和改善生态环境的作用。因此，它不仅在当地农业生产中产生直接的经济效益，同时也在或大或小的地域内对其他部门的经济效果产生影响。

学习内容三　农业生产

一、农业生产的本质

农业生产指种植农作物的生产活动。包括粮、棉、油、麻、丝、茶、糖、菜、烟、果、药、杂（指其他经济作物、绿肥作物、饲养作物和其他农作物）等农作物的生产。农业生产是农业活动的主体，其实质是将太阳能转化为食物能，贮存在作物产品中，提高人类能量。

农业生产包括种植业、养殖业、农产品加工业等，是农林牧渔综合发展的产业。

与其他生产部门一样，农业生产也是一种经济再生产过程。生产者在特定的社会中结成一定的生产关系，借助一定的生产工具对劳动对象进行具体的生产活动以获得所需要的农产品。这些农产品可以供生产者自己消费，也可以作为生产资料进入下一个农业生产过程，还可以通过交换换取生产者所需要的其他消费和生产资料。经过交换的农产品可能有部分进入消费过程，而另一部分则可能进入下一个农业生产过程，或进入其他生产领域。农业生产者利用自己生产的农产品以及通过交换获得的其他生活和生产资料，不仅可以维持自身的生存，还可以不断进入下一个生产过程，保持农业生产周而复始地继续下去。

但是，农业生产又与其他部门有本质的区别，即农业是利用生物有机体生长发育过程进行的生产，是生命物质的再生产，因而也是有机体的自然再生产过程。种植业和林业的生产过程同时也是绿色植物的生长、繁殖过程。在这一过程中，绿色植物从环境中获得二氧化碳、水和矿物质，通过光合作用将它们转化为有机物质供自身生长、繁殖。畜牧业和渔业的生产过程同时也是家畜和鱼类的生长、繁殖过程。在这一过程中，家畜和鱼类以植物（或动物）产品为食物，通过消化合成作用转化为自身所需的物质以维持自身的生长、繁殖。这一过程同时也将植物性产品转化成动物性产品。动植物的残体和排泄物进入土壤和水体后，经过微生物还原，再次成为植物生长发育的养料来源，重新进入动植物再生产的循环过程。显然，动植物的自然再生产过程有自身的客观规律，它的发展严格遵循自然界生命运动的规律。

农业生产最根本的特征就是经济再生产过程与自然再生产过程的有机交织。单纯的自然再生产过程是生物有机体与自然环境之间的物质、能量交换过程。如果没有人类的劳动与之相结合，它就是自然界自身的生态循环过程而不是农业生产。作为经济再生产过程，农业生产是人类有意识地干预自然再生产过程，通过劳动改变动植物生长发育的过程和条件，借以获得自己所需要的动植物产品的生产过程。因此，这种对自然再生产过程的干预必须符合生物生长发育的自然规律，同时也符合社会经济再生产的客观规律。

从经济再生产过程与自然再生产过程的交织这一基本特征出发，我们还可以归纳出农业生产有别于其他生产部门的几个主要特征，如农业生产的波动性、农业生产的地域性和综合性、农业生产的周期性和季节性等等。

二、农业生产的特点

（一）农业生产的波动性

农业生产以陆地生产为主，容易受自然气候条件的影响，再加上农业生产分散、生产周期长、农产品难以存贮等特点，常造成市场过剩或不足，也引起农业生产的波动。农业生产的波动性有以下原因：

（1）周期性因素引起的波动性。包括气候周期性变化引起的波动性和市场周期性变化引起的波动性。

（2）突发因素引起的波动性。包括农业生物因素的突变、农业环境因素的突变、农业技术政策或措施的失误引起农业的波动，社会的变化与农业经济政策的失误引起农业的波动。

（3）趋势性变化引起的波动性。这里主要指农业环境带趋势性的变化引起农业的波动，包括地球的温室效应、酸雨和臭氧层空洞。

（二）农业生产的地域性和综合性

1. 农业生产的地域性

（1）地球上自然气候条件有明显的地域性，导致农业生产的地域性。

（2）生物种类有明显的地域性，导致农业生产的地域性。

（3）各国社会经济发展水平不同，导致农业生产的地域性。

2. 农业生产的综合性

（1）农业生产系统的基本结构决定其综合性。农业生产系统是由农业生物要素、农业环境要素、农业技术要素和农业社会经济要素 4 个要素构成的，这 4 个要素组成一个不可分割的整体。

（2）大农业是由农业生产等部门综合组成。大农业是由农业生产、农业工业、农业商业、农业金融、农业科技、农业教育、农村建设、农业行政管理与政策等8个部门组成，这8个部门之间紧密联系，构成一个完整的整体，如农业生产业的发展，需要以其他7个部门的协调发展为条件，其他部门的发展又以农业生产业为基础。

（3）各农业行业由产前、产中、产后三个环节综合组成。如对于作物生产来讲，产前包括种子、化肥、农药、农机、农膜的准备，产中包括耕作、播种、灌溉排水、植物保护、收获等，产后包括干燥、储藏、保鲜、加工、包装、经销等活动。产前、产中、产后各环节是密切联系、相互促进的。

（4）农业技术体系的综合性。农业技术不是单一技术，而是综合性技术。如以作物生产技术为例，它包括作物育种技术、作物栽培技术和作物保护技术等。而作物育种技术又包括种质资源的收集、保存与鉴定，系统选育技术，杂交育种技术，杂种优势利用技术，用于育种的生物技术，品种鉴定技术，种子生产技术等。作物栽培技术包括整地、播种、种植密度调控、施肥、灌溉与排水、病虫草害的防治、收获等。作物保护包括种植布局、选用抗性品种、病虫预测预报、药剂防治、农业防治、生物防治等。而这些技术的应用也是相互联系的，必须综合考虑。

（三）农业生产的周期性和季节性

农业生产的周期长，生产时间和劳动时间不一致，同时具有比较强的季节性。农业生产周期取决于动植物的生长发育周期，通常长达数月以至数年。动植物的生长发育贯穿整个生产过程，但人类的劳动并不需要持续整个生产过程。对于大多数种类的农业生产来说，农业劳动时间即人类劳动作用于劳动对象的时间，仅仅占动植物生长周期的一小部分。由于动植物生长发育的周期受温、光、水、热、气等自然条件的影响，各种农业生产的适宜时间通常固定在一定的月份，劳动时间也集中在这些月份中的某些日期。

三、农业生产的原则

我国地形复杂多样且山区面积广大，与平原相比，山区不太适宜发展农业，但某些水土条件配合较好的山区，具有发展林业和牧业的有利条件。同时复杂多样的气候条件，既有利于多种生物的繁殖生长，使我国的动植物资源比较丰富，也有利于开展多种经营，使我国农、林、牧、渔各业综合发展。

复杂多样的气候和地形条件，使我国各地自然环境存在很大差异，因此各个地区发展的农业生产部门存在不同。发展农业要从实际出发，因地制宜，按照农业生产与环境相适应、资源优化配置、综合平衡、农业生产的有序性与升值、不违农时、因地制宜等原则开展多种经营，使我国农、林、牧、渔各业综合发展。其中不违农时和因地制宜是农业生产的两大基本原则。

1. 不违农时的原则

不违农时就是不违背适合农作物耕种、管理、收获的季节。动植物的生长发育有一定的规律，并且受自然因素的影响。自然因素随季节而变化，并有一定的周期。农业生产的一切活动都与季节有关，必须按季节顺序安排，季节性和周期性明显。

2. 因地制宜的原则

在我国，由于气候分布有着明显的地带性，自北而南，自西而东，干湿冷热状况不同，因而土壤与植被也呈明显的地带性差异。以大兴安岭—阴山—贺兰山—青藏高原东缘一线为界，其东南部是季风区，农业生产以种植业为主，种植业民俗明显，其西北部是非季风区，自然景观以草原与沙漠为代表，农业生产以牧业为主，牧业民俗明显。在中东部，秦岭—淮河一线以北是旱地区，以南是水田区，反映在种植业民俗上，作物种类、耕作方式、耕作制度、生产工具和信仰禁忌等方面自然也存在差别。因此发展农业要因地制宜。

四、中国农业生产概况

(一) 农作制度

农作制度（即耕作制度）是农业生产中的基本制度，是农业生产中的一项系统工程，它是一个地区或生产单位的作物种植制度，以及与之相适应的养地制度的综合技术体系。农作制度是根据作物的生态适应性与生产条件采用的种植方式，包括单种、复种、休闲、间种、套种、混种、轮作、连作等。与其相配套的技术措施包括农田基本建设、水利灌溉、土壤施肥与翻耕、病虫与杂草防治等。耕作制度在一定的自然经济条件下形成，并随生产力发展和科技进步而发展变化。在农业发展史上，其演变过程大致由撂荒农作制、休闲农作制、连作农作制、轮作农作制向复种农作制发展。在中国，除东北、西北、华北北部因热量条件不足而实行一熟制外，大部分地区实行复种制。

(二) 农村产业结构与农业生产结构

1. 农村产业结构

农村产业结构是指在一定的地域内，农村各产业部门之间及各产业内部质的联系和量的比例。农村产业结构的第一产业是基础农业，包括种植业、畜牧业、林业、渔业；第二产业是工业和建筑业；第三产业是服务业、商业和交通业。

我国农村产业结构的特点：基础农业发展滞后，商品率低，占比仍然较高，内部结构不合理，农产品品质较低；工业内部生产发展不协调，质量不高；第三产业发展严重滞后。

2. 农业生产结构

农业生产结构是指一个国家、地区或企业的农业生产包括的部门和各生产项目之间的构成及相互关系。农业生产结构是多层次、多级别的结构复合体，主要包括种植业、畜牧业、林业、渔业。改革开放以来，我国农业生产结构的变化主要表现为种植业产值占农业总产值的比重呈不断下降，而养殖业产值占农业总产值的比例持续上升。

学习内容四　农业增长要素

农业生产要因地制宜、扬长避短，合理布局，还要对土地用养结合，做到可持续利用。农业生产中的人类资源，对农业起决定性作用，任何其他要素的发挥都要通过劳动力来体现。

一、我国农业要素概况

（一）土地资源

中国土地资源主要有 5 个特点：土地辽阔，类型多样；山地多，平地少；农业用地占比大，人均占有量少；宜林地较多，宜农地较少，后备的土地资源不足；土地资源分布不平衡，土地生产力地区间差异显著。

（二）气候与水资源

气候资源类型丰富，兼有热带、亚热带、暖温带、温带、寒温带等几个不同的气候区，其中绝大部分处于亚热带和温带，适宜农、林、牧、渔等各业生产的发展。但我国的光、热、水资源分布不均，总体西北光热充足，水缺乏，东南水热充足，光照不足。水资源总量多，人均少，分布极度不均衡。

（三）生物资源

中国幅员辽阔，自然地理条件复杂，生物种类极为丰富，生物多样性在全球居第 8 位，北半球居第 1 位。

（四）人工物质资源与劳动力资源

中国劳动力资源数量丰富，质量偏低，在地区之间、部门之间、单位之间分布很不平衡。针对这种状况，国家在开发和利用劳动力资源方面，采取了相应的对策，诸如：控制人口数量，提高人口素质；发展普通教育和职业教育；改善所有制结构、产业结构和技术结构；实行对外开放政策，吸收国外资金和技术，扩大劳务出口；搞活经济，鼓励劳动力合理流动；等等。

（五）市场、政策

根据市场需求及农业发展方针制定各项农村政策来对农业进行调控，有利于促进农产品的流通、技术的进步和农村经济发展。

二、促进我国农业生产增长的措施

（一）加大农村基础设施建设投入的力度

把农村基础设施建设列入工作议程，做好规划，加大投入，增强农业抵御自然灾害的能力。重点在水利工程、乡村道路建设、农村人畜饮水等方面加大投入，为农民增收创造较好的条件。

（二）促进科技开发和应用

首先充分发挥农业院校和科研单位的优势，组织农业科学技术重大项目攻关，比如培育动植物优良品种，研究优良的耕作技术和养殖技术，研究开发农产品的保鲜、储藏和深加工技术等。同时要坚持自己研究开发与引进并重的方针。其次健全和完善农业技术推广网络，彻底改变过去那种“网破、线断、人散”的局面。最后要把科技成果开发推广的经济效益与科技开发推广部门、人员的经济利益直接挂钩，调动他们投身农业科技事业的积极性，广泛开展农业科学技术培训，推广、普及农业科学技术知识，提高农业劳动力的科技和生产管理水平，进而提高我国农产品在成本、质量、价格方面的市场竞争力。

（三）加大对农民的培训力度，提高农民科技文化素质

农民的科技文化素质的高低，影响了农民对先进实用农业技术的掌握以及向非农产业转移。因此，应加大对农民的培训力度，除了对农民进行正规的职业技术教育和专项技术培训外，应充分利用广播、电视等远程教育手段，对广大农民进行以适用技术为主的科技培训，提高广大农民的科技文化素质。

（四）积极推进农业产业化经营

农业产业化经营是推进农业现代化的重要途径。农业产业化经营是现代农业普遍采用的经营方式，它能够促进农村劳动生产率的提高、增加农业经济效益。积极推进农业产业化经营要做到以下六个方面：一是尽快出台《关于加快农业产业化经营的意见》，从投入、税收、信贷、用地、流通等方面扶持农业产业化经营的发展。二是着力培育发展龙头企业。重点扶持国家级、省级龙头企业，培育一批厅、市、县级等不同层次的优势企业，形成龙头企业群。三是加强农产品流通体系建设，促进农产品的流通增值。加快农产品产地批发市场和专业市场建设，增加市场容量，扩大辐射范围。大力发展农村能人连农户、客商连农户、销售大户连农户等多种形式的中介组织和农村经纪人队伍。四是发展多样化的利益联结关系。大力推广订单农业、合同农业等产业化经营方式，鼓励龙头企业通过委托生产、保护价收购、入股分红和利润返还等多种利益联结形式，与农民结成合理的利益联结关系，引导其向规范化方向发展。五是搞好农业信息服务。整合农口部门原有的信息网络体系，强化服务，提高质量，建立起覆盖全区城乡的农业信息网络体系。六是鼓励发展规模经营，积极稳妥地推进农村土地承包权的流转，坚持“依法、有偿、自愿”的原则，探索允许土地经营权转让、继承和抵押的农村经营体制。

（五）大力推进农业剩余劳动力转移，提高劳动生产率

一是建立和完善城乡统一的劳动力市场，逐步消除城乡居民在户口、报酬、保险、子女上学等就业条件上的差别，促进农村劳动力的有序流动。二是加快小城镇建

设。要以产业为依托，重点发展农产品加工业，发展具有比较优势的劳动密集型产业，增强城镇吸纳农村人口及带动区域经济发展的能力。鼓励农民进入小城镇经商办企业，对进城落户的农民，可保留农村集体土地承包权，对已转为城镇户口并放弃土地承包权的农民，可以享受城镇人口最低生活保障待遇。三是大力组织劳务输出，同时做好外出打工人员的组织和疏导工作，解决外出打工人员的后顾之忧。

（六）切实保护耕地，保护生态环境

耕地是农业生产的必需要素，针对我区人均耕地少，中低产多，耕地减少的现象，必须切实保护耕地。首先严格土地使用的审批制度，禁止随意占用、征用耕地。其次，采取综合措施，提高耕地质量。比如采用先进的耕作技术、科学施肥、合理使用农药等措施，提高土壤的肥力，减少对土地的污染和水土流失。

（七）转变政府职能，为农业发展服务

一是转变工作作风，提高服务意识，切实解决农民生产中遇到的实际困难和问题。二是转变政府职能，把工作重点由抓生产转移到抓服务上去。比如抓好农业基础设施建设、农业科技推广、农产品流通体系、农产品展销展示和宣传、农产品信息网络建设等农民一家一户解决不了的事情。严禁挪用、占用支农资金。三是抓好政策的制定和政策的实施。把中央的各项农村政策切实落到实处。制定政策要根据中央的农业发展方针和当地的农业发展情况来制定，用政策来协调好各方面的利益关系，为农业发展营造一个良好宽松的软环境。

学习内容五　农业科学技术

一、农业科学

农业科学是研究农业理论与实践的科学，主要包括农学、林学、土壤学、畜牧兽医学、草地学、水产学和农业工程学等分支学科。研究农业科学对推动生物、化学、医学、资源与环境等其他学科和相关技术发展有重要作用。农业科学是国家总体学科发展布局中的核心学科之一，已经成为生命科学与其他自然科学相互交叉的热点研究领域，正在成为现代农、林、牧、渔业高新技术应用、关键技术开发和技术体系集成的重要基础。目前我国农业科学整体水平与世界发达国家尚有较大差距，但部分学科领域目前还处于国际先进水平，未来是我国农业科学跨越发展、缩短与发达国家差距、提高国家竞争力的战略机遇期。

农业科学的发展规律主要体现在：人类食物需求、社会经济需求、环境生态需求和国家安全需求是农业科学不断发展的原动力；理论与实践紧密结合是农业科学发展的核心生命力，农业科学基础成果转化迅速，直接支撑农业和国民经济的发展；农业科学各分支学科之间及农业科学与生物学、化学、医学、资源与环境等学科的不断交叉渗透、协调发展是农业科学发展的重要方式；农业科学的基础性、公益性、前沿性突出，科研组织形式要在国家支持下，开展大联合、大协作。

二、农业科学技术

科学是关于自然、社会、思维的知识体系。技术是人类在利用和改造自然的生产过程中的一种技艺。农业科学是探索农业生产的自然规律和经济管理的应用科学。农业科学技术是用科技的方法探索农业生产规律。农业科学经历了原始型农业科技、经验型农业科技、实验型农业科技、前瞻型农业科技的漫长过程。

农业科学技术能促进农业生产力，近代农业科学技术对提高生产力起到了十分显著的作用，如杂交技术、化肥农药等的利用使粮食产量翻倍，给世界人民带来了福音。农业科学技术在经济方面，能节约成本、增加产值、提高劳动生产率；在社会功能方面能满足人口增长的需求、保障粮食安全、保护资源与环境、促进农业现代化。

三、农业科学技术的作用

农业科学技术在农业发展中具有根本的推动作用：农业科学技术可以提高农业资源的利用率，降低农业生产成本；农业科学技术可以加速养殖业规模化、产业化、标准化的进程。针对我国水资源短缺、利用率低、浪费和水污染严重等突出问题，符合我国国情的农业高效用水技术与设备，特别是节水灌溉技术和设备正在广泛使用，如自动化喷灌设备。农业科学技术是农业现代化的需要，是实现农业持续稳定发展、长期确保农产品有效供给的需要，是突破资源环境约束的必然选择，是加快现代农业建设的决定力量，是推动新一轮世界科技革命的重要一环。我国想要更快更好地发展农业科学技术，必须紧紧抓住世界科技革命方兴未艾的历史机遇，坚持科教兴农战略，把农业科学技术摆上更加突出的位置，大幅度增加农业科学技术投入，推动农业科学技术跨越发展。

学习内容六　我国农业的发展现状及发展目标

一、我国农业的发展现状

我国是人口第一大国，占世界总人口的近五分之一。解决我国人口的吃饭问题，维护国家粮食安全一直是农业面临的第一要务，农业在国民经济体系中占据重要地位。近些年来，我国的农业现代化推进加快，但也呈现出较多问题。例如，中国农业基础薄弱，农产品质量安全问题仍然较多，农业生产结构性失衡的问题日益突出，农业效益比较低等。要解决上述矛盾和问题，必须加快转变农业发展方式。

中国农业基础薄弱。与发达国家相比，我国的传统农业生产的自动化低，单位耕地面积的投入高，产出低，不能满足国民对农业物资的需求。同时，农业受到土地资源、水资源短缺的束缚，自然灾害发生频繁。

农产品质量安全问题突出。尽管农产品产量持续增长，世界农业总产值翻了一番，中国翻了两番，谷物总产、单产、人均占有量增长，农产品由缺乏转变为基本平衡，但农产品质量安全问题突出。近年来出现的三聚氰胺、膨胀剂西瓜、瘦肉精等事件将农产品质量安全问题推到了风口浪尖，人们对农产品质量安全问题表现出前所未有的关注。民以食为天，农产品质量安全问题是关系国计民生的大问题，也是影响市场竞争秩序和制约经济发展的重要问题。

农业生产结构性失衡的问题日益突出。有效供给未能很好地适应市场需求的变化，农业大而不强、大而不优，导致农产品供给出现结构性失衡。同时，不合理的供给结构也给环境带来巨大的压力，林地、草地、湿地被过度开垦，地下水超采严重，农业面源污染加重，生态环境承载能力越来越接近极限。

农业效益较低。当前农业生产的高成本已成为重要问题，不仅导致国内外粮价倒挂，同时大量农药化肥不合理使用带来成本和生态双重压力，也危及我国农业的可持续发展。

二、“三农”问题

农业不发达、农村不繁荣、农民不富裕的问题，习惯上统称为“三农”问题。“三农”问题是我国全面建设小康社会中的一个关键问题，直接关系到社会的全面进步。因此，要把解决“三农”问题作为建设社会主义新农村工作的重要内容。解决“三农”问题，重点要做好以下几个方面的工作。

一是要调整区域发展思路，推动城乡统筹发展。解决“三农”问题，不能仅局限于农业，必须放到区域经济的总体思路之中，突出重点，统筹兼顾，努力形成带动农业增长、农民增收的整体合力；并且要大力实施工业化战略，以工业化带动城镇化，以龙头企业建设带动农业产业化，找准一条适合自己的发展路子。

二是要推进农业产业化经营，转变农业增长方式。农业产业化是实现农业增效、农民增收的必然途径。因此，必须加快农业产业化进程。围绕提高农业经济效益、城乡一体化发展，必须着眼全局，推进农业和工业的换位，走农产品深加工之路，以工业化的思维抓农业产业化经营，追求效益最大化，实现工业与农业发展的良性互动。

三是要继续推进结构战略性调整，努力增加农民收入。在农业结构调整中，必须坚持“市场定位、资源取向”，善于从培育本地特色中寻找方向，构筑具有比较优势的产业结构。要在农业内部实现种植业和养殖业的换位，大力发展畜牧业，加快优质畜产品生产加工基地建设。加强特色农业基地建设，坚持以市场为导向，因地制宜，分类指导，大力发展高效经济作物和特色农业。

四是要加大投入，加快农业和农村基础设施建设。加大对农业和农村基础设施的投入与扶持，落实好新增教育、文化、卫生等事业经费主要用于农村的政策，努力缩小城乡社会事业发展的差距。要加强以农田水利基本建设为重点的农业基础设施建设，改善农业生产条件，减少农业生产的自然风险。加强农村信息网络的建设，让农民多受益，少受损。加大农村科普教育的普及力度，加强农村的精神文明建设。

五是要抓好农民培训工作，提高农民素质。加快农业发展，当务之急是建设一支新型农民队伍。依托产业发展对农民进行农业实用技术培训，同时，积极引导和教育农民，造就一代既有较高思想道德素质又有一定专业技能、文明守法的新型农民。

六是要加快工业化、城镇化进程，促进农村富余劳动力转移。抓好区域经济，加快小城镇建设。要积极推进劳动力布局换位，大力发展非农产业，鼓励、支持农民从事民营经济，实现劳动力就地转移。建立健全劳务输出网络，努力发展农产品加工业，尽可能多地就地转移农业剩余劳动力。加快小城镇建设，在小城镇建设中积极发展和培植专业市场、中介组织等多种类型的产业化龙头企业，带动农民就业。

七是要加强村屯规划，规范村镇建设。按照科学发展观和建设节约型社会的要求，积极推进新村镇建设，搞好村镇规划，严格规划管理，进一步改善集镇形象，不断提高村镇综合管理水平，着力整治农村环境，美化、净化村容镇貌，扎实开展文明村镇创建活动，改变农村的各种生活陋习，倡导健康、文明、科学的生活方式。

八是要加强基层组织建设，完善保障机制。在巩固区、镇、村党组织开展的“三级联创”活动成果的基础上，加强村民自治组织自身建设，发展基层民主，增强自治能力，在保障机制的建立方面，要积极推广新型合作医疗制度，着力推进农村卫生基础设施建设，让农民有地方看病、看得起病。要积极探索农业生产保险等机制。总之，要通过多方面努力，把农业搞强，把农村搞活，把农民搞富。

三、国家粮食安全面临重大挑战

（一）人口数量继续增加

我国第七次全国人口普查结果显示，到 2020 年 5 月，我国人口已达到 14.1 亿人。2020 年全国粮食总产量为 6.7 亿 t，人均粮食占有约 474 kg，连续多年超过人均 400 kg 的国际粮食安全标准线，但年际间波动较大，供需处于紧平衡状态。根据联合国的预测，到 2030 年中国的人口数量将会达到一个峰值，大约是 14.45 亿人，随后中国人口将逐年下降，预计到 2050 年中国人口会锐减到 11 亿人。

（二）食物消费结构持续变化

60 年前中国人均肉类消费水平是 4 kg/年，当前全国人均肉类消费上升到 54.8 kg/年，增长 12.7 倍。

发达国家人均肉类消费水平在每年 70~130 kg 之间，平均为 100 kg，高于我国当前水平。

生产1 kg牛肉要消耗8 kg左右的粮食，生产1 kg猪肉要消耗3~5 kg粮食。未来20年，我国人均肉类年消费量将增加20 kg，全国每年需增加饲料0.78亿t，对粮食供给提出了严峻挑战。

（三）耕地面积减少、质量下降

我国国土面积144亿亩（1亩=667 m^2），耕地总量为18.26亿亩，人均耕地面积为1.39亩，耕地指数为12.68%。专家预测，随着经济的快速发展和城镇化建设进程的加速，到2030年我国耕地面积将减至1.125亩/人。

目前土地资源退化面积高达80.88亿亩，占56.2%。其中：水土流失面积为27亿亩，荒漠化土地面积为5.01亿亩，土壤盐碱化面积为14.87亿亩，草场退化面积为30亿亩，土壤污染面积为4亿亩。

我国因沙化、荒漠化损失的耕地多达300万亩以上。特别是科尔沁沙地边缘地区，近年来沙化农田面积不断扩大，已成为周边地区城市的重要沙尘源，生态隐患严重。

（四）淡水资源短缺，水位下降，水污染严重

中国拥有世界人口总数的20%，但其淡水资源只占世界总量的5%~7%。水资源总量为2.81亿 m^3，排在世界第6位。人均水资源占有量为2 695 m^3，不足世界平均水平的25%，在世界银行统计的153个国家中排第88位。

中国目前有16个省（区、市）人均水资源量低于严重缺水线，有6个省、区人均水资源量低于500 m^3，即不足全国平均水平的20%。长江流域及以南地区，国土面积只占全国的36.5%，其水资源量占全国的81%；其他地区国土面积占63.5%，水资源量仅占全国的19%。

水利部一项调查显示，中国660个城市中有三分之二的城市存在水资源短缺。随着中国经济的不断发展，对水资源的需求也会不断增长。预计到2030年，中国水资源年消耗量将会达到7 500亿 m^3，这一数字约占全国可利用水资源总量的90%。

同时，水体污染也加剧了中国的水危机。工业废水和城市生活污水的大量排放，使得我国75%的湖泊出现了不同程度的富营养化。在经济飞速增长的西南、华南地区，重金属和其他污染物所引起的地下水污染严重。

（五）科技创新落后、粮食单产增长困难

我国农业科技创新水平在大部分领域仍落后于发达国家，农业科技贡献率已提高到53%，而发达国家农业科技对农业生产的贡献率都在75%以上，德国、法国、英国、以色列等甚至达到90%以上。2000年以来，我国每年取得科技成果6 000多个，但转化率不足50%，真正形成规模的不到20%，而发达国家农业科研成果转化率已经达到80%以上。

科研成果与农业需求的脱节，基础性研究薄弱，功利化研究广泛存在，造成了我国农业科技创新滞后，粮食单产增长困难。

（六）我国粮食危机与挑战

粮食资源分布不均衡，在世界70亿人口中饥饿人口已经超过10亿，全球平均每3.5 s就有一个人饿死，其中75%为儿童。

每年国际市场的粮食贸易量在2.5亿t左右。中国作为世界第一人口大国，进口粮食数量在国际市场有显著的放大效应，中国粮食自给率每下降1%，形成的国际市场购买增量就会放大到国际市场的4%。

四、我国农业的发展目标

我国农业发展的方向是以绿色为基础以有机为目标。巩固和加强农业在国民经济中的地位；深化农村改革，发展农业生产力；推进农业现代化；提高农业的整体素质和效益，确保农产品数量和质量，满足国民经济发展、人口增长、生活改善的需要。

农业和农村经济发展的基本目标是建立适应发展中国特色社会主义市场经济要求的农村经济体制，不断解放和发展农村生产力，提高农业的整体素质和效益，确保农产品供应和质量，满足国民经济发展和人口增长、生活改善的需要，提高农民的收入水平和生活水平，促进农村富余劳动力向非农产业和城镇转移，缩小城乡差别和区域差别，建设富裕、民主、文明的社会主义新农村，逐步实现农业和农村现代化。增加农民收入，提高农民科学文化素质，促进农业和农村经济持续、稳定、健康发展，实现全面建设小康社会的目标。

（一）扩大经营规模

第一，吸纳农村多余劳动力。耕作土地的不断流失，加上多余劳动力不能被工业吸纳，滞留在土地，是农业经营规模小，效率低下的原因之一。首先，通过农业产业化形成生产、加工、销售一体的产业结构，实现向产中深化和产后延伸，可以扩大农村剩余劳动力就业。再次，以工业化为动力，加快城市化进程，对城乡二元结构进行调整，促进乡镇企业的发展都可以有效的吸纳农村剩余劳动力。

第二，促进土地使用权流转。加快土地使用权的流转，有利于扩大农业经营规模。首先，要明晰土地产权（包括所有权、经营权、使用权、处分权、收益权）。再次，要规范土地流转和补偿。政府应遵循“依法、自愿、有偿”的原则加强对土地流转权的管理，并对放弃土地的农民给予适当的经济补偿。

（二）推广产业化经营方式

第一，发展农产品加工业。产业联动的过程，是一个延伸农业产业链条，将农产品深加工以提高综合效益的过程。当前，应该根据不同地区的区位优势，建立一批农产品精深加工企业，提高农产品加工转化率，构建现代农产品加工体系。

第二，优化产业经营结构。优化农业内部结构，资源比较优势，促进农业结构从单一粮食结构向多元结构转变，从以增量为主的品种结构向以优质、高效为主的品种结构转变，适应加工业和消费对农产品的新要求。

第三，对农业实行从“田间到餐桌”的全过程标准化管理，开发绿色食品，创立自己的品牌，采用多种营销方法把产品推向市场。

（三）加大农业科技投入，完善推广体系

科学技术是第一生产力，因此，要想实现我国农业的发展，就应当进一步加大农业科技的投入，推进农业科研单位的联同合作，以开拓农业发展新投入途径，进而逐渐构成“以政府持续加大投入，社会力量支持参与”的资金投入机制，进而最大限度地唤起农业科技服务工作者工作的主动性与积极性，从而为我国农业的进一步发展提供有力的物质基础。此外，我国还应强化对农业科技推广体系的完善，推动科研成果尽可能快地转变成生产力，逐渐形成一支以政府为主导，社会各界（农民、合作社、企业等）大力参与的农业科技推广队伍，以促进我国农业的发展。

【扩展阅读】

国外生态农业的特点

1. 西欧和美国：① 采用现代农业机械、作物新品种、良好的牲畜饲养技术。采取水土保持技术和有机废物、作物秸秆管理技术。② 完全不用或极少使用化肥、农药、生长调节剂和饲料添加剂等化学物质。③ 实行以豆科绿肥和覆盖作物为基础的轮作。④ 大多数农民不用壁犁翻耕土壤而用凿形或用盘形装置。⑤ 采用梯田、带状作业和等高作业以保持水土。⑥ 作物的氮素来源主要是豆科植物固氮以及牲畜粪便和作物秸秆还田。只对特别需氮的作物补施一点化肥。磷肥和钾肥则采用磷灰石和海绿石。⑦ 通过轮作、耕作和中耕控制杂草极少用除草剂。⑧ 主用通过轮作和保护天敌控制病虫害。

2. 罗马尼亚：① 实行合理的轮作。主要结构为麦类—大豆—玉米—饲料。这已在全国成为一项带有政策性的生态技术措施。② 注重有机肥的使用。强调土壤腐殖质是土壤的心脏和命脉，其含量不得低于 2.5%。③ 积极开展良种的培育与应用。④ 重视农田的基本建设，全国的农田基本实现了水利化。⑤强调新能源如太阳能、风能的利用。

3. 菲律宾：① 畜牧业与种植业结合型。② 畜牧业、渔业与种植业结合型。③ 渔业与畜牧业结合型。④ 畜牧业与果蔬种植业结合型。⑤ 渔业与果蔬种植业结合型。⑥ 渔业与稻田结合型。⑦ 旱地农牧渔结合型。

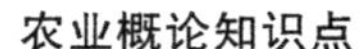

农业概论知识点

国外农业发展情况

【学习任务小结】

我国是一个农业大国，农业是我国国民经济的重要基础产业。农业主要有休闲农业、会展农业、景观农业、创意农业、阳台农业、生物农业、订单农业等多种形态。农业的本质是通过土壤和绿色植物把太阳能转化成食物能。影响农业增长的要素包括土地资源、气候与水资源、生物资源、人工物质资源与劳动力资源、政府政策等。促进农业增长的措施主要有：加大农村基础设施建设投入的力度；促进科技开发和应用；加大对农民的培训力度，提高农民科技文化素质；积极推进农业产业化经营；大力推进农业剩余劳动力转移，提高劳动生产率；切实保护耕地，保护生态环境和转变政府职能，为农业发展服务。

我国农业基础薄弱，与发达国家相比，我国的传统农业生产的自动化低，单位耕地面积的投入高，产出低，不能满足国民对农业物资的需求。同时，农业受到土地资源、水资源短缺的束缚，自然灾害发生频繁。针对我国农业现状，解决农业不发达、农村不繁荣、农民不富裕的“三农”问题的主要措施有以下八项：一是要调整区域发展思路，推动城乡统筹发展；二是要推进农业产业化经营，转变农业增长方式；三是要继续推进结构战略性调整，努力增加农民收入；四是要加大投入，加快农业和农村基础设施建设；五是要抓好农民培训工作，提高农民素质；六是要加快工业化、城镇化进程，促进农村富余劳动力转移；七是要加强村屯规划，规范村镇建设；八是要加强基层组织建设，完善保障机制。

课后实训：查阅相关资料，结合实际情况，调查你家乡的农业现状及影响农业发展的因素。想一想你家乡的农业发展前景如何？

【复习思考】

一、不定项选择题

1. 下列属于服务型农业新业态的是（　　）。

A. 休闲农业　　B. 会展农业　　C. 创意农业　　D. 阳台农业

2. 农业生产的原则是（　　）。

A. 不违农时的原则　　B. 因地制宜的原则

C. 地尽其力　　D. 以牧为纲

3. 农业生产的特点有（　　）。

A. 波动性　　B. 地域性和综合性

C. 综合性　　D. 有限性

E. 周期性和季节性

4. “三农”问题是我国全面建设小康社会中的一个关键问题，“三农”包括（　　）。

A. 农业　　B. 农村　　C. 农民　　D. 农产品

5. 农业的本质是通过土壤和绿色植物把太阳能转化成（　　）。

A. 热能　　B. 电能　　C. 食物能　　D. 化学能

二、简答题

1. 农业的本质是什么？农业的内涵包括哪些？

2. 农业在国民经济中的重要地位主要体现在哪些方面？

3. 农业增长要素有哪些？

4. 我国农业的现状和发展前景如何？

5. 如何解决我国的“三农”问题？

学习任务三 我国现代农业发展模式

【学习目标】

1. 知识目标：通过对我国具有代表性的四大产业模式进行分析，让学生基于地域了解农业产业发展的基本情况，同时增强学生对现代农业发展模式的基本认知。

2. 能力目标：掌握我国四种产业模式的特点，进行农业模式的基本划分。

3. 态度目标：理性认识我国农业发展的模式，深层次地认知现代农业产业发展。

【案例导入】

现代农业发展与农业发展模式的重要性

通过转变农业发展模式，大力发展现代农业，是传统农业向现代农业跨越发展的必经之路，也是传统农业寻求“突围”，彻底改变农业发展滞后现状的根本出路。纵观西方发达国家现代农业发展类型，主要有三种较为成熟的发展模式可供借鉴：一是以美国为代表的“资源丰富型”发展模式；二是以日本为代表的“资源稀缺型”发展模式；三是以荷兰为代表的“资源均衡型”发展模式。以美国、日本、荷兰这三国为代表的现代农业发展模式皆是根据其不同的自然资源供给条件与外部条件制约的基础上建立起来的。尽管这三国所走道路不同，但各具自身特色，对我国现代农业发展模式的选择具有重要的指导和借鉴意义。

因地制宜，选择适当的发展模式。我国幅员辽阔，地域间自然环境资源差异较大，分布不均衡，东部与西部、南方与北方在农业生产条件和水平方面存在较大差异。同时，南北经济、东西经济发展不均衡。因此，我国现代农业发展模式的选择，应立足于区域特色，选择适当的模式或方法。

重视农业科技创新，强化技术推广体系。加大农业科技投入，加强对农业科技的扶持力度。加快构建农业科技推广和服务体系。大力发展农用工业，改进农业生产工具，提升农业生产机械化水平，提高农业生产效率，使农业生产享受到现代工业进步的成果。

发挥市场调节作用，加强政府宏观调控。利用市场杠杆，优化农业、农产品资源合理配置。加强和完善宏观调控，克服市场调节经济的自发性、盲目性、滞后性，保证农业经济健康有序发展。积极打造服务型政府，努力为农业生产提供良好的外部条件，营造良好的制度环境，实现现代农业良性、可持续发展。

资料来源：何怀兵《现代农业发展与农业发展模式的重要性》

【案例分析】

与发达国家相比，我国农业发展仍存在较大差距。引入先进的农业发展模式，发展现代农业是克服我国当前农业发展瓶颈的根本之途。

【学前思考】

1. 农业发展需要规划吗？
2. 我们能说出哪些农业发展模式？
3. 农业发展模式对农业发展有什么重要性？

学习内容一　东北大农业

我国东北地区地处欧亚大陆东部，北邻俄罗斯，东临朝鲜，南临黄海、渤海，西至内蒙古高原。该区平原辽阔，土地肥沃，有富饶的森林与矿产，是我国重要的商品粮、大豆、木材生产基地和重工业基地。

一、大农业的定义

相对于小农业而言，大农业是广泛应用现代科学技术、现代工业所提供的生产资料和科学管理方法来进行农业生产的社会化农业。在按农业生产力性质和水平划分的农业发展史上，大农业属于农业的最新阶段。东北大农业是基于东北地区得天独厚的农业区域优势，围绕农业产业发展而形成的农业发展模式。

与其他地区相比，东北地区大农业特征更加明显，广袤平坦的土地资源和丰富的物产资源，使其早在改革开放前就具备了现代化农业生产的基本条件，并在很多垦区建立了具有大农业发展特色的城乡关系。

大农业的发展强调以市场需求为导向、以战略新品驱动为核心、以现代科技为依托、以创新经营为重点。在此背景下，耕作模式的调整、产业体系的构建、面向市场需求的发展等等，必然促进农业产业的革新与变革。

二、大农业的基本特征

大农业的基本特征主要有以下几点：

（1）农业科学技术得到迅速提高和广泛应用。一整套建立在现代自然科学基础上的农业科学技术的形成和推广，使农业生产技术由经验转向科学，如在植物学、动物学、遗传学、物理学、化学等科学发展的基础上，育种、栽培、饲养、土壤改良、植保畜保等农业科学技术得到迅速提高和广泛应用。

（2）现代机器体系逐渐形成和农业机器得到广泛应用。农业由靠手工畜力农具生产转变为机器生产，如技术经济性能优良的拖拉机、耕耘机、联合收割机、农用汽车、农用飞机以及林、牧、渔业中的各种机器，成为农业的主要生产工具，使投入农业的能源显著增加，电子、原子能、激光、遥感技术以及人造卫星等也开始应用于农业。

（3）良好的、高效能的生态系统逐步形成。

（4）农业生产的社会化程度有很大提高。如农业企业规模的扩大，农业生产的地区分工、企业分工日益发达，“小而全”的自给自足生产被高度专业化、商品化的生产所代替，农业生产过程同加工、销售以及生产资料的制造和供应紧密结合，形成了农工商一体化。

（5）经济数学方法、电子计算机等现代科学技术在现代农业企业管理中应用越来越广，管理方法显著改进。

现代农业的产生和发展，大幅度地提高了农业劳动生产率、土地生产率和农产品商品率，使农业生产、农村面貌和农户行为发生了重大变化。

三、东北地区农业资源及环境特点

（一）东北地区地理条件

东北大部分地区热量不足，低温冷害频率高。大兴安岭北端位于寒温带，年均温度小于-4℃，极端低温在-45℃以下，土壤有冻土层，无霜期小于 90 天，限制了农作物种植和天然放牧；本区大部分位于中温带，夏季温和湿润，冬季寒冷漫长，有效积温偏少（年≥10℃积温 1 700℃～3 500℃），只宜种植春小麦、大豆和早中熟的玉米、水稻以及甜菜、胡麻，一年一熟；南部辽东半岛处于暖温带，年≥10℃积温 3 900℃～4 600℃，无霜期 120～150 天，可种植冬小麦，二年三熟。

水资源较丰富，但降水地区差异大且春旱、洪涝威胁大。东部山区降水在 1 000 mm 以上，平原为 500～750 mm，属半湿润、湿润区。西部属半干旱区，年降水只有 300～1 000 mm 左右。平原农区降水能满足春小麦需要，但春旱较严重，影响玉米播种及幼苗生长。东部山区降水多，变率大，加之平原地区地势低洼，黑土持水力强、透水性差、排水不畅，洪涝灾害较严重。

土地资源丰富，农林牧用地量大质优。本区分布着松嫩、三江、辽河中下游三大平原，地面起伏平缓，土壤以黑土、黑钙土、暗草甸土为主，表层有机质含量达 3%～5%，自然肥力高。本区耕地有 1 668. 3 万公顷（1 公顷 = 10 000 m^2），实有 2 135. 5 万公顷，占全国耕地的 15. 9%，且质量高，一等地占 65. 1%。由于人口密度较小，农业人口人均耕地居各区之首。宜农荒地有800万公顷，是荒地资源开发潜力最大的地区。山区面积占52%，广布材质优良的以红松、落叶松为主的天然林，森林覆盖率达37.3%，是中国最大的天然林区。本区西部和东部的三江平原有天然草地1 370万公顷，且大部分是以优质牧草为主的草甸草场。

（二）东北地区产业发展情况

东北地区农业、交通发达，农村人口比例低，劳动生产率高。东北地区交通发达，其铁路密度全国最大；农业劳动力占总人口比重全国最低，因而农业经营规模大，每一个农业劳动力经营耕地实有数较多，加之国有农场多，所以农业劳动生产率高。

（三）东北大农业发展优势与劣势

东北农业发展的优势：光照充足，昼夜温差大，农作物生长期较长，有利于营养积累，农产品的品质较佳；农作物病虫害少；土壤有机质易于积累，矿物质分解和淋溶作用弱，土壤较肥沃；积雪覆盖时间长，春季积雪融化可以缓解春旱现象，改善土地墒情。

另外，东北地区土壤肥沃且耕地集中连片分布，如图3.1.1所示。其土壤多以黑土、黑钙土为主，是世界上三大肥沃黑土分布区（中国东北地区、乌克兰、美国密西西比河流域）之一。黑土耕层有机质含量为2.5%~7.5%，全氮含量为0.15%~0.35%，是我国耕层有机质含量和氮素含量最高的土壤。

图3.1.1　东北肥沃的黑土地

东北农业发展的劣势主要表现为许多对热量要求较高的作物品种不能种植，仅能种植一些对热量要求不高的农作物，如春小麦、甜菜、大豆等作物，且只能一年一熟。另外，东北地区长冬，无法放牧，还要解决好牲畜的防寒和饲料供应问题，并且春秋两季低温冷害也影响农作物的生长和收成。

四、东北大农业的布局

东北大农业布局主要表现为形成了三大农业生产区域：耕作农业区、林业和特产区、畜牧业区

(一) 耕作农业区

主要分布在平原地区，包括松嫩平原、三江平原和辽河平原。该农业区主要农作物有：

(1) 玉米。玉米的分布非常普遍，由南向北种植比例逐渐减少。

(2) 小麦和大豆。小麦和大豆的种植比例由南向北逐渐增多。

(3) 水稻。水稻多种植在辽河、松花江流域的大型灌区以及东部山区的河谷盆地。现在已扩展到北纬50以北的黑龙江沿岸。

(二) 林业和特产区

主要分布在大小兴安岭和长白山区，主要树种有兴安落叶松、樟子松、红松等。各地区特产分布如下：

(1) 大、小兴安岭是我国最大林区。

(2) 长白山区是鹿茸、人参等珍贵药材产区。

(3) 辽东低山丘陵和半岛丘陵区是我国最大的柞蚕茧产区。

(4) 延边是苹果梨等水果的盛产地区。

(5) 辽南是重要的苹果产区。

(三) 畜牧业区

主要分布在西部高原、松嫩平原西部及部分林区草地。各地区的主要牲畜有：

(1) 三河地区有著名畜种三河马、三河牛。

(2) 松嫩平原西部是东北红牛的商品生产基地。

五、加快建设现代化大农业：东北振兴的重要支撑

“立政之本则存乎农”。农业是国民经济的基础，粮食安全是国家安全的根本。世界三大黑土带之一的东北地区是我国重要的农业基地，其维护国家粮食安全的战略地位十分重要，关乎国家发展大局，是维护国家粮食安全的“压舱石”。粮食是关系国计民生的特殊商品，是社会稳定、经济可持续发展的重要战略物资。解决好全国人民的吃饭问题，始终是治国安邦的头等大事。因此，在发展现代农业过程中，要不断增强农业综合生产能力，确保谷物基本自给、口粮绝对安全，用总书记的话说就是“中国人的饭碗任何时候都要牢牢端在自己的手上”。

中国的耕地面积仅占世界总耕地面积的9%，却养育了世界近五分之一的人口。据统计，2018年，黑龙江省粮食产量为7 507万吨，吉林省粮食产量为3 633万吨，辽宁省粮食产量为2 192万吨，黑龙江、吉林、辽宁三省粮食产量合计达13 332万

吨，约占全国粮食总产量的20.3%，这意味着中国人每5碗饭中就有1碗来自东北地区。

（一）深化改革，现代化大农业夯实发展基础

农垦在我国农业发展和国家建设中具有重要的战略地位，为保障国家粮食安全、支援国家建设、维护边疆稳定作出了重大贡献。黑龙江农垦形成了组织化程度高、规模化特征突出、产业体系健全的独特优势，是国家关键时刻抓得住、用得上的重要力量。因此，在新时代东北全面振兴过程中，要更好发挥农垦在现代农业建设中的骨干作用。一方面要“深化农垦体制改革”，另一方面要“加快建设现代农业的大基地、大企业、大产业”。

农垦改革，要坚持国有农场的性质，坚持垦区集团化、农场企业化的方向，通过改革进一步调动农场工人的积极性，维护好他们的权益，提高他们的素质，要不断提高农业生产的组织化、机械化水平，要全面增强农垦内生动力、发展活力、整体实力。以垦区集团化带动农场企业化，以行政体制改革、经营体制改革带动农场办社会职能改革。垦区集团化、农场企业化以及农场办社会职能改革，将会促进农垦现代农业大基地、大企业、大产业建设和农场现代化城镇的繁荣。

随着农垦改革的不断深入，现代化大农业的发展让“中国饭碗”被端得越来越牢、越来越稳。农垦改革，是充分发挥农垦在我国农业现代化建设和经济社会发展全局中重要作用，推进经济社会高质量发展的重大战略举措。2016年5月，习近平总书记在黑龙江考察调研时指出，要深化国有农垦体制改革，建设现代农业大基地、大企业、大产业。2018年9月，再次来到黑龙江省考察的习近平总书记强调，要深化农垦体制改革，全面增强农垦内生动力、发展活力、整体实力，更好发挥农垦在现代农业建设中的骨干作用。黑龙江省以深化农垦改革为牵引充分释放现代化大农业发展潜力，自觉担负起国家粮食安全“压舱石”的重任，为维护国家粮食安全提供充分保障。

作为我国第一大玉米主产地的吉林省，在2017年开启了农垦改革的步伐。依托扎实推进垦区集团化、农场企业化改革试点和农垦国有土地确权登记发证、农场办社会职能改革任务落实，吉林省着力通过深化农垦改革带动垦区经济发展和民生改善。2018年末公布的《吉林省乡村振兴战略规划（2018—2022年）》表明，吉林省将按照市场化、企业化、产业化、集团化要求，建立起有利于农垦产业化发展的经营机制，充分发挥农垦国有农场组织化程度高的优势，促进一二三产业融合发展，使其成为区域经济发展新亮点。

辽宁省则通过企业化改革让“老农垦”焕发出新活力。辽宁省各垦区围绕体制机制创新、资源资产整合、产业优化升级走各具特色的改革之路。

作为国家重要的商品粮生产基地，东北地区正以改革为主线着力提高农业质量标准、效益和综合竞争力，坚定地扛起维护国家粮食安全的政治责任，勇挑国家粮食安

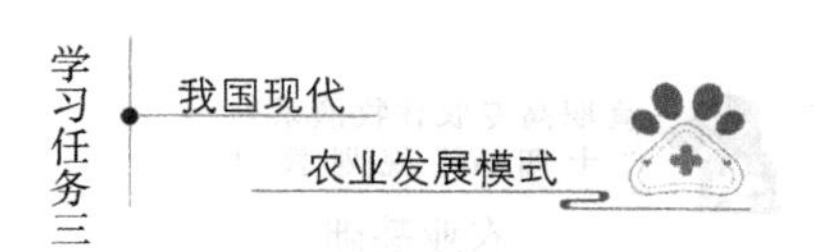

全“压舱石”重担。

（二）生态兴农，现代化大农业迈出绿色新步伐

绿色发展既是现代农业发展的内在要求，也是生态文明建设的重要组成部分。绿色是永续发展的必要条件和人民对美好生活追求的重要体现，必须坚持节约资源和保护环境的基本国策，坚持可持续发展，坚定走生产发展、生活富裕、生态良好的文明发展道路，这是将生态文明建设融入经济、政治、文化、社会建设各方面和全过程的全新发展理念。用绿色发展新理念引领发展行动，就是要坚持绿色富国、绿色惠民，为人民提供更多优质生态产品，推动形成绿色发展方式和生活方式，协同推进人民富裕、国家富强、中国美丽。其中，用绿色发展理念引领农业发展行动，就是要推进农业绿色发展。因此，习近平总书记指出，推进农业绿色发展是农业发展观的一场深刻革命，也是农业供给侧结构性改革的主攻方向。

加快农业绿色发展，基本途径是改变传统的农业生产方式，减少化肥、农药、除草剂等投入品的过量使用，推动农业生产方式绿色化，构建科技含量高、资源消耗低、环境污染少的农业产业结构和生产方式，走出一条产出高效、产品安全、资源节约、环境友好的农业现代化道路。加快农业绿色发展，基本目标是发展绿色食品产业，提供更多优质、安全、特色农产品，促进农产品供给由主要满足“量”的需求向更加注重“质”的需求转变，重点培育绿色有机农产品知名品牌，提高市场知名度和美誉度，推动我省由大粮仓变成绿色粮仓、绿色菜园、绿色厨房。

加快农业绿色发展，还要着力解决好耕地保护问题。我国人多地少，人均耕地面积仅为世界平均水平的1/3。因此，总书记强调，要像保护大熊猫一样保护耕地，特别是要确保东北黑土地不减少、不退化。黑土地，是地球上珍贵的土壤资源，是东北地区的独特优势。由于长期高强度利用，加之土壤侵蚀，导致黑土地有机质含量下降、理化性状与生态功能退化，严重影响粮食综合生产能力提升和农业可持续发展。因此，保护好黑土地，是推进东北农业绿色发展的重要内容，要把东北黑土区打造成为绿色农业发展先行区。保护黑土地，要坚持用养结合原则，综合施策，统筹粮食增产、畜牧业发展、农民增收和黑土地保护之间的关系，不断优化农业结构和生产布局，推广资源节约型、环境友好型技术，统筹土、肥、水、种及栽培等生产要素，综合运用工程、农艺、农机、生物等多种措施，在保护中利用好黑土地，在利用中保护好黑土地。

黑龙江省不仅是国家重要的商品粮基地、战略后备基地，更是优质农产品的供应基地。黑龙江省作为全国最大的绿色有机食品生产基地，农产品以品质优良、有机安全著称。2018 年 9 月 25 日，习近平总书记在黑龙江农垦建三江管理局考察时强调，要加快绿色农业发展，坚持用养结合、综合施策，确保黑土地不减少、不退化。优越的自然资源和生态环境，筑就了东北地区现代化大农业的“绿色名片”，更是维护国家粮食安全、生态安全的重要基石。

绿色生态是黑龙江农业最靓的底色。珍视黑土资源，重视生态环境，对于促进农业可持续发展至关重要。为此，黑龙江省加快构建黑土地长效保护机制，制定颁布实施《黑龙江省耕地保护条例》，以立法的形式为黑土地建立起长效保护机制。此外，加快治理农业面源污染，在全国率先实施减化肥、减农药、减除草剂行动，全省高标准“三减”面积4 000万亩，秸秆综合利用率超70%，畜禽粪污资源化利用率达70%以上。有了好生态的加持，2018年黑龙江省绿色食品认证面积达7 396万亩，占全国的1/5；有机食品认证面积达650万亩（其中欧盟认证152.4万亩），占全国的1/10。

如今，发展绿色农业已经成为越来越多东北地区农民的共识。吉林省通过新技术新模式示范推广，2018年落实保护性耕作560万亩、航化作业400万亩、稻田综合种养65万亩，新认证“三品一标”产品503个，蔬菜、水果和食用菌例行监测总体合格率达98.6%；辽宁省则通过优化种植结构、抓好绿色高产高效创建项目、实施好耕地轮作制度、做好东北黑土地保护利用等措施不断巩固提升粮食综合生产能力，为辽宁省粮食产量稳产丰收奠定坚实基础；内蒙古自治区凭借量大质优的绿色农畜产品闯出发展新路，已经成为我国重要的绿色农畜产品生产加工输出基地和北方重要生态屏障。

农业绿色发展，是农业发展观念的一场深刻变革，昭示的是农业发展由主要满足“量”的需求向更注重“质”的需求转变这一时代课题，生态环境优越、自然资源丰富的东北地区必将大有可为。

（三）科技强农，现代化大农业持续引领新高度

从世界农业发展历史来看，农业增长与发展的源泉主要来自农业科技创新和科技进步。20世纪四五十年代，发达国家农业科技进步贡献率为25%左右，到20世纪70年代以后达到70%左右，目前美国等农业发达国家科技贡献率更是高达90%以上。从我国实际情况来看，农业科技创新能力还不强，农业科技发展水平还不高，农业科技进步贡献率不到60%，远低于发达国家水平。因此，要把发展农业科技放在更加突出的位置，给农业现代化插上科技的翅膀。

现代化大农业是以更加先进的科学技术为生产手段、以更高水平农机装备为生产工具，具有更高技术密集度和更高综合生产能力的现代农业。加快东北地区现代化大农业发展，一方面要加大农业科技创新力度，进一步提高农业科技化水平，即加大农业科技体制改革力度，健全激励机制，突破农业科技创新的制度障碍；加大政府农业科技投入力度，真正把农业科研投入放在公共财政支持的优先位置，提高农业科技投入的比重和强度；加强农业技术推广，建立多元化的农业推广组织体系。另一方面要大力推进农业机械化、智能化，进一步提高农机装备水平，即加大农机化工程实施力度，装备更多的具有世界一流水平的现代化大型农业机械，实现主要粮食作物种管收全程机械化。在此过程中，要更好地发挥高等农业院校和农业科研院所的作用，加强农业科技研发与推广以提供更先进的成果支撑，加强智库建设与理论研究以提供更有

效的政策咨询，加强农业农村教育与技能培训以提供更有力的人才保障。

在2019年春播期间，黑龙江垦区农业全程无人作业首站试验在红卫农场种植户承包的600亩水田里启动，北大荒水稻种植进入了“无人作业时代”；在嫩江农场，借助搭载北斗导航的航天智慧农业系统，精准控制播种机自动匀速播种、施肥，将每千米行驶误差控制在2 cm之内。现代科技，是农业腾飞的翅膀。为现代农业插上“科技翅膀”，保障好东北地区这一国家商品粮生产核心区，对于落实好习近平总书记重要讲话精神，保证中国人的饭碗任何时候都牢牢端在自己的手中至关重要。

农业科技的发展，见证了黑龙江省农业生产方式的深刻变革。目前，黑龙江省已基本实现了耕、种、管、收全程机械化，全省农机总动力达6 082.4万kW，耕种收综合机械化水平达到97%，高出全国平均水平约30个百分点；培育出了绥粳18、东农252等一大批优良品种，推广水稻旱育稀植、大豆垄三栽培等高产模式，创建了370个现代农业科技园，1 458个“互联网+”高标准生产基地，农业科技贡献率达到67.1%，高于全国平均水平近9个百分点，农作物良种覆盖率和农产品优质化率已达100%。农业科技，是黑龙江省建设现代化大农业、担当起保证国家粮食安全重任的制胜“法宝”。

在吉林省，为让农业科技在田间落地生根，农业科技人员带着农业技术进村、入户、到田，着力打通农业科技推广“最后一公里”。吉林省的科研院所越来越多地出现在田间地头，更加注重技术推广，科研与实践接轨力度不断加大，在农民增收致富方面形成了巨大推动力。

辽宁省则着力加强科技对农业农村发展的引领作用。2019年6月，东北地区又一个大数据现代农业科技园在沈阳法库国家级通航特色小镇开工建设，建成后将为县域现代农业体系搭建引擎平台，加快一二三产业融合发展，引领农业产业发展，推进农业现代化、工业化、城镇化和生态化进程，在农业这一传统产业中培育出“数字经济”的花朵，为实施乡村振兴战略作出示范引领。

内蒙古自治区赤峰市以农业科技改造传统农业、转变农业发展方式、提高农业生产效率，让农民生产生活水平显著提高。以位于赤峰市南部的宁城县为例，如今宁城县已拥有设施农业面积达46万亩，年纯收入达到24亿元，全县农民年人均实现收入4 700元，“宁城黄瓜”“宁城尖椒”“宁城番茄”“宁城滑子菇”享誉全国，53个蔬菜产品获绿色、有机产品认证。

六、总结

大农业的发展以土地规模经营为基础，生产方式的转变必然使得长期以来形成的分散式居民点布局得以调整。一方面，土地的规模经营、大型农机具的使用，调整了原有的耕作半径；另一方面，土地的规模经营解放了大量农村劳动力，减少了农业直接从业人员，加快了农村劳动力向非农产业转移，促进了人口集聚，加快了中心城镇的发展。

大农业的发展促进产业的多元化转型，原有人地关系随之发生改变。一方面，随着多元化产业体系的构建，原有村落以务农为主的单一职能将会发生改变，从而促进村镇职能分工调整；另一方面，传统农民逐步向产业工人和服务业人员调整，有效减少人口外流，促进就地城镇化。

学习内容二　江浙集约农业

集约经营的水平，取决于社会生产力的水平，并受社会制度的制约和自然地理条件、人口状况的影响。主要西方国家的农业，都经历了一个由粗放经营到集约经营的发展过程，特别是 20 世纪 60 年代以后，他们在农业现代化中，都比较普遍地实行了资金、技术密集型的集约化。然而由于各国条件不同，在实行集约化的过程中则各有侧重。有的侧重于广泛地使用机械和电力，有的侧重于选用良种、大量施用化肥、农药，并实施新的农艺技术。前者以提高（活）劳动生产率为主，后者以提高单位面积产量为主。中国是一个人口众多的农业国，社会生产力较低，农业科学技术还不发达，长期以来，农业集约经营主要是劳动密集型的。随着国民经济的发展和科学技术的进步，中国农业的资金、技术集约经营也在发展。

江浙，也称作江浙地区，位于中国东部，长江下游，包括江苏、浙江两省。在古代，狭义上的江浙地区指长江和钱塘江之间的地区，元朝设有江浙行省。由于苏南文化和浙江文化都是从吴越文化衍生而来，现实文化性格也比较相近，所以人们把江苏和浙江合称为“江浙”。本内容主要以江浙地区为典型进行集约农业的介绍。

集约经营的目的，是从单位面积的土地上获得更多的农产品，不断提高土地生产率和劳动生产率。由粗放经营向集约经营转化，是农业生产发展的客观规律。这与土地面积的有限性以及土壤肥力可以不断提高的特点有密切关系。

一、集约农业的定义

集约农业是农业中的一种经营方式，是把一定数量的劳动力和生产资料，集中投入较少的土地上，采用集约经营方式进行生产的农业。同粗放农业相对应，在一定面积的土地上投入较多的生产资料和劳动，通过应用先进的农业技术措施来增加农业产品量的农业，称“集约农业”。中国的长江三角洲、珠江三角洲和成都平原等地区的农业均属集约农业。

二、集约农业的基本特征

江浙地区现代农业的发展，有一个明显的特征，就是通过政策倾斜、资金倾斜来建园区、壮龙头、抓大户，扶持他们发展壮大，增强其辐射带动能力，让他们去带动农户，形成了农业产业化经营格局，大幅增加了农民收入。“扶持产业化就是扶持农业，扶持龙头企业就是扶持农民”已成为他们的普遍共识。如江苏省张家港市从2006年开始由市镇两级财政对种植水稻100亩以上，蔬菜30亩以上的规模经营户给予奖励，对流出土地使用权的农户每亩每年补贴300元，该政策的期限是10年，短短3年流出土地形成规模经营15万亩，累计达22万亩。锡山区由区财政出资完善以园区道路、水电、排污、通讯、绿化、景观等为主的基础设施建设，以信息、技术、测试、中介等为主的公共服务平台，并按照“谁投资、谁建设、谁服务、财政资金就补助谁”的原则，整合涉农资金以直接补贴、定额补助、贷款贴息等多种方式，根据建设的规模、进度、水平给予园区相应的扶持和补助。

三、江浙地区农业资源及环境特点

江浙地区的水资源十分发达。江苏省与浙江省是我国典型平原河网地区，水系十分发达，不但拥有著名的长江、京杭大运河、太湖和西湖，而且湖荡密布，江滩、河滩与湿地众多，数万条大小不一的河流纵横交错。水热资源充沛，河川径流丰富，光热水的季节配合较好。本区属亚热带季风气候，每年大于10℃的积温为4 500℃～6 500℃，无霜期为210～340天，北部能满足稻麦一年两熟的需要，中南部可种植双季稻和越冬作物一年三熟，并适宜于多种亚热带林果生长。年降水为1 000～1 400 mm，全年日照时数为1 800～2 300 h。夏秋作物生长旺盛和结实期日照充分，光、热、水季节配合较好，成为农作物高产稳收的重要因素。本区河网密度达6.4～6.7 km/km^2，湖泊众多，耕地形态以水田为主。目前已形成平原农区的灌溉系统，淡水渔业养殖、捕捞较发达。但“梅雨”年变率大，常形成旱、涝灾害。

地貌类型复杂多样，平原是农业精华所在，丘陵山地开发潜力大。本区在全国相对而言，发展农林牧渔的资源均最丰富，而且地处沿江、沿海，区位条件优越，内外交通方便，城镇密集，工业基础好，经济发展水平高。

四、江浙集约农业的布局

改革开放以后，江浙两省都发生了明显的变化，一改计划经济主导时期在全国的经济地位。早期来说，江苏是以乡镇、村组为主兴办实业，浙江是家庭或亲朋合伙为主搞“前店后厂”，前者属于集体经济，后者属于个私经济。尽管那时的浙江也不乏集体经济，江苏也有家庭工业性质的“耿车模式”。但总体上，提到江苏，就是苏南模式，提到浙江，往往仅讲温州模式。如此情形的形成，也不是偶然的，着实与两省的人文特征有着密切的关系，而改革开放以来江浙两省有所区分的行政特点又加剧了这一差异。如今的长三角，上海以总部经济见长，北翼的江苏外向型经济特征明显，南翼的浙江内生型发展特点突出。2013年，江浙地区农业园区从村级、镇级园区到市级园区，再到省级园区乃至国家级园区比比皆是。他们借助农业园区这个平台，整合农业资源，调整农业产业结构，提升农业综合效益。无锡市锡山区在发展农业园区中，通过土地集中流转，运用“农业园区+基地+农户”“龙头企业+合作组织+农户”等形式，形成七大现代农业园区和60个村级农业园区，全区园区农业面积现已达到7.36万亩，占可种养面积35.2%，共有农民专业合作经济组织53家。在园区投入机制上，他们积极探索多种运营模式，概括起来有政府主导型（政府主导、多元投入、公司管理、企业经营）、工商资本主导型（政府指导、以工投农、企业建设、科技引领）、社会资本主导型（政府引导、业主建园、产销一体、专业经营）、合作经济主导型（政府扶持、农民合作、协会管理、共同富裕）等四种模式，其中采用工商资本主导型和社会资本主导型的居多。如杭州萧山国家农业科技园区完全实行市场化运作，由民营企业传化集团负责运营，没有设立园区管委会，而是成立浙江传化江南大地发展有限公司作为园区的投资和运作主体，实行完全的企业化运作，并把传化集团的先进企业理论、企业文化导入园区，政府则在前期建设中给予一定的项目和政策扶持，把企业“扶上马、送一程”。

五、江浙集约农业的发展

集约农业在江浙地区发展成果显著，按照现代农业内部的经营组织形式，以及政府与经营主体在现代农业发展中起到的不同作用，归纳出江浙现代农业发展的3种主要模式，即“浙江模式”“苏南模式”“苏北模式”。

（一）浙江模式——“小承包、大经营”

为促进产业集聚、探索农业生产经营新机制，浙江省各级政府引导已经完全或在很大程度上离农的非农户和以非农收入为主的兼业小户，在保留承包经营权的基础上，尽快离土，并通过多种措施，保障其从事土地经营的一般收益，真正实现“留权、离地、得利”。浙江省通过鼓励成立村级土地合作社，推进土地承包权流转，引导整村、整组将土地承包经营权向种养大户、农民专业合作社以及农业企业公司流转，进而形成了“小承包、大经营”的运行模式。

以湖州市吴兴区国家现代农业示范区为例，在坚持“谁投资、谁经营、谁受益”的前提下，以专业大户、农民专业合作社及农业龙头企业为建设主体，积极引导工商企业参与园区建设和经营。目前，该示范区内已形成以尹家坪粮油植保农业专业合作为代表的社会化服务型经营主体，以丰溢特种水产专业合作社为代表的种子、种苗繁育型经营主体，以天农标准化设施农业园、玲珑农业生态园为代表的对外合作、技术创新型经营主体，以吴兴锋盛家庭农场为代表的生态循环型经营主体和以中叶生态农业发展股份有限公司为代表的加工外延型经营主体，使主导产业在园区内进一步聚集。

（二）苏南模式——集体合作农场模式

昆山市是江苏南部地区现代农业建设的典型样本，其按照“统一大规划、各级重投入、目标大产业、做成大手笔”的建设思路，将示范区分为高效农业园区（包括水产养殖与特色蔬果种植）与优质粮油基地。其中，高效农业园区用地一般由镇政府进行集中流转，由政府负责园区内的基础设施与生产设施配套，再招聘农业企业或者合作社等进行生产，由镇农技服务中心负责管理和经营；优质粮油基地用地则由各镇成立“农地股份合作联社”负责流转，按照“包工定产”的方式进行生产，两种方式均不涉及土地的“二次流转”，从而构建了农地管理的“集体合作农场”模式。

（三）苏中模式——适度规模农场模式

江苏中部地区的自然条件和经济发展水平与苏南地区和浙江省差异较大，农业一直在苏中社会经济发展中占据较大比重。在建设现代农业示范区的过程中，苏中地区通过引导农民将土地承包经营权向村级组织集中流转，再通过公开竞标的方式，发展规模以上的农场，来推广农业适度经营。

对农民大量转移到第二、第三产业并稳定就业的地区，政府引导农民将土地承包经营权向村级组织集中流转，发展以专业大户和家庭农场为主体“土地集中型”模式，并通过建立“进入与退出”机制（如根据不同经营范围规定了最小经营规模为2公顷以上和经济效益），控制农业生产风险，保证土地的生产效益。对还没有实现劳动力大量转移的地区，则通过组建农民专业合作社、土地股份合作社，由合作社来统一进行土地的发包、托管及其他服务，即形成“合作经营型”模式。每个乡镇均由农技部门领办至少1个66.667公顷以上的农业规模经营合作社，每个村均培植至少2个土地规模经营面积6.667公顷以上的“小农场”。

在苏北地区所形成的“适度规模农场模式”下，政府通过鼓励和支持以村级为单位，成立经营性农业服务组织参与良种示范、农机作业、抗旱排涝、沼气维护、统防统治、产品营销等服务，通过成立生产各环节的专业合作社及“全程托管”式的一站式服务合作社来完成示范区的社会化服务体系。

综上所述，“小承包、大经营”“集体合作农场”与“适度规模农场”大致涵盖了江浙地区现代农业的主要做法。其中，浙江省“小承包、大经营”的经营组织方式在本质上是一种以个体私营经济为主的发展模式，政府只起着辅助、引导和促进作用，主导这一模式的是一定规模的家庭农场、专业合作社以及农业企业；苏南地区现代农业示范区形成的新型“统分结合、双层经营”机制，其本质是按照地方政府的地方产权制度（类似于中央或地方政府对国有企业的产权制度安排），建设的“集体合作农场模式”，其背后是地方政府强大的财政支持；苏中作为江浙地区传统的农业生产区，具有较强的农业资源优势，但其工商企业发展落后于浙江与苏南地区，村级集体经济虽然具有一定基础，但较苏南地区还有较大差距，因此形成了介于浙江模式与苏南模式之间的“适度规模农场模式”。

六、总结

发展集约农业的江浙地区农田投入水平高，农田耕种、灌排、植保、脱粒等已基本实现机械化；耕作水平高，在精耕细作基础上，广泛采用先进科学技术。因此，该地区农业生产水平高，农、林、牧、渔业均较发达，农产品总量大，商品率高。

今后应充分利用现有的工农业基础，发挥沿江、沿海区位优势，全面发展农村经济。太湖平原，沿海、沿江地区加快发展和提高乡镇企业，并向外向型经济发展，同时发展为城市服务的副食品生产，争取领先实现农业现代化，并带动整个区域经济的发展；江浙地区应加强区域水土治理，进一步开发丘陵岗地、内陆水面和沿海滩涂，扩大优质稻米，优质棉、畜禽、水产、蚕桑为主的商品生产。

学习内容三　京津都市农业

“都市农业”的概念，是20世纪五六十年代由美国的一些经济学家首先提出来的。一般来说，都市农业就是指地处都市及其延伸地带，紧密依托并服务于都市的农业。发展都市型现代农业经济是都市居民的迫切要求和愿望。随着我国改革进程进入攻坚期和深水区，当代城市社会经济发展和市民生活水平也随之不断提高。一方面，城市居民物质条件的提高，对于满足必要生存条件的农产品数量、品种、性能等提出了更高的要求；另一方面，居民收入水平的提高相应地带动了精神文化生活的丰富，并且随着休闲时间的增加、交通的便捷和汽车的普及，城市居民迫切需要不同环境的生活氛围，因此，要求农业更大更好地发挥生态、文化、社会等多种功能。农业的这些功能的充分挖掘，将会使都市型现代农业为市民提供更为完善、人性化的休闲服务，极大地提高城市居民的生活质量和文化品位。

都市农业与城郊农业都是依托城市、服务城市、适应城市发展要求，纳入城市建设发展战略和发展规划建设的农业。但二者还有不同点，城郊农业主要是为城市供应农副产品，满足城市商品性消费需要为主，发展水平相对较低，位置居于城市周边地区；而都市农业是为满足城市多方面需求服务，尤以生产性、生活性、生态性功能为主，是多功能农业，发展水平较高，位置在大城市地区，可以环绕在市区周围的近郊，也可能镶嵌在市区内部。近年来，北京、上海、天津三地都以拓展农业功能为重点，努力延伸农业产业链条，打造各具特色的都市型现代农业。本内容主要以京津地区为典型进行介绍。

一、都市农业的定义

都市农业是指地处都市及其延伸地带，紧密依托城市的科技、人才、资金、市场优势，以生态绿色农业、观光休闲农业、市场创汇农业、高科技现代农业为标志，以农业高科技武装的园艺化、设施化、工厂化生产为主要手段，以大都市市场需求为导向，融生产性、生活性、教育性和生态性于一体，高质高效和可持续发展相结合的现代农业。

都市农业是大都市中、都市郊区和大都市经济圈以内，以适应现代化都市生存与发展需要而形成的一种现代农业。至于观光农业、休闲农业、旅游农业等，都是都市农业的一些具体经营方式，不能说它们本身都是都市农业。根据经验分析，只有大城市人均 GDP 达到 2 000~3 000 美元的时候，才可能进入都市农业阶段。

二、都市农业的基本特征

直接接受大都市的辐射，充分利用大都市完善的城市基础设施条件来发展现代农业，如四通八达的交通和通信网络，以及水、电、煤气等公共设施，这些都是农业现代化的重要条件；直接吸纳大都市工业对农业的投入，由于城乡之间的渗透和融合，增加了城市工业在现代技术和物质装备等方面对农业投入的驱动力，可以迅速提高农业的集约化程度和现代化水平；直接利用大都市的市场优势，进入和占领国内外市场，可以利用大都市的信息优势和辐射功能，开拓国内外市场，有利于提高农业的专业化和商品化水平；直接接受大都市产业结构的布局调整，采取与大都市相适应的农业产业结构和经营管理方式，农村二、三产业发展快，农业内部经营也普遍引入和采用现代经营管理方式；直接接受大都市的市场配置资源的基础作用，建立与大都市市场相适应的现代化、集约化、设施化的农业生产体系，机械化、自动化程度高，土地产出率、资源利用率和劳动生产率高；直接利用大都市的先进科技手段和科技人员指导，有利于发展高科技农业和生态高效农业，实施农业的专业化、规模化、基地化生产。

发展都市农业可以综合发挥农业的经济、生态和社会功能。都市农业不仅具有生产市民喜欢的优质农副产品的经济功能，而且具有涵养水源、净化空气、保持水土，绿化、美化市容的生态功能，以及为城市居民旅游休闲提供重要基地的社会功能。发展都市农业应充分利用各种自然景观，建设自然保护区、风景区、各类农业公园和游乐场所，给城市添加了美丽的绿色景观。充分利用城市的优势，实现生产、加工、销售一体化，使农副产品通过加工和流通增值。

三、京津都市农业资源及环境特点

天津地处北温带位于中纬度亚欧大陆东岸，主要受季风环流的支配，是东亚季风盛行的地区，属暖温带半湿润季风性气候，临近渤海湾，海洋气候对天津的影响比较明显；北京的气候为暖温带半湿润半干旱季风气候，夏季高温多雨，冬季寒冷干燥，春、秋短促，全年无霜期 180~200 天。

都市农业布局不仅是以农业资源环境特点为基础，更多的是基于都市的经济社会发展情况而形成，同时兼顾生产、经济、生态和社会功能。发展都市农业可以促进农业在现代都市生活中的延续和发展，使农业不因城市的快速发展和扩张而萎缩。同时市民农园形式的存在也增加了城市的绿化率，改善了市民的生存环境。而且，它还发挥了社交场所的特点，为市民交流和沟通提供了场所，有助于改善社区居民关系。

四、京津都市农业的布局

国内外相关都市型现代农业的模式和特色不尽相同，但是总的原则还是依据不同的自然禀赋和经济发展水平发展起来的。都市型现代农业的发展都是在城市规模急剧扩张的情况下，由政府主导，根据经济、社会及生态的需要进行规划设计，引导实现的。

北京都市型现代农业的功能定位与首都的功能定位相契合，发挥首都在科技、人才、信息、市场和资本方面的优势，整合资源，扬长避短，走可持续发展的道路。北京根据首都大都市及其延伸带不同地域的资源状况和功能特点，在全市规划建设 5 个农业发展圈，采取农业功能开发与农业体系建设配套发展的模式。具体而言就是，在农业功能拓展的指导思想下，坚持“部门联动、政策集成、资金聚焦、资源整合”的推进机制，重点推动现代产业体系、科技服务体系、资金投入体系和组织创新体系四大农业体系建设，使北京都市型现代农业向广度和深度拓展，促进农业结构不断优化升级，实现质量和效益的提高与统一，尤其注重对农业休闲旅游功能的拓展。

天津的沿海都市型现代农业功能定位于拓展安全健康农产品供给、就业增收、服务辐射、生态保护、文化传承、休闲观光等功能，由以保障城市居民鲜活副食品供应为主的农业形态向满足城市生产、生活、生态等多方面需求服务为主的农业形态转变。在农业发展“一圈两带”的经济功能布局基础上提出了建设 4 种类型的都市农业发展区的规划设想。天律沿海都市型农业采用的是依托城郊资源，统筹城乡一体化发展，促进产业融合的发展模式，坚持统筹城乡发展方略，统筹发展规划，统筹基础设施建设，统筹重大产业项目布局，统筹社会事业发展，统筹城乡劳动力市场，实现城乡联动、工农联动，不断提高融合度，形成以工促农、以城带乡的长效发展机制。根据沿海都市型现代农业的功能定位，天津提出重点发展高科技农业、种源农业、设施农业、加工农业、休闲观光农业以及外向型农业等 6 种模式农业，以提升天津沿海都市型现代农业的整体实力，建立多功能的现代农业产业体系。

五、京津都市农业的发展

（一）北京都市型现代农业发展经验

北京是国内较早开展都市农业项目的城市之一。自 1990 年至今，北京市的都市型现代农业已形成三大功能：一是食品供给能力。北京市是拥有二千多万人的特大城市，居民对粮食的需求量非常大。虽然这些粮食不能全部由北京生产，但是其中的鲜活农产品一半以上都出自本地。北京在鲜活农产品生产方面具有巨大的优势。以牛奶为例，北京的产量从 20 世纪 80 年代的 6.81 万 t 增长到 2012 年的 24.1 万 t；同期，淡水鱼的产量也从 4 000 t 增长到 7.6 万 t。因此，北京的农业生产为首都居民的生活提供了大量的鲜活农产品。二是生态环保功能。北京市面积为 1.68 万 km^2，建筑、工厂、企业占地仅占到13%，而且北京濒临蒙古风沙带，因此，郊区已成为北京市重要的环境保护屏障。目前在北京周边已形成三个环境保护带。三是服务城市功能。随着城市建设的不断扩张，城市向外围扩展，郊区不仅要为城市拓展提供土地资源，还要承担相应的服务功能，如提供休闲场所及修建农产品集散基地等，以此为市民提供更完善的公共服务。同时，都市型农业还为城市提供观光农业、体验农业等业态形式。

北京在发展都市型现代农业方面走在了全国的前面，同时还充分考虑了都市农业的可持续发展问题。第一，为了保证首都地区的环境条件，北京一直致力于植树造林。森林覆盖率从 1990 年的 26%上升到目前的 40%左右，而且 80%的农业用地实现了林网化，以保证农业的可持续发展。第二，为保证土地的可持续利用，北京市加大力度开发绿色、低毒的生物农药，以减少农药对农业生产和环境的危害。同时发展生物防治技术，用来代替农药防治，从根本上解决农药污染问题。第三，减少化肥用量。目前北京农田平均每亩的化肥纯氮量为 18 kg，这既能造成了大量的肥料流失，又引起了土壤板结。近年来，北京在科学施肥和提高肥料利用率等方面采取了一系列的措施，以保证土地、水资源的可持续利用。第四，综合开发农业能源。传统能源的利用是造成城市雾霾天气的重要原因之一，为了减少传统能源的利用，北京通过开发新能源和利用可再生能源，来减少传统能源的消耗和废气的排放。

2019 年，北京市实现农林牧渔业总产值 281.7 亿元，比上一年下降 5.1%。其中，在新一轮百万亩造林工程带动下，实现林业产值 115.6 亿元，同比增长 21.6%，所占比重达 41.0%，农业生态功能进一步增强。全市农业观光园 948 个，实现总收入 23.2 亿元。乡村旅游农户（单位）13 668 个，实现总收入 14.4 亿元。设施农业实现产值 47.1 亿元。种业实现收入 15.1 亿元。全年实现农林牧渔业总产值 281.7 亿元，比上年下降 5.1%。其中，在新一轮百万亩造林工程拉动下，林业产值增长 21.6%。

（二）天津都市型现代农业发展经验

1. 科技支撑都市型现代农业发展取得丰硕成果

通过科技成果转化和产业化推动，天津地区形成了滨海新区玫瑰香葡萄、滨海海珍品工厂化养殖、宝坻三辣特色产业、大港冬枣、宁河种猪、东丽设施花卉、西青设施化蔬菜等几个区域特色优势农产品产业带。在科技的支撑下，天津在蔬菜、奶类和水产品三项产品的自给率增高，完全能保证本地居民的消费，并可以保障近距离其他地区需求。

2. 农业高新技术产业蓬勃发展

近年来天津市在种业科技方面形成了一批优势品种，其中黄瓜、菜花、杂交粳稻、鲜食玉米、种猪、奶牛、肉羊、养殖鱼虾类等育种水平在国内处于领先地位并取得了显著成绩。在动物育种方面开展了奶牛、种猪、肉羊、淡水鱼新品种选育及快繁工作，在牛、羊胚胎移植产业化、胚胎生物工程、家畜克隆、家畜转基因育种和鱼类杂交育种等方面取得了丰硕成果。

3. 都市型休闲旅游农业不断发展

天津都市型休闲旅游农业不断发展，乡村旅游和农耕体验地域、活动形式逐渐丰富。天津蓟州区山区、静海的团泊洼水库、滨海的芦苇荡、杨柳青的森林公园等自然景观旅游资源开发与当地农业生产经营活动的观光、休闲等功能开发有机结合，通过自然景观旅游带动农业功能的拓展，促进了都市型现代农业发展。环城经济带重点发展了市民农园、学童农园、采摘农园，在山区开放了农家小院等形式，为都市居民体验农业及进行休闲、居住提供场所。

4. 天津现代化农业科技园区不断发展

天津市从2008年至2011年，投资77亿元在滨海新区建设滨海耐盐碱植物科技园、滨海东丽区农业科技园区、滨海海水养殖科技园区、滨海生态农业科技园区、滨海茶淀葡萄科技园区、滨海津南循环农业科技园区等六大现代农业科技园，并且随着现代蕈菌产业园、李官庄设施农业园、奥群牧业公司养殖基地、嘉立荷牧业公司等一批农业产业项目建成并投入生产，农业发展驶上了快车道。

5. 产业化经营水平显著提高

近年来，通过积极推广“龙头企业+中介组织+农户”、“龙头企业+基地+农户”和“批发市场+经纪人+农户”等经营模式，充分发挥了龙头企业、专业市场和农民专业合作社的带动作用，促使产业化组织与农户的利益联结形式由过去的松散型逐步向紧密型发展。

六、总结

大力发展都市农业促使农业结构得到调整，科技支撑农业发展能力不断增强，农业现代化水平显著提升，农民收入水平不断提高。但在发展的过程中还存在一些不足。如农业的生态功能和服务功能还有待进一步提高；农业科技投入相对不足，农业资源配置效率不高，土地产出率和农业劳动生产率相对较低；农业与第二、三产业融合衔接也存在发展滞后的问题，农产品加工水平不高，农业观光休闲旅游功能发展尚不充分。因此，为了能促进都市农业更好的发展，各级政府要再接再厉，弥补不足。一是要进一步加强农业基础建设，改善农业生态体系，实施林业生态工程，在保护现有林地资源的基础上，建设防护林带、农田林网，提高林木覆盖率。实施水源地水质保护工程，减少对水源的生态冲击力，发展节水型农业。二是发挥科技的示范带动作用，拓展农业服务功能。凭借科技基础、资金优势和人才储备，加大对现代农业技术成果的输出、引进、交流与合作，在农业设施装备应用、种子种苗生产以及农业生产经营模式创新等方面率先接近或赶上国际先进水平，起到科技示范、展示作用；加大对农业的科技投入力度，为周边地区现代农业发展提供市场、科技、教育、信息服务，不断强化在环渤海地区现代农业建设中的引领、示范、服务和辐射带动能力。三是延伸农业产业链条，发展农业观光休闲旅游业。积极促进第一产业向第二、第三产业延伸，将观光过程、观光活动本身纳入自然资源、生态环境的再生产过程。向多样化、特色化、品牌化方向发展，突出京津地区的地域特色、文化特色、景区特色和产品特色，创造具有竞争力价值的品牌，增强吸引力。向科技化、产业化方向发展，运用现代科技手段，提高农业的科技内涵。

学习内容四　云南高原特色现代农业

云南省简称“滇”或“云”，地处中国西南边陲，北回归线横贯本省南部，全省国土总面积 39.41 万 km^2，占全国国土总面积的 4.1%，居全国第 8 位。东部与贵州省、广西壮族自治区为邻，北部与四川省相连，西北部紧依西藏自治区，西部与缅甸接壤，南部和老挝、越南毗邻。云南是全国边境线最长的省份之一，有 8 个州（市）的 25 个边境县分别与缅甸、老挝和越南交界。

在国家实施新一轮西部大开发、支持云南建设面向西南开放的桥头堡、国家加快农业科技创新的背景下，云南省第九次党代会提出了发展高原特色农业的战略部署。

一、高原特色现代农业的定义

高原特色农业是指利用现代农业技术培育的、具有云南特色的、在国内外占有优势地位的第一产业。

大力发展高原特色农业，是云南根据农业实际和发展需要作出的一项重大决策，对云南探索现代农业新路、补齐农业产业短板、增强农业竞争能力、促进农民持续增收、推动云南跨越发展意义重大。云南大力发展高原特色农业，就是要充分利用独特条件和最大优势，以保障农产品供给、增加农民收入为主要目标，广泛运用现代科学技术、先进管理经验和现代生产经营组织方式，打造云南在全国乃至世界有优势、有影响、有竞争力的战略品牌，努力走出一条具有云南高原特色的农业现代化道路。云南地处我国边疆，大力发展高原特色农业同时兼顾巩固和发展民族团结、边疆稳定的重要政治意义。

二、云南高原特色现代农业的基本特征

云南在国家“一带一路”和长江经济带建设等战略中具有独特的区位优势。开

展农林牧渔业、农机及农产品加工等领域深度合作是推进“一带一路”建设的重点，是建设利益共同体和命运共同体的最佳结合点。

习近平总书记考察云南时要求我省立足多样性资源这个独特基础，打好高原特色农业这张牌，走产出高效、产品安全、资源节约、环境友好的现代农业发展道路。国家农业农村改革作出了一系列新的重大部署，为云南高原特色现代农业发展营造了良好的政策环境，为加快高原特色农业现代化建设注入了新的动力。

随着路网、航空网、能源保障网、水网和互联网 5 大基础网络建设的加快推进，云南省与南亚、东南亚市场将随之连为一体，成为辐射南亚、东南亚、中东、欧美等地的高原特色农产品集散交易中心。同时农业基础设施不断改善，有利于降低农产品物流成本，提升农产品竞争力，为高原特色农产品“走出去”创造更加便利的条件。

云南省高原特色优质农产品参与国际国内市场竞争潜力巨大、前景广阔。农业与南亚、东南亚国家有极强的互补性，生产的温带农产品销往这些国家，而这些国家生产的热带农产品也正通过云南省供应到全国市场。伴随人们收入水平的提高，市场对农产品的需求已由普通农产品逐渐升级为无公害、绿色、有机农产品，尤其是对具有地方特色、原生态、高品质农产品的需求巨大。优越的生态环境为云南省提供高品质农产品创造了其他地区难以复制的产地优势。

云南高原特色农业立足区位优势和资源禀赋，创新发展思路，突出“高原粮仓、特色经作、山地牧业、淡水渔业、高效林业和开放农业”6 大建设重点，打造“丰富多样、生态环保、安全优质、四季飘香”4 张靓丽名片。“十三五”时期，云南将高原特色现代农业产业列为 8 大产业之一重点推进建设，大力助推云南农业农村经济发展。

三、云南高原特色现代农业资源及环境特点

云南省地处中低纬热带亚热带地区，气候类型丰富多样，垂直地带性明显，纬度地带性因山河切割分异突出。云南大部分地方雨热同期，热量充足，光照时间长。在这些优越资源的熏陶下，云南高原农业经过多年发展，形成了以烟、糖、茶和胶等传统优势产业为主，畜牧业、鲜花、蔬菜、咖啡及药材为新兴发展产业的经济增长点。

地貌特点：云南属山地高原地形，山地面积为 33.11 万 km^2，占全省国土总面积的 84%；高原面积为 3.9 万 km^2，占全省国土总面积的 10%；盆地面积为 2.4 万 km^2，占全省国土总面积的 6.0%。地形以元江谷地和云岭山脉南段宽谷为界，分为东西两大地形区。东部为滇东、滇中高原，是云贵高原的组成部分，平均海拔为 2 000 m，表现为起伏和缓的低山和浑圆丘陵，发育着各种类型的岩溶（喀斯特）地貌；西部高山峡谷相间，地势险峻，山岭和峡谷相对高差超过 1 000 m，5 000 m 以上的高山顶部常年积雪，形成奇异、雄伟的山岳冰川地貌。

地形特点：全省地势呈现西北高、东南低，自北向南呈阶梯状逐级下降，从北到

南的每千米水平直线距离，海拔平均降低6 m。北部是青藏高原南延部分，海拔一般在3 000~4 000 m之间；南部为横断山脉，山地海拔不到3 000 m，在南部、西南部边境，地势渐趋和缓，山势较矮，宽谷盆地较多，海拔在800~1 000 m之间，个别地区下降至500 m以下，主要是热带、亚热带地区。

水系特点：全省河川纵横，湖泊众多。全省境内径流面积在100 km^2 以上的河流889条，分属长江、珠江、红河、澜沧江、怒江、伊洛瓦底江六大水系。全省有高原湖泊40余个，多数为断陷型湖泊，大体分布在元江谷地和东云岭山地以南，多数在高原区内。

气候特点：云南气候基本属于亚热带高原季风型，立体气候特点显著，类型众多，年温差小，日温差大，干湿季节分明，气温随地势高低垂直变化异常明显。全省降水的地域分布差异大，最多的地方年降水量可达2 200~2 700 mm，最少的仅有584 mm，大部分地区年降水量在1 000 mm以上。全省无霜期长，南部边境全年无霜，偏南地区无霜期为300~330天，中部地区约为250天，比较寒冷的滇西北和滇东北地区也长达210~220天。

植被资源特点：云南是全国植物种类最多的省份，被誉为植物王国。热带、亚热带、温带、寒温带等植物类型都有分布。在全国3万多种高等植物中，云南占60%以上，列入国家一、二、三级重点保护和发展的树种有150多种。云南树种繁多，类型多样，优良、速生、珍贵树种多，药用植物、香料植物、观赏植物等品种在全省范围内均有分布，故云南有药物宝库、香料之乡、天然花园之称。

动物资源特点：云南动物种类数为全国之冠，素有“动物王国”之称。脊椎动物达1 737种，占全国58.9%。全国见于名录的2.5万种昆虫类中云南有1万余种。云南珍稀保护动物较多，许多动物在国内仅分布在云南。

以上资源及环境特点造成本区农业生产以种植业为主，以粮食为主，但耕地质量普遍较差，人均耕地少，受水肥条件限制，土地利用率不高。云南地区的“立体农业”景观很有特色，如图3.4.1所示。一般山脚、河谷大多是以水田为主的耕作带，山腰多为旱作农业或农林交错地带，山顶则以林木为主。因自然条件复杂，地域差异大，不同地区其立体农业层次，内容、形态都不相同。

图3.4.1 高原特色农业“立体景色”

从自然概貌及气候特点看，云南农业的发展不具备其他农业发展条件，特色发展成为一种必然。

四、云南高原特色现代农业的布局

围绕高原特色农业现代化建设的目标任务，构建“一个核心发展区域，五大重点产业板块，一批优势农产品产业带，一批现代农业示范园区，一批特色产业专业村镇”的“15111”产业空间布局，加快形成布局合理、产业集中、优势突出的重点特色产业发展新格局。

一个核心发展区域：滇中地区各州、市政府所在地现代农业建设区。要充分发挥滇中城市经济圈的核心和龙头作用，按照农业现代化的基本要求，充分挖掘资金、技术、人才、信息和市场优势，聚合生产要素，全产业链打造蔬果、花卉等重点产业。发挥昆明北部黑龙潭片区农业科研机构集中的优势，整合建设高原特色农业生物谷，为打造昆明“高原特色农业总部经济”提供科技创新支撑，并带动全省优势农业产业提质增效，在全省率先实现农业现代化。

五大重点产业板块。根据高原特色现代农业发展现状和发展潜力，结合工业化、城镇化和生态环境保护需要，以产业化整体开发、优化配置各种资源要素为基本要求，以调结构转方式为抓手，建设产业重点县，推进农产品向优势产区集聚，打造区域特征鲜明的高原特色现代农业产业。滇东北重点发展中药材、水果、生猪、牛羊、蔬菜、花卉等产业。滇东南重点发展中药材、蔬菜、水果、生猪、牛羊、茶叶等产业。滇西重点发展核桃、牛羊、生猪、蔬菜、中药材、水果、食用菌等产业。滇西北重点发展牛羊、生猪、中药材、蔬菜、核桃、水果、食用菌等产业。滇西南重点发展茶叶、咖啡、热带水果、核桃、中药材、食用菌等产业。云南高原特色农业产业及其分布县市如表 3. 4. 1 所示。

表 3. 4. 1 云南高原特色农业产业重点县

序号	产业	分布县市
1	生猪	宣威、会泽、富源、陆良、广南、隆阳、罗平、麒麟、弥勒、沾益、腾冲、建水、镇雄、昌宁、泸西、石屏、师宗、施甸、丘北、巧家、蒙自、凤庆、云县、禄丰、寻甸、禄劝、祥云、昭阳、永德、玉龙等县市区
2	牛羊	会泽、宣威、富源、师宗、陆良、马龙、广南、丘北、隆阳、昌宁、腾冲、龙陵、禄劝、寻甸、弥勒、泸西、建水、云县、永胜、玉龙、云龙、巍山、南涧、剑川、楚雄、双柏、大姚、芒市、兰坪、香格里拉等县市区
3	蔬菜	元谋、建水、隆阳、施甸、盈江、景谷、石屏、宾川、华宁、泸西、昭阳、陆良、会泽、师宗、罗平、宣威、麒麟、弥渡、祥云、晋宁、嵩明、禄丰、宜良、通海、江川、澄江、富源、丘北、砚山、马关等县市区
4	花卉	呈贡、宜良、嵩明、石林、晋宁、罗平、麒麟、宣威、师宗、沾益、元江、通海、江川、红塔、泸西、弥勒、开远、大理、鹤庆、剑川、永胜、玉龙、古城、楚雄、禄丰、腾冲、隆阳、昌宁、龙陵、丘北等县市区

续表

序号	产业	分布县市
5	中药材	昆明高新技术产业开发区和东川、寻甸、禄劝、彝良、镇雄、沾益、师宗、新平、华宁、腾冲、昌宁、武定、双柏、泸西、金平、文山、砚山、思茅、景谷、景洪、云龙、剑川、鹤庆、芒市、玉龙、兰坪、维西、永德、双江等县市区
6	茶叶	腾冲、龙陵、昌宁、绿春、广南、思茅、宁洱、墨江、景东、景谷、镇沅、江城、澜沧、孟连、西盟、景洪、勐海、勐腊、南涧、芒市、梁河、盈江、临翔、云县、凤庆、永德、镇康、耿马、沧源、双江等县市区
7	核桃	永平、云龙、漾濞、巍山、鹤庆、洱源、宾川、剑川、南涧、祥云、弥渡、凤庆、云县、永德、临翔、大姚、南华、楚雄、双柏、弥勒、鲁甸、永胜、兰坪、会泽、新平、景东、香格里拉、隆阳、昌宁、腾冲等县市区
8	水果	宜良、昭阳、鲁甸、绥江、麒麟、会泽、陆良、华宁、新平、元江、隆阳、元谋、蒙自、建水、河口、泸西、石屏、弥勒、金平、开远、马关、景谷、江城、景洪、勐腊、祥云、宾川、大理、洱源、瑞丽、玉龙、华坪、古城、永德、耿马等县市区
9	咖啡	隆阳、思茅、宁洱、墨江、孟连、澜沧、芒市、盈江、镇康、耿马、云县、景谷、江城、景洪、临翔、双江、永德、沧源、宾川、泸水、勐海、河口、麻栗坡、凤庆、陇川、瑞丽、龙陵等县市区
10	食用菌	禄劝、会泽、沾益、麒麟、马龙、陆良、易门、新平、隆阳、施甸、昭阳、玉龙、永胜、景东、思茅、宁洱、双江、凤庆、楚雄、牟定、南华、姚安、大姚、禄丰、石屏、建水、丘北、砚山、景洪、祥云、南涧、巍山、永平、云龙、剑川、梁河、兰坪、香格里拉、德钦、维西等县市区

一批优势农产品产业带。充分发挥对内对外开放经济走廊、沿边开放经济带、澜沧江开放经济带和金沙江对内开放合作经济带的辐射带动作用，充分挖掘资源、区位和特色优势，紧紧围绕精准产业扶贫的要求，补齐短板、跨越发展、促农增收，重点建设沿边高原特色现代农业对外开放示范带、昭龙绿色产业示范带和澜沧江、金沙江、怒江、红河流域绿色产业示范带等一批优势农产品产业带，通过推进标准化生产基地建设，打造产业化经营龙头企业，打响品牌，培育一批参与国际国内市场竞争的拳头产品。

一批现代农业示范园区。以云南红河百万亩高原特色农业示范区、洱海流域100万亩高效生态农业示范区、石林台湾农民创业园、砚山现代农业科技示范园等为重点，加快建设一批配套设施完善、产业集聚发展、一二三产融合的现代农业示范园区，促进要素整合、产业集聚、企业孵化。

一批特色产业专业村镇。以蔬菜、花卉、中药材、畜牧养殖等为主业，建立一批特色明显、类型多样、竞争力强，生产区域化、专业化和集群化发展的特色优势产业专业村镇。

五、云南高原特色现代农业的发展

（一）发展高原粮仓，稳定粮食生产

认真落实粮食安全行政首长负责制和各项补贴政策，稳定粮食生产，增强粮食自我平衡能力。严守耕地保护红线，实施藏粮于地、藏粮于技战略，推进农田水利、土地整治、中低产田地改造和高标准农田建设，推进70个粮食产能县、市、区基地建设。积极开展粮食绿色高产高效创建和耕地质量保护与提升行动，继续实施粮食增产计划，以提高单产和复种指数为主攻方向，加快推进测土配方施肥，大力推广高产优质高效生产技术。突出稻谷、玉米、马铃薯等主要品种，实施种子工程、科技增粮工程、沃土工程、植保工程和农机化工程，建立完善科技创新、粮食安全预警监测和防灾减灾体系。推动建设境外粮食生产和边境粮食贸易及转运基地。确保每年粮食播种面积保持在6 500万亩以上，粮食总产量稳定在1 800万t左右。

（二）做强特色经济作物

充分发挥区域比较优势，优化配置各种资源要素，推进优势农产品和产业集群发展，提质增效。在不断扩大规范化、标准化和规模化特色经作种植基地的同时，延伸产业链，以精深加工为突破口，做大做强市场前景广阔的特色经作产业。启动高原特色现代农业产业强县创建行动，重点推进蔬菜、花卉、中药材、茶叶、水果、咖啡和食用菌等特色优势产业发展，加大野生植物培育利用。打好生态和气候两张牌，积极开发绿色无公害农产品，大力发展冬季农业，错季开发一批具有云南特色的秋冬季农产品。深入开展标准化生产，加快新品种、新技术、新模式、新机制的普及推广应用。

（三）壮大山地牧业

以打造全国重要的南方常绿草地畜牧业基地、生猪生产基地和畜禽产品加工基地为目标，推进云南省山地牧业快速发展。依托云南省“名猪”“名羊”“名牛”“名鸡”等优势资源和品牌特色，加快畜禽良种繁育体系建设，加大地方优良奶水牛、奶山羊等资源的保护和开发利用力度。发展畜禽标准化适度规模养殖，扶持规模养殖场建设，提高饲养水平。健全现代饲草料产业体系，推广牛羊舍饲、补料、青贮、氨化、种草养畜以及畜禽养殖废弃物资源化利用等标准化养殖综合配套技术，努力提高标准化饲养管理水平。强化动物防疫体系建设，提升边境与澜沧江沿线动物疫病防控能力和动物卫生监督执法能力，加快开展跨境动物区域化管理及产业发展试点工作，推动建设境外动物疫病防控区，深化跨境动物疫病防控合作，提高兽医公共服务和社会化服务水平。实施草原生态奖补等10大工程，健全草原科技推广、草原科技支撑、草原监测预警、草原执法监督、草原信息化管理等5大体系，以挖掘饲草料资源潜力为重点，大力推进草原保护建设及草料业发展。

（四）做大淡水渔业

坚持“生态优先、养捕结合、以养为主、种养协调”方针，提高渔业标准化、集约化、规模化、产业化程度，加快形成养殖、捕捞、加工、物流、商贸、旅游业相互融合的一体化发展格局。引进和推广罗非鱼、鲟鱼、鳟鱼、大宗淡水鱼类等良种，做好丝尾鳠、滇池高背鲫、大头鲤、滇池金线鲃、白鱼、云南裂腹鱼“六大名鱼”为主的土著鱼类的保护性研究与开发利用。充分利用大型电站库区，推进健康养殖，发展标准化网箱养殖。建立产品质量追溯体系，稳步提升池塘精养水平。以“增殖放流”为重点，推进生态渔业建设。以稻田养鱼为重点，促进稳粮增效。以鱼片、鱼子酱等加工出口为突破口，延伸产业链条。

（五）提升高效林业

按照“生态建设产业化、产业发展生态化”的发展思路，全面深化林业改革，推进林业产业转型升级、提质增效。完善林下经济发展规划，因地制宜，突出特色，统筹考虑，合理确定发展规模和方向，稳步推进林下种植、林下养殖和野生食用菌等产业发展，加快林下经济和绿色特色产业示范基地建设。扎实推进以核桃、澳洲坚果、油茶、油橄榄等为重点的木本油料产业发展。推进国家储备林基地建设，加快短周期工业原料林、速生丰产用材林、珍贵林木、观赏苗木等产业发展。改善基础设施建设，培育一批龙头企业，推动集约化经营、集群式发展，提高林业资源综合利用率。以国家公园、自然保护区、森林公园、湿地公园、动植物园、国有林场、林区特色乡村等为主要载体，大力发展生态休闲服务业。

（六）开放农业

改革开放40年来，云南已形成开放农业发展新格局。农产品出口贸易额持续增长且连续多年稳居西部第一，已成为全省第一大出口商品；在国（境）外投资设立的农业企业数量名列全国第一，对外农业投资竞争力增强，国际农业合作交流日益频繁。云南农业开放发展取得的成就，与支撑构建开放型农业的改革举措、长期坚持农业“引进来”和“走出去”并重的开放政策等做法分不开。农业与南亚东南亚国家有极强的互补性，生产的温带农产品销往这些国家，而这些国家生产的热带农产品也正通过云南省供应到全国市场。

六、总结

今后农业的发展应坚持发展经济与治理生态环境相结合，加强以水利为中心的农业基本建设，山、水、田、林、路综合治理。合理开发利用山区资源，发展立体农业，充分发挥林、牧业优势。大力发展特色农业及农副产品加工业。

2018年，云南省委、省政府决定打造世界一流绿色食品牌作为加快推进现代农业发展的总抓手。可以说，云南打造世界一流绿色食品牌基础厚实，抢得天机，有利于主动顺应市场需求，顺应人民对美好生活的需要，抢占市场先机赢得发展主动权。

首先，云南气候多样、土地广袤、土壤优质、水源清洁、品种丰富、空气清新等优势浑然一体，使得云南成为世界上最适宜发展农业的地区之一，为打造世界一流绿色食品品牌缔造了宝贵的天然优势。其次，云南茶叶、花卉、蔬菜、水果、坚果、咖啡、中药材、肉牛八大特色优势产业为打造世界一流绿色食品品牌提供了坚实的支撑。要进一步贯彻落实好抓有机、创名牌、育龙头、占市场、建平台、解难题等措施的要求，最终实现云南农业产业就是绿色产业的代名词，绿色就是云南农业产业转型升级、经济发展的特色标签。同时，绿色产业将为云南实施乡村振兴战略、推进农业农村现代化提供坚实的产业支撑。

【扩展阅读】

都市农业与城郊农业的联系与区别

云南省八大重点产业布局概况

【学习任务小结】

本学习任务主要对我国东北大农业、江浙集约农业、京津都市农业、云南高原特色农业等 4 种发展模式进行介绍。

东北大农业的发展促使农业科学技术迅速提高和广泛应用；现代机器体系逐渐形成，农业机器得到广泛应用；良好的、高效能的生态系统逐步形成；农业生产的社会化程度有很大提高；经济数学方法、电子计算机等现代科学技术在现代农业企业管理和宏观管理中运用越来越广，管理方法显著改进。

江浙地区现代农业的发展，有一个明显的特征，就是通过政策倾斜、资金倾斜来建园区、壮龙头、抓大户，扶持他们发展壮大，增强其辐射带动能力，让他们去带动农户，形成了农业产业化经营格局，大幅增加了农民收入。

京津都市农业依托城市、服务城市、适应城市的发展需求。以农业资源环境为基础，更基于都市的经济社会发展条件，使农业在现代都市生活得以更好地延续和发展。同时都市农业的发展也增加了城市的绿化率，改善了居民的生活环境。

云南高原特色农业立足区位优势和资源禀赋，创新发展思路，突出“高原粮仓、特色经作、山地牧业、淡水渔业、高效林业和开放农业”6 大建设重点，打造“丰富多样、生态环保、安全优质、四季飘香”4 张靓丽名片。

一、单项选择题

1. 关于气候对东北地区农业生产影响的叙述，正确的是（　　）。

A. 热量和水利条件基本上可满足一年三熟作物的需求

B. 无霜期从南部的 60 天到北部的 180 天左右

C. 东北大部分地区农作物生长容易受到夏旱的影响

D. 气候条件制约着东北地区农业生产的品种、耕作制度和生产季节

二、多选题

1. 高原特色农业的四张名片是（　　）。

A. 丰富多样　　B. 生态环保　　C. 安全优质　　D. 四季飘香

2. 高原特色农业六大重点内容是：高原粮仓、特色经作和（　　）。

A. 山地牧业　　B. 淡水渔业　　C. 高效林业　　D. 开放农业

3. 2014 年 4 月，韩长赋部长在云南调研时，明确指出我国现代农业的四种发展模式是（　　）。

A. 东北大农业　　B. 江浙集约农业

C. 京津沪都市农业　　D. 云南高原特色农业

三、问答题

1. 东北地区农业生产季节性强的特点，为农村的综合发展提供了什么有利条件？

2. 如何根据区域不同，因地制宜农业发展？

学习任务四 现代种植业发展

【学习目标】

1. 知识目标：了解现代种植业发展的历程；了解全球气候对农业基本影响及农业资源情况。

2. 能力目标：掌握农业基础知识；掌握病害、虫害、农药基础知识及典型特点。

3. 态度目标：理性认识现代种植业对人类发展的重要性。

【案例导入】

发展现代种植业，让家乡和土地富起来

满怀着对故土的热爱和带动家乡发展致富的决心，雷州市乌石镇那澳村大学生梁泽明放弃在大城市创业的良好机遇，毅然回乡拓荒创业，运用自己丰富的知识和灼热的情怀，埋头红土发展现代种植业，带领众多的农民兄弟走向致富路，青春在红土地上燃烧，人生价值在田野间实现。

一、红土地上实现人生价值

日前，记者驱车赶赴乌石镇一个偏远村子——那澳村，那里种植的瓜菜正火热上市。

在连片葱绿的椒园里，年轻的梁泽明正带领农民在寒风中辛勤耕作，为丰收的辣椒浇水追肥，虽然辛苦，脸上露出的是自信的笑容。

“大学生回来务农，与众不同，的确有一套——梁泽明种植的辣椒品质好、产量高，每年都大丰收，季季卖好价钱！”陪同记者的村老支书梁成鑫感慨道。梁成鑫今年已80多岁，一辈子在农村务农，却从来没见到过长得这么好的辣椒，连连称赞。

去年，梁泽明在村干部和村民大力支持下，将这片农民丢荒多年的60多亩闲置田，全部包租种植辣椒。技术管理到位，精耕细作，成为当地最丰产的椒园。随着冬季辣椒上市，他就收获了“一桶金”，1月初第一次采摘2.5万kg尖椒，收入达20多万元。接着第二批、第三批陆续收获上市，收入一次比一次高。梁泽明估算，60亩辣椒采摘到清明节后，收入将会超100万元，成为回乡创业几年以来，几百亩种植

园中效益最明显的一块园地之一。

来到村后大片果园，梁泽明种植的10亩青枣已硕果累累，很快上市。而另一边的40多亩芒果园，也是一片葱郁，繁荣滋长，很快要抽枝开花。梁成鑫说，自2014年梁泽明回到家乡当“泥腿子”以来，已发展几百亩种植园，成为当地种植大户，且种植效益明显，那几十亩芒果、青枣，年年都赚几十万元。在他的带动下，村民重拾种植信心，附近几条村的丢荒田全部成为新的种植园，乡村产业发展重现生机。

二、拓荒创业带动农民致富

在村民的心目中，梁泽明是位胸怀大志的好青年，他打小就能吃苦耐劳，爱家爱乡。

大学毕业后，梁泽明曾在广州、深圳、珠海等地创业，经过几年的艰苦打拼，生意越做越顺手。可就在6年前一次回乡探亲中，梁泽明发现路边许多田地都丢荒长杂草了，心里很不是滋味。

他在与村民的交谈中了解到，由于许多农民思想意识落后、农业管理技术缺乏，加上信息闭塞，导致土地种植效益较差，一些农民对农业生产热情不高，将大片农田丢荒了。

梁泽明看在眼里，急在心里。他想到近年来国家对农业给予高度重视，先后实施了一系列惠民富民政策，就是想让农民能够勤劳致富，然而家乡许多农民，却将大片田地闲置不管，这对家乡的发展相当不利。

“产业兴、农村兴”“土地就是财富”，回到城市的梁泽明夜不安寝……经过一段时间的思考，他决定放弃在城市创业，回乡拓荒发展现代农业，尽自己的力量推动家乡的发展和农民的致富奔康。

梁泽明随后找来了有关农科知识书籍，钻研农业技术，并请教农技专家，学习先进种植技术，了解农业发展的趋势，做足回乡创业的前期准备工作。

不顾家人的反对，2014年，梁泽明毅然回到家乡创业。他首先通过整合村民闲置土地，大面积包租，第一年就种上了40多亩芒果和10亩青枣，由于他掌握过硬技术，发展绿色水果，全身心投入，几十亩芒果、青枣连年丰收，高价畅销，效益明显，渐渐成为当地响当当的种植致富能手。梁泽明表示，他已埋头这块红土地，与广大农民一起发展现代种植业，尽自己的力量让这块土地绿起来、富起来。

【案例分析】

大学生充分利用家乡资源，从事现代种植业创业，成为一种不错的选择。通过拓荒搞种植，发展起几百亩的高效作物，带头成立种植合作社，推行绿色标准种植，确立了梁泽明在当地现代农业发展中的“领头雁”地位。许多农民在他的热心引领下，纷纷合作经营，让一块块丢荒地又变成绿色的田野，现代农业发展遍地开花，推动了乡村发展变化。

【学前思考】

1. 什么是现代种植业?
2. 病害、虫害怎样识别?
3. 农药到底好不好?
4. 全球气候变化对种植业影响大吗?

学习内容一　农业生产与自然环境

对植物而言，其生存地点周围空间的一切因素，如气候、土壤、生物等就是植物的环境，构成环境的各个因素称为环境因子。植物赖以生存的主要环境因子有温度、光照、水分、土壤、大气以及生物因子等。植物的生长发育除决定于其本身的遗传特性外，还决定于外界环境因子，因此植物栽培的成功与否主要取决于植物对这些环境因子的要求、适应以及对环境因子的控制和调节关系。正确了解和掌握植物生长发育与外界环境因子有关的相互机制，是植物生产高产稳产的基础。

一、温度

(一) 温度“三基点”

温度是影响农业生产最重要的环境因子之一，关系也最为密切，因为它影响着植物体内一切的生理变化，每一种植物的生长发育对温度都有一定的要求。

温度“三基点”是指植物生长发育的最低温度、最适温度和最高温度。只有当温度处于最低和最高温度之间时植物才能正常生长发育。当温度低于最低温时，光合作用减弱，生理功能失调，生长缓慢，甚至萎蔫死亡；当温度高于最高温时，植物的光合作用受阻，呼吸作用增强，生长缓慢，甚至死亡；而当温度处于最适温度时，植物生长迅速而且植物强健。

不同起源地的植物的温度“三基点”是不同的，原产于热带和亚热带的植物生长所需的“三基点”温度较高，其最低、最适、最高温度分别在10℃、30~45℃和45℃左右；原产于温带的植物其温度三基点约为5℃、25~30℃和35~40℃，原产于寒带的植物在0℃以下仍能生长，其最适温度也仅在10℃左右。不同作物的温度“三基点”如表4.1.1所示。

表4.1.1　不同作物的“三基点”温度

作　物	最适温度/℃	最低温度/℃	最高温度/℃
小　麦	25~31	3~5	31~37
大　麦	25~31	3~5	31~37
燕麦、稞麦	25~31	3~5	31~37

续表

作　物	最适温度/℃	最低温度/℃	最高温度/℃
荞　麦	25~31	3~5	37~44
豌　豆	30	1~2	35
水　稻	30~35	10~12	40
玉　米	37~44	5~10	45~50
高　粱	30~31	6~7	44~45
甘　薯	25~30	18	35
大　豆	30	10	40
棉　花	25~31	15	46

同一植物的不同器官生长所需要的“三基点”温度也有差异。如水稻秧苗生长要求13~15℃的花水温，但到灌浆期则要求20℃以上。

（二）生长期积温

植物生长发育不仅要有一定的温度，而且各生育期或全生育期需要一定的积累温度，一定时期内的积累温度称为积温。在某一时期内，如果温度较低达不到所需的积温，植物生长期会延长、成熟期会推迟。相反，如果温度过高，很快达到植物所需的积温，生育期会缩短，有时会引起高温逼熟现象。

积温可以分为有效积温和活动积温，高于生物学下限温度（亦称生物学零度，即开始生长发育的最低温度）的日平均温度称为活动温度，植物在生育期的活动温度的总和称为活动积温。不同植物的活动积温不同，如表4.1.2所示，同一植物的不同品种所需求的活动积温也不相同，由于大多数植物在10℃以上才能活跃生长，所以大于10℃的活动积温是鉴定一个地区对某一植物热量供应是否能满足的重要指标。

表4.1.2　几种植物，所需大于10℃的活动积温　　（单位：℃）

植物	早熟型	中熟型	晚熟型
水稻	2 400~2 500	2 800~3 200	—
棉花	2 600~2 900	3 400~3 600	4 000
冬小麦	—	1 600~2 400	—
玉米	2 100~2 400	2 500~2 700	大于3 000
高粱	2 200~2 400	2 500~2 700	大于2 800
马铃薯	1 000	1 400	1 800

生育期内有效温度（日平均温与生物学下线温度之差）积累的总和称为有效积温，不同植物或同一植物，不同生育期的有效积温也是不同的。有效积温比较稳定，

能更确切地反映植物对热量的要求，所以农业生产中应用有效积温比较好。

积温作为一个重要的热量指标，在农业生产中有着广泛的用途，主要体现在：（1）用来分析农业气候热量资源，通过分析某地的积温大小、季节分配及保证率，可以判断该地区的热量状况，作为规划种植制度、发展优势，以及高产、高效植物的重要依据，如表 4.1.3、表 4.1.4 所示。（2）作为植物引种的科学依据，依据植物品种所需的积温，对照当地可提供的热量条件进行引种或推广。（3）为农业气象预报服务，作为孕后期、收获期、病虫害发生期的预报的重要依据，也可根据杂交育种这种工作中父母本花期相遇的要求，或农产品上市交货期的要求，利用积温来推算适宜的播种期。

表 4.1.3　不同积温地区可种植植物

≥10℃积温	可能栽培的植物
1 000℃以下	基本上无植物，栽培（植物，籽粒不能成熟）
1 000~1 500℃	早熟马铃薯、早熟大麦（青稞）、早熟燕麦（莜麦）、早熟春小麦、早熟荞麦、早熟甜菜、早熟根菜类蔬菜等
1 500~2 000℃	马铃薯、大麦、小麦、燕麦、油菜、胡麻、豌豆、蚕豆、荞麦、早熟糜子、甜菜、早熟耐寒蔬菜
2 000~2 500℃	特早熟水稻、早熟玉米、早中熟谷子、早熟高粱、早熟大豆、甜菜
2 500~3 000℃	早熟水稻、中晚熟玉米、中晚熟高粱、中晚熟谷子、中晚熟大豆、早熟芝麻、向日葵
3 000~3 500℃	特早熟陆地棉、花生、早中熟水稻、甘薯、芝麻
3 500~4 000℃	早中熟陆地棉、中晚熟水稻、甘薯、芝麻
4 000~4 500℃	中熟陆地棉、晚熟水稻、特早熟细绒棉
4 500~7 500℃	中晚熟陆地棉、早中晚熟细绒棉、双季连作稻
7 500℃以上	水稻一年可三熟、玉米、甘薯可冬种

表 4.1.4　不同积温地区的耕作制度

≥10℃积温	可能采用的熟制
3 400℃以下	一年一熟
3 400~4 000℃	二年三熟或一年二熟（冬小麦复种早熟糜子、荞麦等）
4 000~4 800℃	一年二熟（冬小麦复种玉米、谷子、甘薯、大豆或稻麦两熟）
4 800℃以上	一年三熟（双季稻加冬作油菜、大麦或小麦）

（三）温度对植物花芽分化和发育的影响

温度对植物的发芽分化和发育有明显的影响，有些植物开花之前需要一定时期的低温刺激，这种需要低温阶段才能开花的现象称为春化作用。这一类植物若没有经过低温处理，则维持生长状态或延迟开花。例如，甘蓝、大白菜，如不经过低温，则茎不能伸长，而呈莲座状，并且不能开花。

有些植物，需要在6月份到8月份气温较高的时候进行发芽分化，入秋后植物体进入休眠，经过一定低温后结束或打破休眠而开花。

温度除了对花芽分化有影响外，在后期花芽的发育阶段也起重要作用。在一定范围之内，温度越高，花芽发育越快，开花越早，但温度超过一定的范围，就会不同程度地抑制花芽发育，造成高温伤害。

（四）高温及低温胁迫

植物的生长发育需要一定的温度条件，当环境温度超出了它们的适应范围，就对植物形成温度胁迫。温度胁迫持续一段时间，就可能对植物造成不同程度的损害。温度胁迫包括高温胁迫、低温胁迫和剧烈变温胁迫。

（1）高温胁迫。当环境温度达到植物生长的最高温度以上，即对植物形成高温胁迫，可以引起一些植物开花和结实的异常。高温胁迫往往是高温和干旱相结合对植物产生胁迫作用。高温胁迫有两种形式，一种是“饥饿”，一般在35~40℃高温，会破坏植物光合作用和呼吸作用的平衡，使呼吸作用加强而光合作用减弱甚至停滞，养分的消耗大于积累，使植物处于饥饿状态，难以持续生长，如果高温持续时间较长，植物会饥饿而死。一种是灼伤，当温度达到45℃以上时，会导致植物异常的生化反应和细胞的死亡而形成灼伤。高温胁迫可以通过遮阴、喷水或使用抗蒸腾剂等方法解除。

（2）低温胁迫。当环境温度持续低于植物生长的最低温度时即对植物形成低温胁迫，主要是冷害、冻害和霜害。

冷害也称寒害，是指0℃以上的低温所致的低温危害。喜温植物如水稻、玉米、菜豆，热带、亚热带的果树如柑橘、菠萝、香蕉，以及盆栽和保护地栽培的植物等较易受冷害。其最常见的症状是变色、坏死和表面斑点等。

冻害是指植物在越冬期间受到0℃以下的低温，发生组织结冰而造成的伤害。植物易受冻害的器官主要是芽、枝条、根茎和根系，症状主要是芽枯死、枝条树皮与形成层变褐、腐烂或脱落。

霜害是指生长季内由于温度急剧下降至0℃甚至更低，空气中的饱和水气凝结成冰晶，使嫩组织或器官产生伤害的现象。霜害的症状是幼茎或幼叶出现水渍状、暗褐色的病斑，严重时整株植物变黑、干枯、死亡。霜害可以分为早霜危害和晚霜危害，早霜危害是指发生在晚秋的低温危害，常使未木质化的植物器官受害，晚霜危害是指发生在做早春的低温危害，常使嫩芽、新叶甚至新梢冻死。

冻害可以通过灌冻水、覆盖、树干包裹、树干涂白等措施来进行预防。霜害可以在预计会发生霜冻的夜晚熏烟、喷水、遮盖或吹风的方法来预防，也可以延迟植物发芽避开霜冻，延迟发芽的方法有灌“春水”降低温度，树干涂白降温或喷洒生长调节剂等。

二、光照

阳光是植物生存的必要条件，是植物制造有机质的能量源泉，它对植物生长发育的影响主要表现在三个方面：光照强度、光照长度和光质。

（一）光照强度对植物生长发育的影响

光照强度是指单位面积上所接受可见光的能量。光照强度在不同季节、不同的地理位置、不同的地形地势，以及不同的天气情况下是不同的。一年当中以夏季光照最强，冬季光照最弱。一天中以中午光照最强，早晚光照最弱。随纬度的增加，光照强度减弱，随海拔的升高，光照强度增强。光照强度关系到植物光合作用的强弱，与植物的生长发育密切相关。光照强度还影响到一系列解剖形态上的变化，比如叶片的大小和厚薄、茎的粗细、节间的长短、叶肉的结构以及花色的浓淡。

不同种类的植物对光照强度的要求是不同的，主要是与它们的原产地光照条件相关。根据植物对光照强度的要求不同，可以分为以下三种类型：

1. 阳性植物

该类植物必须在完全的光照下生长，不能忍受遮阴，否则生长不良。如水稻、玉米等大多数粮食植物，桃、杏、苹果等绝大多数落叶果树，茄果类及瓜类蔬菜，多数露地 1、2 年生花卉及宿根花卉。

2. 阴性植物

阴性植物是指在弱光条件下能正常生长发育，或在弱光下比强光下生长良好的植物，如蕨类植物、兰科、凤梨科植物等均为阴性植物。

3. 中性植物

介于阳性植物与阴性植物之间的植物，一般对光的适应幅度较大，在全日照条件下生长良好，也能忍耐适当的遮阴或在生育期间需要较轻的遮阳。大多数植物属于此类，比如桂花、棕榈，樱花、苏铁，白菜，萝卜，甘蓝、葱蒜等。

另外同一种植物，在其生长发育的不同阶段对光照的要求也不一样。一般播种期需光照强度低一些，有些甚至在播种期需要遮光才能发芽；幼苗生长期至旺盛生长期则需逐渐增加光照强度；生殖生长期则因长日照、短日照等习性不同而不一样。

（二）光照长度对植物生长发育的影响

地球围绕太阳公转，在地球上不同纬度地区，日照长度等随季节有规律地变化，地球又以 24 小时周期自转而有昼夜的变化。以北半球为例，不同纬度地区日照长度的变化如图 4.1.1 所示。在各种气象因子中，日照长度变化是最可靠的信号，不同纬度地区昼夜交替，季节性变化是很准确的。在夏季纬度越高的地区，昼越长夜越短，而在冬季纬度越高的地区，昼越短夜越长。自然界一昼夜的光暗交替称为光周期。生长在地球上不同地区的植物在长期适应和进化过程中表现出生长发育的周期性变化，植物对日照长度发生反应的现象称为光周期现象。植物的开花、休眠、落叶以及地下贮藏器官的形成都受日照长度的调节。在农业生产中最关注的是光周期对植物开花的影响。

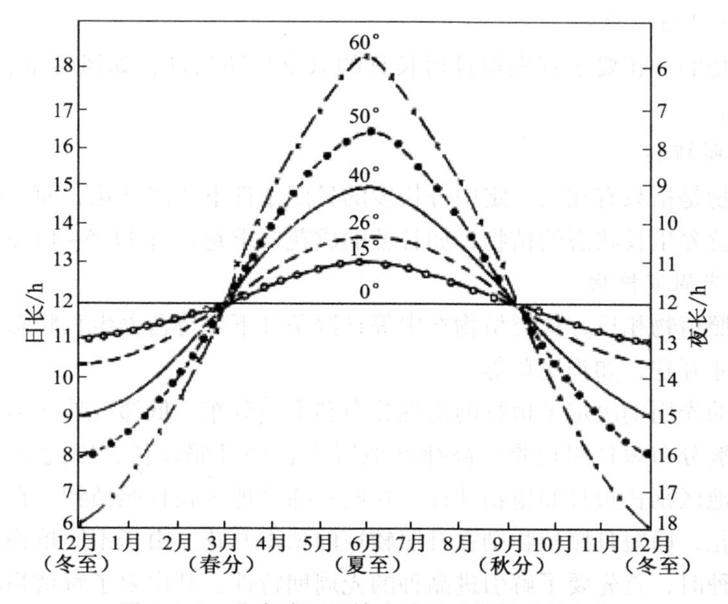

图 4.1.1 北半球不同纬度地区日照长度的变化

自然界中很多植物会通过感受昼夜长短变化而控制开花，但不同的植物成花对光周期的反应是不一样的，可以根据植物成花对光照长度的要求不同，通常将植物分为以下三类：

1. 长日照植物

在 24 h 昼夜周期中，光照长度必须长于一定时数才能成花的植物，如小麦、大麦、黑麦、油菜、菠菜、萝卜、白菜、甘蓝、芹菜、甜菜、胡萝卜、山茶、杜鹃、桂花、天仙子等。长日照植物可以通过延长光照来促进和提早开花；相反，如果延长黑暗则推迟开花或不能开花。

2. 短日照植物

在 24 h 昼夜周期中，光照长度必须短于一定时数才能成花的植物，如水稻、玉米、大豆、高粱、苍耳、草莓、烟草、菊花、秋海棠、腊梅、日本牵牛等。这些植物适当延长黑暗或缩短光照时间，可以促进和提前开花；如果延长光照，则推迟开花或不能开花。

3. 日中性植物

日中性植物的成花对日照长度不敏感，在任何长度的日照下均能开花，如月季、黄瓜、茄子、番茄、辣椒、菜豆、君子兰、向日葵、蒲公英等。

除了以上三种典型光周期反应类型以外，还有一些其他类型。

4. 长-短日照植物

这类植物的开花要求有先长日后短日的双重日照条件，如芦荟、夜香树等。

5. 短-长日照植物

这类植物的开花要求有先短日后长日的双重日照条件，如风铃草、鸭茅、瓦松、白三叶草等。

6. 中日照植物

这类植物是指只有在某一定中等长度的日照条件下才能开花，而在较长或较短日照下均保持营养生长状态的植物，如甘蔗的成花要求每天有 11.5~12.5 h 日照。

7. 两极光周期植物

与中日照植物相反，这类植物在中等日照条件下保持营养生长状态，而在较长或较短日照下才开花，如狗尾草等。

自然界的光周期决定了植物的地理分布和季节分布。低纬度地区不具备长日照条件，所以一般分布短日照植物；高纬度地区生长期日照较长，因此多分布长日照植物；中纬度地区则长短日照植物共存。在同一纬度地区长日照植物多在日照较长的春末和夏季开花，而短日照植物则在日照较短的秋季开花。由于不同植物的光周期特性不同，在引种时，首先要了解引进品种的光周期特性，其次要了解植物原产地与引种地生长季节的日照条件差异，再次要根据被引进植物的经济利用价值来确定引种的原则。

可以根据植物的光周期反应来调控光周期，从而达到调节开花的目的。在园艺花卉栽培中，已经广泛地利用人工控制光周期的办法来提前或推迟花卉植物开花。

（三）光质对植物生长发育的影响

光质又称为光的组成，是指不同波长的太阳光谱成分。太阳光主要由紫外光、可见光（380~770 nm）和红外光三部分组成，如图 4.1.2 所示。

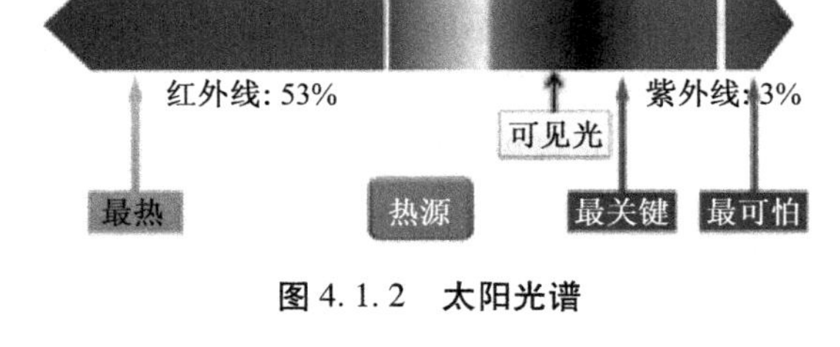

图 4.1.2 太阳光谱

一般而言，植物在全光范围，即白光下才能正常的生长发育，但不同波长的光对植株的生长发育的作用不同，主要体现在以下几个方面：

（1）在植物的光合作用中，叶绿素对光线的吸收有选择性，叶绿素吸收红光最强烈，因此红光有助于光合作用，其次是黄橙光和蓝紫光，绿光则几乎全被反射。

（2）红光、橙光有利于植物碳水化合物的合成，加速长日照植物的发育，延迟短日植物的发育。蓝紫光有利于蛋白质的合成，加速短日照植物的发育，延迟长日照植物的发育。

（3）蓝紫光及紫外光抑制植物的伸长，引起向光的敏感性和促进花青素的合成；红橙光有利于植物的伸长生长。

（4）紫外光有利于维生素C的合成，紫外光有利于杀灭微生物，减少病虫害。

（5）红外线是热线，它被地面吸收转变为热能，能增高地温和气温。

三、水分

水是植物体内重要的组成成分，也是植物生命活动的必要条件，无论是植物根系，从土壤中吸收和运输养分，还是植物体内进行一系列生理生化反应，都离不开水，水分的多少直接影响着植物的生存分布、生长和发育。如果水分供应不足，植物的光合作用、呼吸作用、蒸腾作用等重要的生理代谢过程就不能正常进行，植物就无法正常生长发育。严重缺水时，还会造成植株凋萎以致枯死，反之如果水分过多，会造成植株徒长、烂根，严重时也会导致植株死亡。

（一）不同种类植物对水分的需求

由于植物种类不同，需水量有极大差别，这同原产地的雨量及其分布状况有关。根据植物对水分的要求不同，一般分为以下四种类型：

1. 旱生植物

旱生植物多原产于热带干旱、沙漠地区或雨季与旱季明显区分的地带。这类植物根系发达，细胞的渗透压高，叶片退化为刺状、膜状或完全退化，体内有发达的储水组织。这类植物能忍受长期的干旱环境并且能正常生长发育。如侧柏、柽柳、胡颓子、芦荟、龙舌兰等。在栽培管理中，应掌握宁干勿湿的浇水原则，防止水分过多造成烂根死亡。

2. 中生植物

绝大多数的植物属于中生植物，这种类型不能忍受过干和过湿的条件。给这类植物浇水要掌握见干见湿的原则，即保持土壤60%左右的含水量。

3. 湿生植物

湿生植物多原产于热带雨林或山涧溪边。湿生植物由于环境中水分充足，所以在形态和机能上没有防止蒸腾和扩大吸水的构造。这类植物喜欢生长在空气湿度大的环境中，若在干燥或中生环境中常导致死亡或生长不良。在栽培养护中应掌握宁湿勿干的原则。

4. 水生植物

生长在水中或沼泽地中的植物叫水生植物。水生植物的根、茎一般都具有发达的通气组织且叶片薄、表皮不发达、根系不发达，如荷花、红树等。

（二）植物的不同生育阶段对水分的需求

同一种植物在不同的生育阶段对水分的需求是各不相同的。种子萌芽期需要较多的水分，以便透入种皮，有利于发芽。

在幼苗期，保持土壤湿润状态即可，不能太湿或有积水，需水量相对于萌芽期要少，但应充足。

旺盛生长期要充足的水分供应，以保证旺盛的生理代谢活动顺利进行。生殖生长期（即营养生长后期至开花期）需水较少，空气湿度也不能太高，否则会影响花芽分化、开花数量及质量。

四、空气

影响植物，生长发育的气体中，主要是氧和二氧化碳。

1. 二氧化碳

二氧化碳是植物光合作用的原料之一，在一定范围内随着浓度的提高，光合作用加强，有利于植物生长发育。植物光合作用的二氧化碳饱和点一般为 0.08%~0.18%. 而空气中的二氧化碳浓度只有 0.03%，是远远不能满足光合作用的要求。在农业生产中可以人为地增加二氧化碳含量，提高植物的光合效率来增加产量。

2. 氧气

氧气是呼吸过程重要的参与物，但是空气中有较丰富的氧气，因此在正常情况下，植物不会缺氧而影响呼吸作用。但在土壤中的氧气浓度一般会低于空气中的氧气浓度，特别是土壤含水量过高或土壤板结时，土壤中的氧气浓度会远低于空气中的氧气浓度，氧气浓度过低会抑制种子和根系的呼吸作用，从而影响种子的发芽和根系的生长。

3. 空气污染对植物的危害

除去正常成分外，空气中还存在一些对植物生长和发育有害的气体。如二氧化硫（SO_2）、氟化氢（HF）、氯气（Cl_2）、氨气（NH_3）等，这些有害气体主要来自工业污染，所以农业生产尽量要远离污染源。

五、土壤

土壤是栽培植物的重要基质。植物生长所需的 5 个基本要素有光、热量、空气、水分和养分。其中水分和养料主要来自土壤，一部分空气和热量也通过土壤获得，所以植物生长的好坏跟土壤的关系非常密切。一般植物生长要求栽培所用土壤应具备良好的团粒结构，疏松、肥沃，排水和保水性能良好并还有丰富的有机质，酸碱度适宜。但是，由于植物种类不同，对土壤的要求也有较大的差异。

1. 土壤质地

土壤质地是土壤中各种粒级土粒的组合，是最基本的物理性质之一，土壤质地不同，土壤的各种性状也不同，因此农业生产性状也不相同。黏土适种小麦、水稻、玉米等禾本科作物，莲藕、慈姑等水生植物和多数木本植物。沙土适合育苗和种植如马铃薯等地下有变态器官的植物。壤土适合绝大多数的植物。

2. 土壤酸碱度

虽然一般植物对土壤酸碱度要求不严格，在弱碱性或偏酸的土壤中都能生长，但大多数植物，在中性至偏酸性（pH 值 5.5~7.0）的土壤中生长良好。根据植物对土壤酸碱度的不同要求，可将其分为以下四种类型：耐强酸性植物、酸性植物、中性植物、耐碱性植物。生产时可以通过调节土壤 pH 值，使之与植物需求相适应。

3. 土壤养分

土壤养分是由土壤提供的供植物生长所必需的营养元素。土壤中能直接或经转化后被植物根系吸收的矿质营养成分包括氮、磷、钾、钙、镁、硫、铁、硼、钼、锌、锰、铜和氯等 13 种元素。土壤是植物养分元素的主要来源，土壤养分的丰缺程度直接关系到农作物的生长状况和产量水平。土壤养分形态不是固定不变的，其形态转化包括化学转化、物理化学转化、生物化学转化等。在自然土壤中，土壤养分主要来源于土壤矿物质和土壤有机质，在耕作土壤中，土壤养分还来源于施肥和灌溉。合理施肥是维持土壤养分的重要手段。

学习内容二　植物基础知识

细胞是植物的结构和功能的基本单位，所有的植物都由细胞构成。植物细胞经过生长和分化，形成许多不同类型的组织。植物组织是植物体复杂化和完善化的产物，单细胞植物和低等多细胞植物不构成组织。高等植物体包含多种组织，它们有机地组合，共同完成植物的生理活动。植物进化程度越高，组织分工就越精细，功能就越完善。高等植物不仅出现各种组织分化，而且再由多种不同的组织构成具有特定生理功能和形态结构的器官。被子植物在营养生长时期，其植株一般可以区分为根、茎、叶等三个部分，这些是被子植物的营养器官，共同负担着植物体的营养生长活动。被子植物经过营养生长后就会进入生殖生长阶段，形成被子植物的另外三个器官，系花，果实、种子，如图 4.2.1 所示。

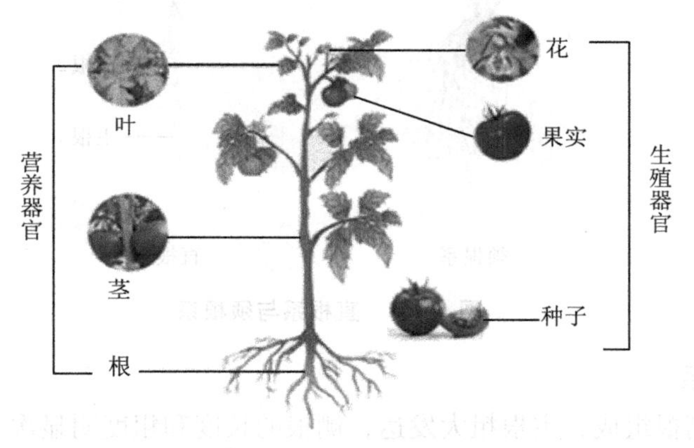

图 4.2.1　植物的六大器官

一、植物的根

（一）根和根系的类型

1. 根的类型

根据发生的部位不同，根可分为主根、侧根和不定根。

（1）主根。

主根是由胚根直接生长形成的根，它是植物体上出现最早的根。

（2）侧根。

主根生长到一定程度，在一定部位上生出许多的分支称为侧根，侧根上又能生新的侧根，不论是主根或侧根，他们都有一定的发生位置，所以统称为定根。

（3）不定根。

有些植物的根是从茎叶老根或胚轴上产生出来的，这种根产生的位置不固定，故称为不定根，不定根具有与定根相同的构造和生理功能。在农业生产中经常利用这类植物具有产生不定根的特性进行扦插、压条等营养繁殖。如图 4.2.2 所示是月季扦插形成的不定根。

图 4.2.2　月季扦插形成的不定根

2. 根系的类型

一株植物地下部分所有根的总和称为根系，一般可以分为直根系和须根系两种基本类型。直根系与须根系植株的根部区别如图 4.2.3 所示。

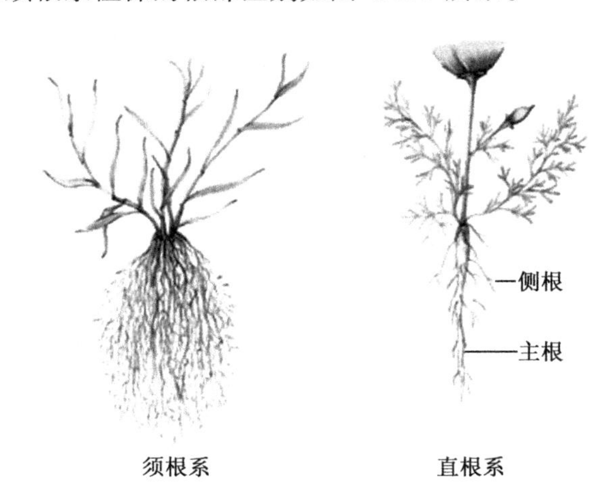

图 4.2.3　直根系与须根系

（1）直根系。

由主根和侧根组成，主根粗大发达，侧根的长度和粗度明显次于主根，大部分双子叶植物的根系属于直根系。

(2) 须根系。

主要由不定根组成，这些不定根的粗细，与主根相似并呈须状无主次之分。大多数单子叶植物的根系属于须根系。

(二) 根的生理功能

根的主要生理功能是吸收土壤中的水分以及溶于水中的无机盐类、二氧化碳和氧气等，并通过根的输导组织，将其运输到地上部分，供应植物生长发育。

1. 根对水分的吸收

根吸收水分的主要部位是根尖的根毛区。根尖的根毛区属于根尖的成熟区，如图 4.2.4 所示。根吸收水分可以是主动吸水，也可以是被动吸水。

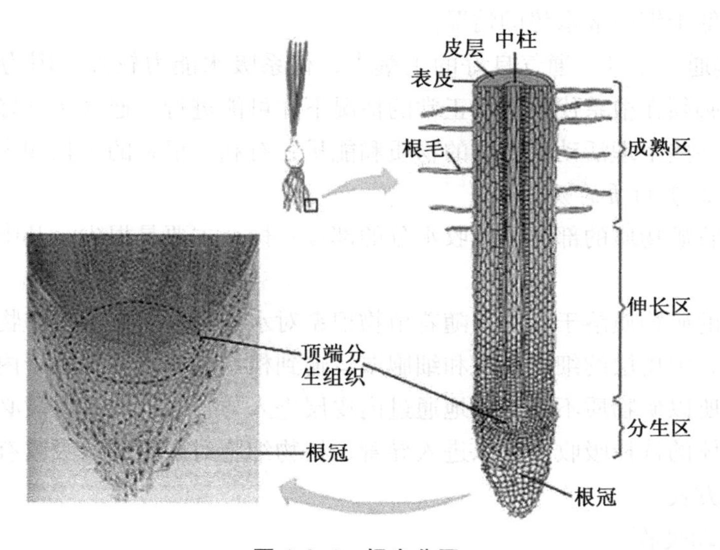

图 4.2.4 根尖分区

(1) 主动吸水。

主动吸水是由于根本身的生理活动引起的水分吸收，与植株地上部分的活动无关。根压是植物根系主动吸水的动力。由于根对无机盐的不断吸收和运输，使根内水势低于土壤水势，形成水势梯度，促使水分沿着高水势向低水势运动。土壤溶液的浓度对根系吸收水分影响很大，如木质部汁液的浓度高于土壤溶液浓度，根系从土壤中吸水，如果木质部汁液的浓度等于土壤溶液浓度则根系不能吸收水分，如果木质部汁液的浓度低于土壤溶液浓度则可能导致植物体内的水分倒流回土壤中。

(2) 被动吸水。

被动吸水的动力来自叶片的蒸腾作用。由于蒸腾作用，靠近气孔下腔的叶肉细胞含水量减少，水势降低，向相邻细胞吸取水分，当相邻细胞水势降低时，转而向其相邻细胞吸水，如此依次传递至导管，这种由于蒸腾作用产生的一系列水势梯度，使导管中水分上升的力量称之为蒸腾拉力。

主动吸水和被动吸水，在吸水过程中的比重，因蒸腾速率的不同而不同。在蒸腾剧烈时被动吸水占较大比重，而蒸腾速率很低的植物主动吸水才占主要地位。

（3）影响根系吸水的土壤条件。

① 土壤温度。由于土壤温度影响根系的生长及生理活动，所以对根系吸水有明显的影响。在一定范围内温度增高，使根系生理活动性增强，生长加快，故吸水量增多。但温度过低或温度过高，都会抑制根系对水分的吸收。在生长旺盛的高温季节，突然向土壤浇灌冷水，对根系吸水尤为不利。

② 土壤溶液浓度。如果土壤溶液的水势低于细胞液水势，则根细胞不能从土壤中吸水，所以在农业生产中施用化肥时一定要注意一次施用不能过量，否则会造成土壤溶液水势低于细胞液水势的情况。

③ 土壤通气条件。通气良好的土壤中，根系吸水能力较强。因为根系生长和水分的吸收都必须在根系代谢活动正常的情况下才可能进行。通气条件好，根系呼吸较强，可提供一些生理活动所需要的物质和能量，有利于根系的生长和主动吸水。

2. 根系对矿物质的吸收

根系吸收矿物质的部位和吸收水分的部位一样，主要是根尖，其中根毛区吸收离子最活跃。

土壤中的矿物质溶于水中，随着植物根系对水的吸收，大部分矿物质通过根系表皮、外皮层、中皮层的细胞间隙和细胞壁运输到根系的内皮层，由于内皮层上有凯氏带的存在，所以矿物质不能自由地通过内皮层进入导管，这时矿物质必须经由内皮层细胞原生质体的选择吸收才可以进入导管，植物细胞对矿物质的吸收有主动吸收和被动吸收两种方式。

（1）被动吸收。

这种吸收过程不需要植物代谢提供能量离子，矿物质元素顺着电化学式梯度，通过扩散及道南平衡进入细胞或通过离子交换的方式而被吸收。

（2）主动吸收。

主动吸收需要植物代谢提供能量，细胞利用代谢能量逆着浓度梯度吸收矿质元素。

3. 根系的其他生理功能

根除了吸收水和矿物质外，还对地上部分有支持和固着作用、输送营养物质作用，根中还能合成多种氨基酸、生物碱、激素物质等。另外有些植物根内的薄壁组织比较发达，成为贮藏营养物质的场所。有些植物的根能产生不定芽，由不定芽形成新枝，因此常采用根扦插来培养繁殖这类植物，如繁殖甘薯、橡胶草、蔷薇等植物。

二、植物的茎

（一）茎的形态

茎的外形多为圆柱形，也有三棱形（莎草科植物）、四棱形（薄荷）、多棱形（荠菜）。通常长芽和叶的茎称为枝条，枝条去掉芽和叶后留下的主轴称为茎，茎包括节和节间两个部分，节部有叶痕和芽鳞痕。茎的外观如图 4.2.5 所示。

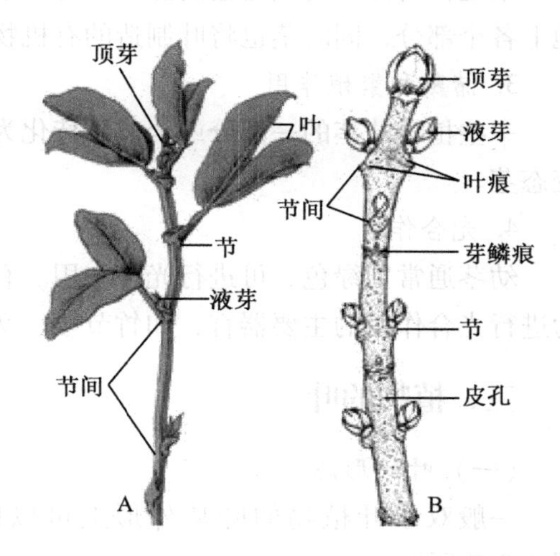

图 4.2.5　茎的外观

茎上生长叶的部位称为节，相邻两个节之间的部分称为节间，叶痕是多年生草本植物叶片脱落后在节上留下的痕迹，鳞外包有芽鳞片，进行生长活动时芽鳞片在茎上留有密集痕迹称为芽鳞痕。

一般植物的茎是直立的，称为直立茎；有些植物的茎却匍匐地面称为匍匐茎，如草莓的茎；有些植物的茎细而软，可缠绕在撑物，称为缠绕茎；有些植物的茎上生长特殊结构如卷须、吸盘，攀附他物生长称为攀援茎。上述茎的四种类型如图 4.2.6 所示。

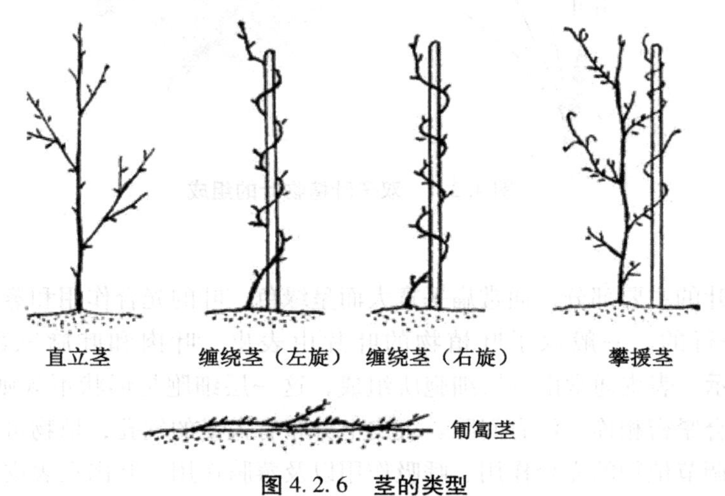

图 4.2.6　茎的类型

（二）茎的生理功能

1. 支持作用

茎支持着叶、芽、花、果，并使它们在空间形成合理的布局，有利于光合作用的进行和花粉、果实、种子的散布。

2. 输导作用

茎是植物体内物质运输的主要通道，根从土壤中吸收水和无机盐，通过茎运输到地上各个部分，同时茎也将叶制造的有机物运输到根和植物体的其他部分。

3. 储藏和繁殖作用

一些植物的茎的一部分或全部可特化为营养繁殖器官，如马铃薯、荸荠、洋葱等变态茎。

4. 光合作用

幼茎通常为绿色，可进行光合作用。有些植物的叶退化后，茎成绿色扁平状，成为进行光合作用的主要器官，如竹节蓼、文竹、天门冬。

三、植物的叶

(一) 叶的形态

一般双子叶植物的叶从外形上可以区分为叶片、叶柄和托叶三个部分，如图 4.2.7 所示。

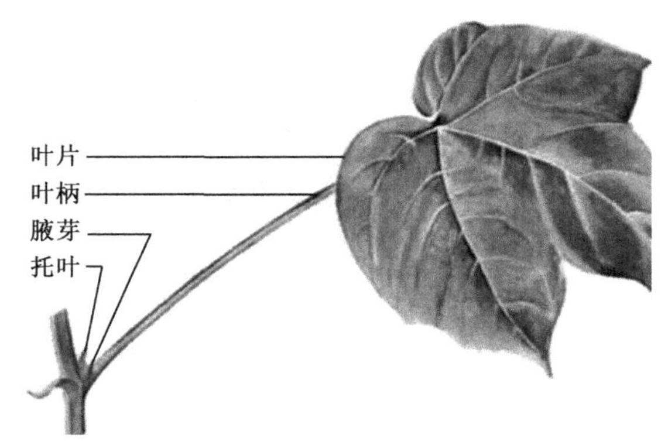

图 4.2.7　双子叶植物叶的组成

1. 叶片

叶片是叶的主要部分，通常扁平宽大而呈绿色，叶的光合作用和蒸腾作用主要是通过叶片进行的。一般双子叶植物的叶片由表皮、叶肉和叶脉三部分组成，如图 4.2.8 所示。表皮通常由一层细胞所组成，这一层细胞是形状不规则的扁平细胞，彼此相互嵌合紧密相连，没有间隙。表皮上分布有大量的气孔，植物可以通过调节气孔的开闭来调节植物的光合作用、呼吸作用以及蒸腾作用。叶肉在表皮内侧，主要由同化组织组成，是绿色植物进行光合作用的主要场所。叶脉分布在叶肉组织中，起输导和支持作用。

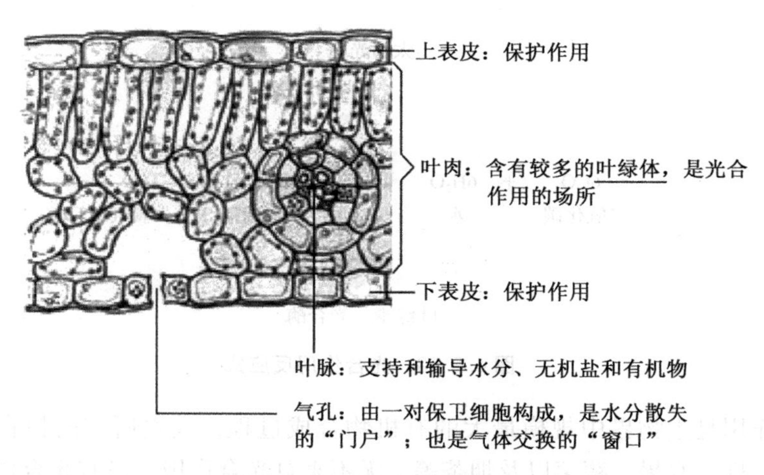

图 4.2.8 叶片的结构和功能

2. 叶柄

叶柄是连接叶片和茎的柄状部分，是茎叶之间运输物质的通道。

3. 托叶

托叶是叶柄基部的附属物，通常成对而生，它的形状和作用随植物种类的不同而异。

不同植物叶的构成会不一样，有些植物三个部分都有，如棉花、桃；有些植物会缺少一部分或者两部分，如向日葵缺少托叶，莴苣、烟草缺少叶柄和托叶，台湾相思树的叶缺少叶片。

禾本科植物的叶片与一般植物的叶片不同，它由叶片和叶鞘两个部分组成，如图 4.2.9 所示。叶片呈线形或带形，为纵横平行脉序。叶鞘狭长而抱茎，具有保护、疏导和支持的作用。有些植物的叶片和叶鞘连接处的内方有膜状的突起物称为叶舌，叶舌可以防止水分、昆虫、病菌孢子落入叶鞘内。叶舌两旁有一对突起物称之为叶耳，叶耳和叶舌的形状、大小、色泽以及有无常为鉴定是否为禾本科植物类群提供依据。

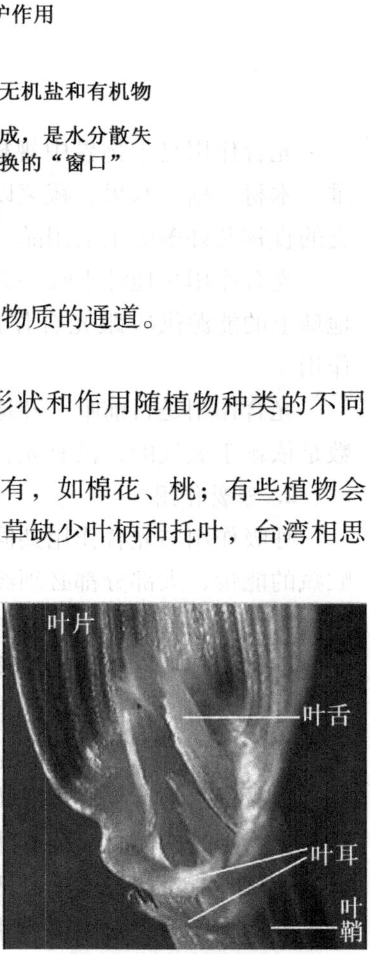

叶片
叶舌
叶耳
叶鞘

图 4.2.9 禾本科植物叶的组成

(二) 叶的生理功能

叶的主要功能是进行光合作用和蒸腾作用，同时具有一定的吸收和分泌功能，有些植物的叶还有繁殖、贮藏的功能。

1. 光合作用

光合作用是植物利用光能同化二氧化碳和水制造有机物质并释放氧气的过程，其光合作用的反应如图 4.2.10 所示。

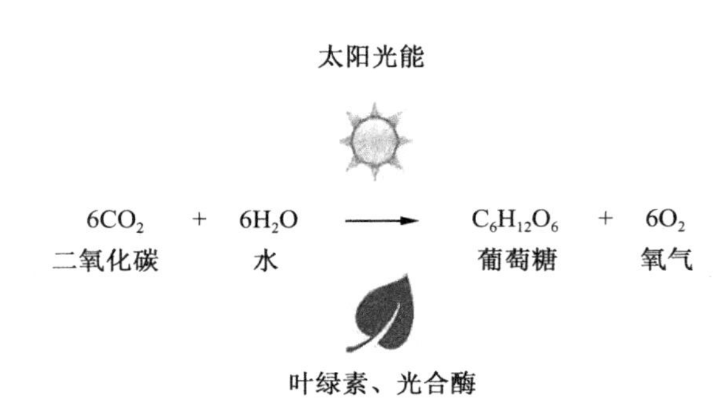

图 4.2.10　光合作用反应式

光合作用是生物界中规模最大的有机物合成过程，人类所需的粮食、油料、纤维、木材、糖、水果、蔬菜以及烟茶等，无不来自光合作用，没有光合作用就没有人类的食物及许多的生活用品。

光合作用是地球上唯一大规模地将太阳能转化为可储存的化学能的生物学过程。地球上的能源供应跟光合作用有着巨大的关系，如煤、石油等都来自植物的光合作用。

光合作用是目前唯一知道的通过分解水产生氧气的生物过程，现在生物种类大多数是依赖于氧气的，没有光合作用就没有目前的生命形式。

2. 呼吸作用

呼吸作用与光合作用共同组成绿色植物代谢的核心。光合作用所同化的碳素及其贮藏的能量，大部分都必须经过呼吸作用的转化才能变成构成植物体的成分和能量，所以植物的生长发育以及各种生理活动都与呼吸作用有直接或间接的联系。

植物的呼吸作用是指植物以碳水化合物为底物，经过呼吸代谢途径降解，产生能量和各种中间产物供给其他生命活动的过程。

$$C_6H_{12}O_6+6O_2 = 6CO_2+6H_2O+\text{能量}$$

呼吸作用的首要作用是提供植物体各种生命活动所需的能量。在光合作用过程中，植物把光能转化为化学能，并储存在碳水化合物中，但光合作用所产生的碳水化合物通常不能直接提供生命活动所需的能量，而必须通过呼吸作用将其逐步氧化，释放出能以 ATP 的形式提供植物体各种代谢所需的能量。

呼吸作用的另一个重要功能是提供合成其他有机物所需的原料。在呼吸代谢的过程中，碳水化合物的氧化是通过呼吸代谢途径逐步进行的，在逐步降解的过程中会产生一系列的中间产物，这些中间产物又可以是其他代谢途径的中间产物，因而提供了生产各种其他有机化合物所需的原料。

呼吸可以分为有氧呼吸和无氧呼吸。有氧呼吸是指呼吸底物在有氧条件下被彻底氧化降解为水和二氧化碳并产生大量能量的过程，而无氧呼吸则是在无氧或缺氧条件下，呼吸底物被部分氧化分解并只有较少能量产生的过程，高等植物进行无氧呼吸时产生乳酸和乙醇。

3. 蒸腾作用

蒸腾作用是水分以气体状态从植物体内散失到大气中的过程，如图 4.2.11 所示。

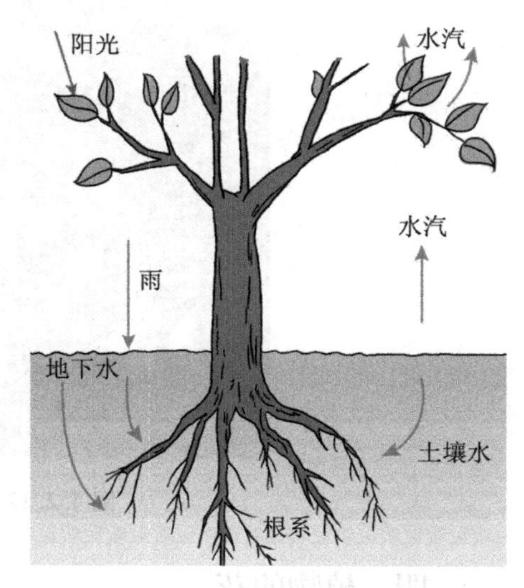

图 4.2.11 植物蒸腾作用

陆生植物根系从土壤中吸收的水分用作植株组成成分的量还不到 1%，绝大部分都是通过蒸腾作用散失到环境中。植物通过蒸腾作用散失水分的量是很大的，但是蒸腾作用对植物有着重要的生理意义。

（1）蒸腾作用所产生的蒸腾拉力是植物吸收和传导水分的主要动力，如果没有这一动力，高大树木的树冠就不能获得水分。

（2）根系吸收的矿物质主要是随蒸腾液流上升，所以蒸腾作用对矿物质元素在植物体内的运转是非常有利的。

（3）蒸腾作用可以降低叶片表面温度，使叶片在强烈的日光下不会因高温而受到损伤。

但是过度的蒸腾作用会使植物失水过多，对植物生长发育是不利的，在农业生产实践中，应尽可能维持植物体内的水分平衡。为此一方面要促使根系生长健壮，增加吸水能力；另一方面要减少蒸腾，以免因蒸腾过度，水分供应不上而枯萎。所以在植物移栽时，要尽量保持植物幼根数量或通过适当修剪减少枝叶数量以减少蒸腾面积，也可选择适合的时间进行移栽，以降低蒸腾速率，减少植物失水。移栽后可以通过遮阴、喷雾以及喷抗蒸腾剂的方法减少植物体的水分散失。

4. 叶的其他生理作用

叶还有吸收作用，如向叶面喷洒一定浓度的肥料，叶片表面就能将其吸收，这种施肥方法被称之为根外施肥。营养物质通过叶片进入植物体内主要有两种途径，一是通过叶片上的气孔直接进入到叶片内部，二是通过叶片表面角质层渗透到叶片内部。根外施肥具有吸水快、见效快的优点。

有些植物的叶还能进行繁殖，例如，落地生根就是在叶片边缘的叶脉处长出具有不定根的不定芽，如图 4.2.12 所示，当他们从母体脱落后即可形成新的植物体。在生产实践中，秋海棠、柠檬、柑橘等就是常采用叶片扦插的方法来进行繁殖的。

叶还具有贮藏营养物质的功能，例如，洋葱、百合、水仙的肥厚的鳞叶就是贮藏器官。

图 4.2.12　落地生根叶缘的不定芽

四、植物的花

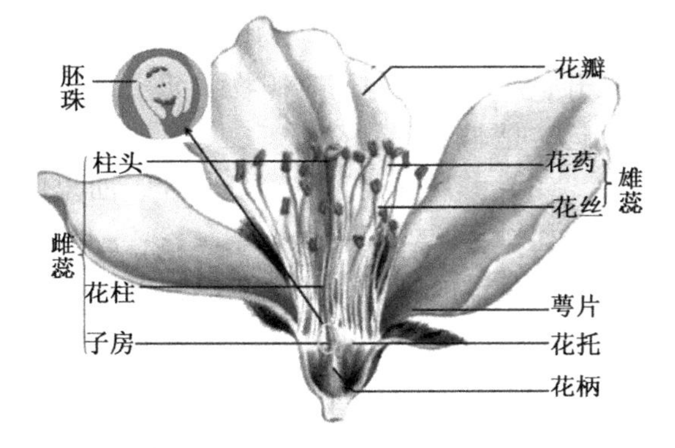

图 4.2.13　桃花的基本结构

(一) 花的组成及类型

花是由花芽分化来的，一朵典型的被子植物的花由花梗、花托、花萼、花冠、雄蕊群和雌蕊群组成，他们由外至内依次着生在花托上。以桃花为例，其基本结构如图 4.2.13 所示。

1. 花梗

花梗是联系花与枝条的通道，并支持着花向各个方向发展分布。花梗的长短因植物而异，并且有的植物的花没有花梗。

2. 花托

花托位于花梗的顶端，是花萼、花冠、雄蕊群、雌蕊群的着生部位。花托有多种形态，如圆柱形、盘状、杯状、坛状等。

3. 花萼

花萼在花的最外层有若干片组成，通常为绿色、叶片状。主要有保护花蕾和进行光合作用的功能。

4. 花冠

花冠位于花萼里面，由若干花瓣组成，排成一轮或几轮。花冠有保护雌蕊和雄蕊的作用。花瓣颜色鲜艳具有吸引昆虫进行传粉的作用。

5. 雄蕊群

一朵花中所有的雄蕊总称为雄蕊群，它位于花冠内侧。雄蕊是产生花粉的场所。不同植物雄蕊的数目不同。

6. 雌蕊群

一朵花中所有雌蕊总称为雌蕊群，位于花的中央。每个雌蕊由柱头、花柱、子房三部分组成。柱头是雌蕊顶端膨大部分，是接受花粉的部位。柱头和子房之间的部分叫花柱，是花粉管进入子房的通道。雌蕊底部膨大的部分叫子房，子房有空腔，里面着生胚珠，胚珠内产生胚囊，胚囊受精后胚珠发育成种子，子房发育为果实。

（二）花芽分化

高等植物的发育是从种子萌芽开始，经历幼苗、成株、生殖体形成、开花、结实，最后形成种子的整个过程。在这个发育过程中，从营养生长过渡到生殖生长是一个关键时期，而花芽分化就是这一转变的重要的生理和形态标志。

植物经过一定时期的营养生长后，在适宜条件下将转入生殖生长，此时茎尖生长锥不再形成叶原基或腋芽原基，而是逐渐形成花原基或花序原基，然后分化形成花或花序，这一过程称为花芽分化。

植物要达到一定的年龄或处于一定的生理状态，然后才可以感受外界条件从而开花。开花之前的生理状态称为花熟状态，不同的植物达到花熟状态的时间不一样。如辣椒、茄子在播种一个月后达到花熟状态，而多年生木本植物，通常生长多年后才达到花熟状态，如桃树为 3 年，苹果和梨树通常为 3~4 年。植物未达到花熟状态是不会开花的。

进入花熟状态的植物，就具备了分化花或花序的能力，再在发育信号指令和适宜条件下，就可以启动花芽分化，进入生殖期。发育信号指令主要是低温和光周期。有些植物达到花熟状态以后，需要经历一定时间的低温才能开花，这种低温诱导促使植物开花的作用叫作春化作用；而有些植物达到花熟状态以后，需要经过一定时期的适宜光周期后才能开花，否则就一直处于营养生长状态。

花芽分化除了需要成花诱导外，在分化时还需要适宜的条件，如营养物质的合理分配和内源激素的正确使用。

营养是花芽分化和花器官形成的物质基础，营养生长和生殖生长之间还存在着对营养的竞争，所以营养物质的合理分配很重要。花芽分化前需要有充足的营养生长，为花芽分化提供足够的养分和花芽生长位置。但在进入生殖生长之前，如果营养生长过旺，反而会抑制花芽的分化，使开花延迟或开花量减少。如果生殖生长过旺，会导致大量的营养流向花、果的生长，导致枝叶的生长受到影响，从而影响下一年的开花结果。果树的大小年现象，就是由于植物营养生长和生殖生长营养分配不合理导致的。

内源激素花芽分化受内源激素的控制，特别是对果树花芽分化来说非常重要，如赤霉素可以抑制多种果树的花芽分化，而细胞分裂素、ABA 和乙烯则促进果树花芽分化。

另外环境因子光对花器官形成的影响也很大。花芽分化期间，光照时间长，光照强，有机物合成多则有利于开花。在一定温度范围内，随温度升高，花芽分化加快，但超出这一温度范围，温度过高或温度过低都会使花芽分化会受阻。

了解植物花芽分化的特性后，就可以通过调节环境条件来调控植物的开花，有利于生产上采用相应的栽培措施，提高作物的产量和质量，还有助于对植株进行人工杂交，培育新品种。

(三) 开花、传粉和受精

1. 开花

当雄蕊中的花药和雌蕊中的胚囊发育成熟或两者之一已经成熟，花被展开露出雄蕊和雌蕊的现象叫开花。

2. 传粉

成熟花粉粒借外力传到雌蕊柱头上的过程称为传粉。植物的传粉方式，有自花传粉和异花传粉两种。自花传粉是成熟的花粉粒传到同一朵花雌蕊柱头上的过程，异花传粉是一朵花的花粉通过风或昆虫传送到另一朵花的柱头上的过程。自花传粉和异花传粉的区别如图 4. 2. 14 所示。

3. 受精

植物的雌雄配子即卵细胞和精细胞相互融合的过程称为受精。植物双受精是被子植物特有的，其过程如图 4. 2. 15 所示。

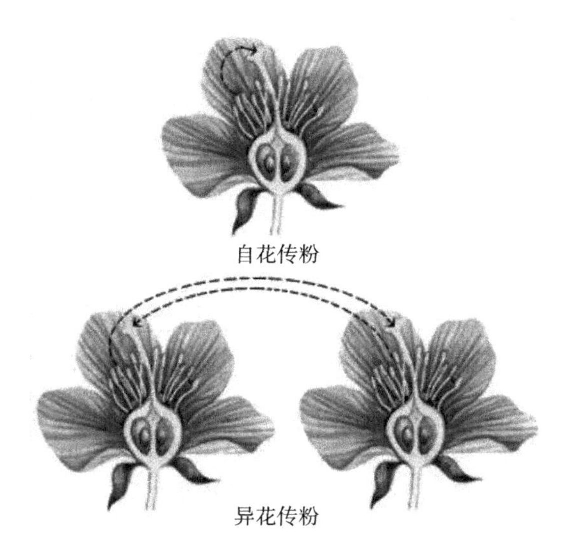

图 4. 2. 14　自花传粉和异花传粉

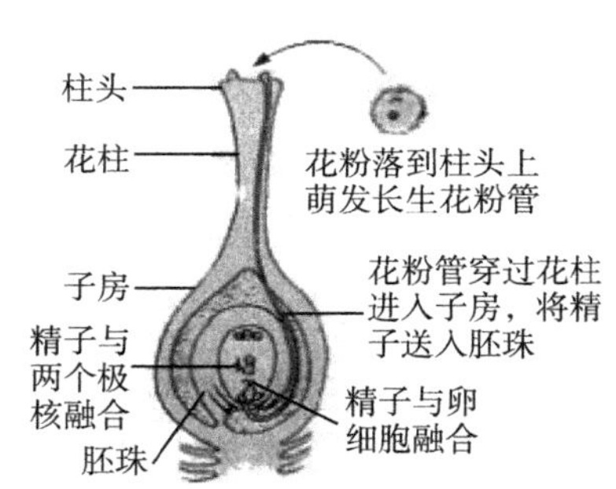

图 4. 2. 15　植物双受精过程

五、植物的果实与种子

(一) 果实

受精作用完成后，子房连同其中的胚珠生长膨大发育为果实。单纯由子房发育而来的果实称为真果，如小麦、玉米、棉花、花生、柑橘、桃等属于真果。如果还有子房以外的部分，如花托、花萼，甚至整个花序参与所形成的果实则称为假果，苹果、梨等属于假果。果实及其种子形成的过程如图 4. 2. 16 所示。

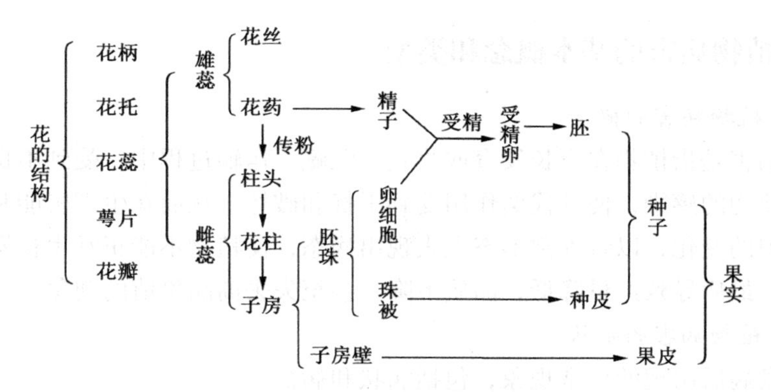

图 4. 2. 16　果实和种子的形成

（二）种子

受精后子房内胚珠发育形成种子，种子通常由胚、胚乳和种皮三部分组成，大豆种子的结构如图 4. 2. 17 所示。受精卵发育形成胚，初生胚乳核形成胚乳，珠被形成种皮。

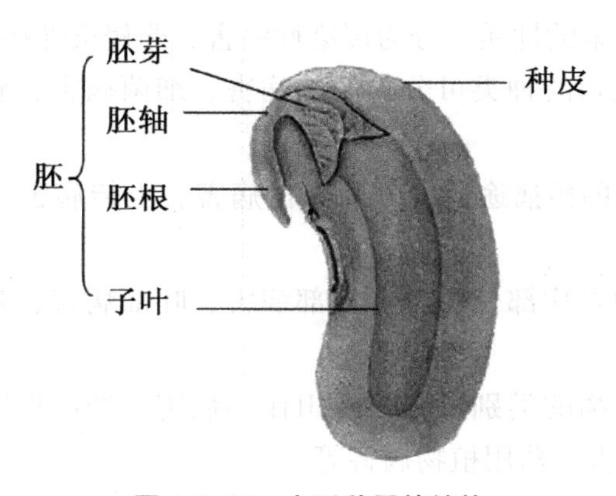

图 4. 2. 17　大豆种子的结构

胚的中央部分是胚轴，胚轴上有一个（单子叶植物）或两个（双子叶植物）子叶，胚轴的上端是胚芽，将来形成茎和叶片，下端是胚根，将来形成根系。胚乳是养分贮藏组织。种皮一般由厚壁细胞部组成，表面覆盖着很厚的蜡质，蜡质层起着阻碍水分和氧气进入种子的作用。

学习内容三　植物病害基础知识

一、植物病害的基本概念和类型

（一）植物病害的概念

植物病害是指植物在生长发育或收获、贮藏、运输过程中，受到不良环境条件的影响或病原物的感染，使其代谢作用受到干扰和破坏，从而在生理机能和组织结构上发生一系列的变化，以致外部形态上表现出病态，使植物不能正常生长发育，局部或整株死亡，最后导致产量降低，品质下降，甚至失去商品价值的现象。

（二）植物病害的症状

植物发病后出现的反常现象，包括病状和病征。

病状是指发病植物本身所表现出来的反常现象。病状的类型包括变色、坏死、腐烂、萎蔫、畸形等。

病征是指病原物在植物体上表现出来的特征性结构。病征的类型包括霉状物、粉状物、颗粒状物、菌核、脓胶状物等。

（三）植物病害的类型

植物病害可分为以下几种类型：

（1）根据致病因素的性质可分为侵染性病害、非侵染性病害。

（2）根据病原生物的种类可分为菌物病害、细菌病害、病毒病害、线虫病害等引致的病害等。

（3）根据病原物的传播途径可分为气传病害、土传病害、种传病害以及虫传病害等。

（4）根据植物的发病部位可分为根部病害、叶部病害、茎秆病害、花器病害和果实病害等。

（5）根据被害植物的类别可分为大田作物病害、经济作物病害、蔬菜病害、果树病害、观赏植物病害、药用植物病害等。

分类方法不同，角度不同，其主要目的是对病害的性质认识得更清楚，也更有利于防治。

二、植物侵染性病害

由病原生物引起的病害称为侵染性病害。该病害可以传播，所以又叫传染性病害。通常引起植物侵染性病害的病原有植物病原菌物、植物病原原核生物和植物病毒。

（一）植物病原菌物

菌物是一类具有细胞核和细胞壁的真核生物。细胞壁主要成分为几丁质和纤维素，不含光和色素，以吸收方式获得营养，通过产生孢子的方式进行繁殖。菌物种类繁多，分布广泛，不仅可生活在地上的各种物体上，还可生活于水和土壤中。大部分菌物为死体营养生物，少数为寄生物或与其他生物共生的共生物。寄生性的菌物中，有些可以寄生在人和动物体上引起“霉菌病”，但更多的是寄生在植物上引起各种植物病害。在各类植物病害中，以菌物引起的病害最多，农业生产上许多重要病害，如霜霉病、白粉病、锈病、黑粉病均由菌物引起。因此，菌物是最重要的植物病原物类群。菌物也有对人类有益的一面。菌物参与动植物尸体的分解，是地球上物质循环和生态平衡所不可缺少的要素；有些菌物与植物共生，促进植物的生长；有些菌物是一些植物病原菌，昆虫的寄生物或颉颃菌，可用于植物有害生物的生物防治；有些菌物为食用或药用菌；有些则是重要的工业、医药和食品微生物，用于有机酸、酶制剂、抗生素的生产和食品发酵。

1. 植物病原菌物的一般性状

（1） 营养体。

菌物营养生长阶段的菌体称为菌物的营养体。绝大多数菌物的营养体为纤细分支的丝状体，单根的丝状体称为菌丝，很多菌丝交织成团，称菌丝体。低等菌物菌丝为无隔菌丝，高等菌物菌丝为有隔菌丝。

（2） 繁殖体。

当营养生长进行到一定时期时，菌物就开始转入繁殖阶段。

菌物典型的繁殖体是产生各种类型的孢子。菌物孢子的功能相当于高等植物的种子，它是菌物繁殖的基本单位。菌物产生孢子的结构体，无论简单与复杂，统称为子实体。

无性繁殖产生的孢子称为无性孢子。常见的无性孢子有节孢子、游动孢子、孢囊孢子、厚垣孢子、分生孢子等。其中分生孢子是菌物最常见的无性孢子。

菌物生长发育到一定时期即进行有性繁殖，产生有性孢子。菌物的有性孢子类型有 5 种：休眠孢子囊、卵孢子、接合孢子、子囊孢子、担孢子。

2. 植物病原菌物的生活史

植物病原菌物的生活史是指菌物从一种孢子开始，经过萌发、生长和发育，最后又产生同一种孢子的整个生活过程。

典型的菌物生活史包括无性繁殖和有性生殖两个阶段。

菌物的无性阶段在一年生长季节中可反复多次产生无性孢子，次数越多危害越大。有性阶段在一年生长季节中只发生一次。个别菌物只有无性阶段，如兰花炭疽病；只产生菌丝不产生孢子的，如猝倒病。

（二） 植物病原原核生物

1. 原核生物的一般概念

原核生物是一类具有原核细胞结构的单细胞生物。从大的类群分主要有细菌、植原体和螺原体等，可造成多种病害，如水稻白叶枯病、马铃薯环腐病、茄科植物青枯病等，都是农业生产中的主要病害。

自然界细菌的形态有球状、杆状和螺旋状3种基本形态。植物病原细菌大多为杆状，多数生有鞭毛，能在水中游动。

细菌的繁殖方式为分裂繁殖，简称裂殖。

2. 植物病原细菌的侵染与传播

植物病原细菌初侵染的菌源有以下几类：

（1）种子和无性繁殖材料。

（2）土壤和病残体。

（3）杂草、其他作物和寄主。

（4）昆虫介体。

植物病原细菌的侵入途径有：

（1）气孔、水孔、皮孔、蜜腺等自然孔口。

（2）风雨、冰雹、冻害、昆虫等自然因素造成的自然伤口和耕作、施肥、嫁接、收获、运输等人为因素造成的伤口。

植物病原细菌的传播途径有以下几类：

（1）雨水和灌溉水。

（2）昆虫介体和线虫。

（3）工具。

（4）带菌种子或苗木。

（三）植物病毒

病毒是一类非细胞结构具有侵染性的寄生物，区别于其他生物的主要特征是个体微小，缺乏细胞结构，主要有核酸及保护性衣壳组成且是严格的专性寄生物。

目前已命名的植物病毒达到1 000多种，其中不少可以侵染寄主引起毁灭性的病害，危害仅次于菌物病害。

1. 植物病毒的一般形态

病毒粒体或毒粒，是病毒的基本单位。植物病毒粒体的主要形态为球状、杆状和线状，少数为弹状。

病毒粒体的基本结构是核衣壳，即由1个或多个核酸分子（DNA或RNA）包被在蛋白外壳里面构成，外部的蛋白外壳称为衣壳。植物病毒的核酸类型有RNA和DNA两种。一种病毒只含1种核酸（RNA或DNA），至今还没有发现一种病毒同时兼有2种核酸。

2. 植物病毒的复制和增殖

植物病毒通过复制的方式繁殖。病毒侵入寄主细胞后，改变寄主细胞的代谢途径，以本身的核酸作为模板，利用寄主细胞的原材料、能量和酶系统，合成病毒的核酸和蛋白质，再组装成新的病毒颗粒，这种繁殖方式称为增殖。植物病毒是严格活细胞寄生的分子生物，其增殖只能在寄主细胞内进行。病毒的增殖过程也是病毒的致病过程。

3. 植物病毒的传播

病毒没有主动侵入寄主组织细胞的能力，只能靠被动的传播。

（1）介体传播。

病毒依附在其他生物体上，借其他生物体的活动进行传播及侵染，是病毒的主要传播方式。植物病毒的传播介体包括昆虫、螨类、线虫、菌物、菟丝子等，其中以昆虫最为主要，昆虫中又以蚜虫、叶蝉、飞虱、粉虱等同翅目昆虫为主。

（2）非介体传播。

① 机械传播。也称为汁液摩擦传播，是指病毒汁液通过机械造成的伤口进入健康植物体内使之发病，包括田间的接触或人工摩擦接种。田间传播是指由于农事操作如修剪、整枝、打杈、嫁接等，使病健株间互相接触，从而造成植物病毒的传播。

② 无性繁殖材料传播。球茎、块根、接穗等部位均可带毒。

③ 种子传播。目前估计约 1/5 的已知病毒可以种传。

④ 花粉传播。由花粉直接传播的病毒数量并不多，现在知道的有十几种，多数为木本寄主。

三、植物非侵染性病害

由于不适宜的环境因素或者有害物质危害或自身遗传因素引起的病害，称为非侵染性病害。

按病因不同，还可分为：（1）植物自身遗传异常或先天性缺陷引起的遗传性病害。（2）物理因素恶化所致的病害。大气温度过高或过低引起的灼伤与冻伤；大气物理现象造成的伤害，如风、雨、雷电、雹害等；大气与土壤水分的过多或过少，如旱、涝、渍害等。（3）化学因素恶化所致病害。肥料元素供应的过多或不足，如缺素症；大气与土壤中有毒物质的污染与毒害；农药与化学制品使用不当造成的药害等。

四、病原物的寄生性、致病性和寄主植物的抗病性

（一）病原物的寄生性

寄生性是指病原物克服寄主植物的组织屏障和生理抵抗，从寄主植物体内夺取营养物质而生存的能力。

（1）专性寄生。

病原物只能在活的寄主体上生活，不能在人工培养基上生长，如病毒，寄生性种子植物，真菌中的白粉菌、锈菌、霜霉菌等。

（2）非专性寄生。

病原物既能在活的寄主组织上寄生，又能在死亡的病组织和人工培养基上生长。

（3）专性腐生。

病原物以各种无生命的有机质作为营养来源，一般不能引起植物病害。

（二）病原物的致病性

病原物在寄生过程中，对受害植物的破坏能力称为致病性。

（三）植物的抗病性

植物避免、终止或阻滞病原物侵入和扩展，减轻发病和损失程度的一种特性称为抗病性。

学习内容四　植物虫害基础知识

一、昆虫基础知识

昆虫是动物界无脊椎动物中最大的一个类群。已知的昆虫种类有100多万种，约占所有动物种类的80%。

昆虫在分类学上属于节肢动物门昆虫纲。（节肢动物的体躯是由一系列体节组成，整个体躯被有一层含几丁质的外骨骼，多数体节上生有成对的分节附肢）。

以蝗虫为例，如图4.4.1所示，昆虫的基本特征如下：

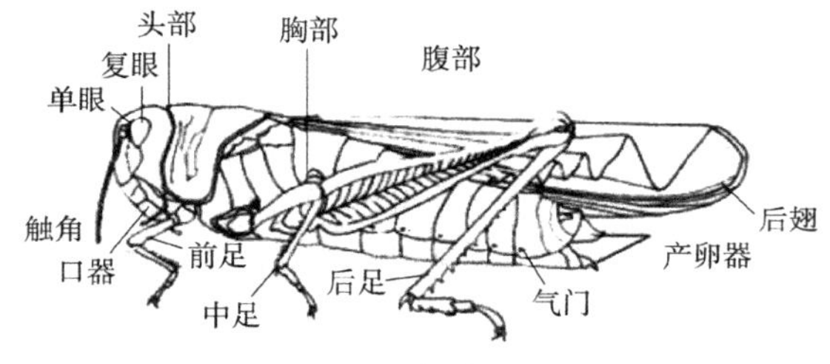

图4.4.1　蝗虫体躯侧面图

（1）身体分为头、胸、腹三部分。

（2）头部具有触角和口器，还具有单眼和复眼，是昆虫感觉和取食的中心。

（3）胸部由3个体节组成，上面生有3对足、2对翅，是昆虫运动的中心。

（4）腹部通常由9~11个体节组成，内含大部分内脏和生殖系统，是昆虫生殖和代谢的中心。

（5）在一生的生长发育过程中，通常要经历一系列显著的内部及外部形态上的变化，才能转变为性成熟的成虫。

二、昆虫的外部形态

（一）昆虫的头部

1. 昆虫的触角

触角1对，是昆虫重要的感觉器官，如图4.4.2所示。触角主司嗅觉和触觉作用，有的还有听觉作用，可以帮助昆虫进行通讯联络、寻觅异性、寻找食物和选择产卵场所等活动。

触角的结构包括柄节、梗节、鞭节。触角由很多亚节组成多种类型，其主要类型如图 4.4.3 所示。

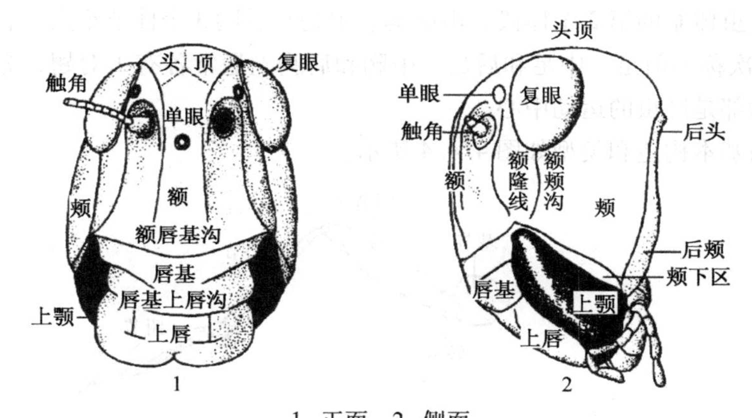

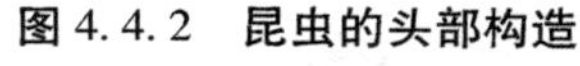

1. 正面 2. 侧面

图 4.4.2 昆虫的头部构造

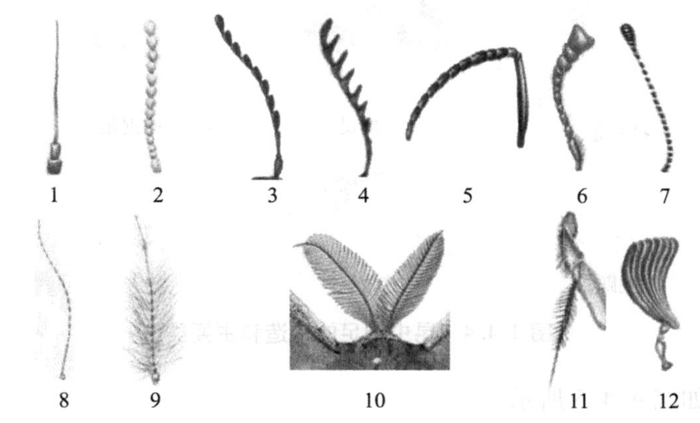

1. 刚毛状 2. 念珠状 3. 锯齿状 4. 栉齿状 5. 膝状 6. 锤状 7. 球杆状
8. 丝状 9. 环毛状 10. 羽毛状 11. 具芒状 12. 鳃片状

图 4.4.3 昆虫触角的主要类型

2. 昆虫的单眼和复眼

眼是昆虫的视觉器官，在昆虫的取食、栖息、繁殖、避敌、决定行动方向等活动中起着重要的作用。

昆虫的眼有两种：单眼和复眼。单眼只能感受光的强弱和方向，不能分辨物体和颜色。复眼是昆虫主要的视觉器官，主要的功能是成像。

3. 昆虫的口器

口器是昆虫的取食器官，又称取食器。通常由上唇、上颚、舌、下颚和下唇 5 部分构成。因昆虫食性和取食方式的不同，形成了不同类型的口器。根据所食食物的性状，口器可分为取食固体食物的咀嚼式口器、取食液体食物的吸收式口器（包括刺吸式、虹吸式、锉吸式等类型）和兼能取食固体及液体食物的嚼吸式口器3种类型。

（二）昆虫的胸部

胸是昆虫体躯的第2个体段，由前胸、中胸和后胸3个体节组成。各胸节上都有1对足，依次称为前足、中足和后足。中胸和后胸上通常各有1对翅，分别称为前翅和后翅。胸部是昆虫的运动中心。

胸足的基本构造和类型如图4.4.4所示。

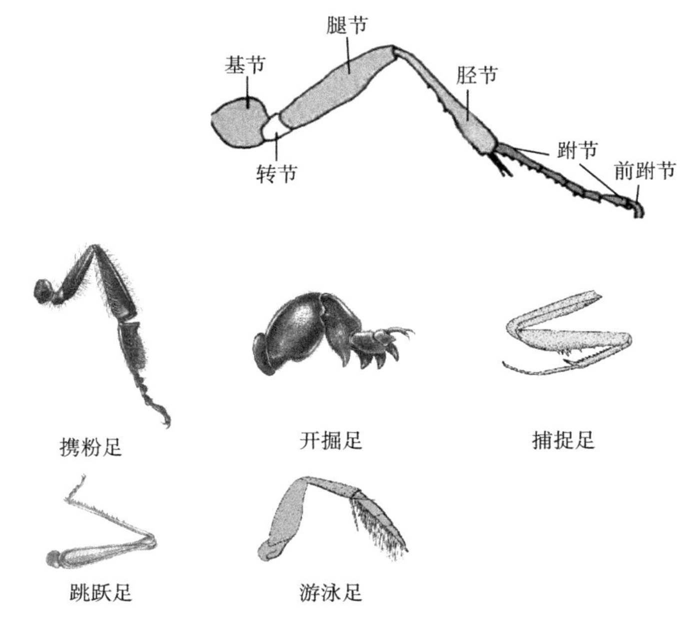

图4.4.4 昆虫胸足的构造和主要类型

翅的类型如图4.4.5所示。

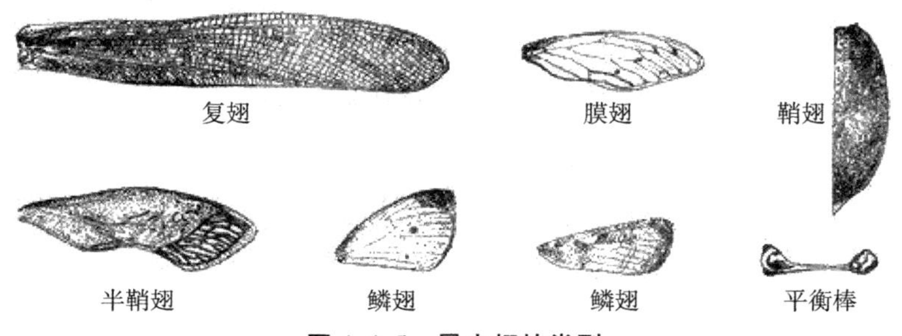

图4.4.5 昆虫翅的类型

（三）昆虫的腹部

腹部是昆虫体躯的第3个体段，形态简单，腹腔内有各种脏器，是消化、排泄和

生殖的中心。

昆虫的腹部一般由 9~11 节组成。外生殖器在第 8 节或第 9 节。雄性外生殖器称为交配器，雌性外生殖器称为产卵器。

(四) 昆虫的体壁

体壁是内部器官和外界环境之间的保护性屏障，常硬化成外骨骼，具有保护身体的作用，不但可以防止机械损伤，防止体内水分蒸发及外界毒物侵入，同时也是肌肉着生的地方。表皮的内层还是营养的贮存库，必要时可以被降解和利用。

三、昆虫的生物学特性

昆虫生物学是研究和描述昆虫生命过程中各种生物现象的科学。包括繁殖、发育、变态，以及从卵开始到成虫为止的生活史等方面的生物特性。

通过研究昆虫的生物学特性，可进一步了解昆虫共同的活动规律，对害虫的防治和益虫的保护利用都有非常重要的意义。

(一) 昆虫的生殖方式

1. 两性生殖

大多数昆虫为雌雄异体，它们通过雌雄交配、受精，产生受精卵，最后每个受精卵发育成为一个新个体。这是昆虫最普遍的生殖方式，如蝗虫、蛾、蝶等昆虫就采用这种方式繁殖。

2. 孤雌生殖

雌虫产生的卵不受精也能发育成新个体的现象叫孤雌生殖。

3. 多胚生殖

一个成熟的卵可以发育成 2 个或 2 个以上胚胎的生殖方式。常见于膜翅目的小蜂、细蜂等寄生性昆虫。

4. 幼体生殖

少数昆虫在母体尚未达到成虫阶段，还处于幼虫期就进行生殖，称为幼体生殖，如瘿蚊。

(二) 昆虫的变态发育

昆虫的个体发育过程可分为胚胎发育和胚后发育两个阶段。

昆虫的个体发育要经过一系列外部形态、内部器官和生活习性的变化，这种现象称为变态。

1. 变态类型

昆虫经过长期的演化，随着成虫、幼虫态的分化程度不同以及对环境长期适应的结果，出现了不同的变态类型，大致可分为不完全变态和完全变态两类，如图 4. 4. 6 所示。

不完全变态：昆虫一生经过卵、若虫、成虫 3 个虫态。

完全变态：昆虫一生经过卵、幼虫、蛹、成虫 4 个虫态。

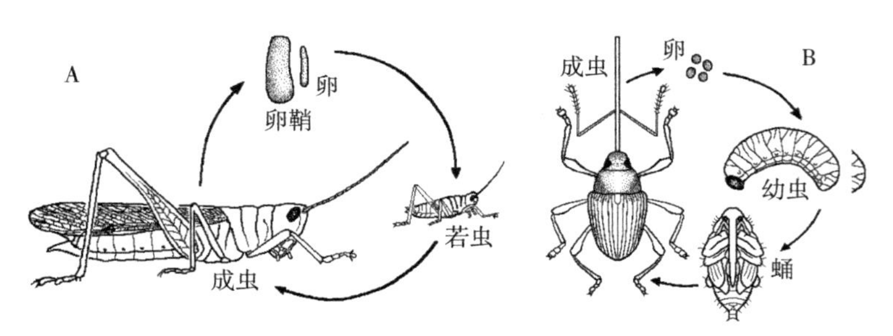

A. 不完全变态　B. 完全变态

图 4.4.6　昆虫变态类型

2. 各虫期生命活动的特点

（1）卵期。

卵期是昆虫个体发育的第一个时期，指卵从母体产下后到孵化出幼虫所经过的时期，卵的各种形态如图 4.4.7 所示。

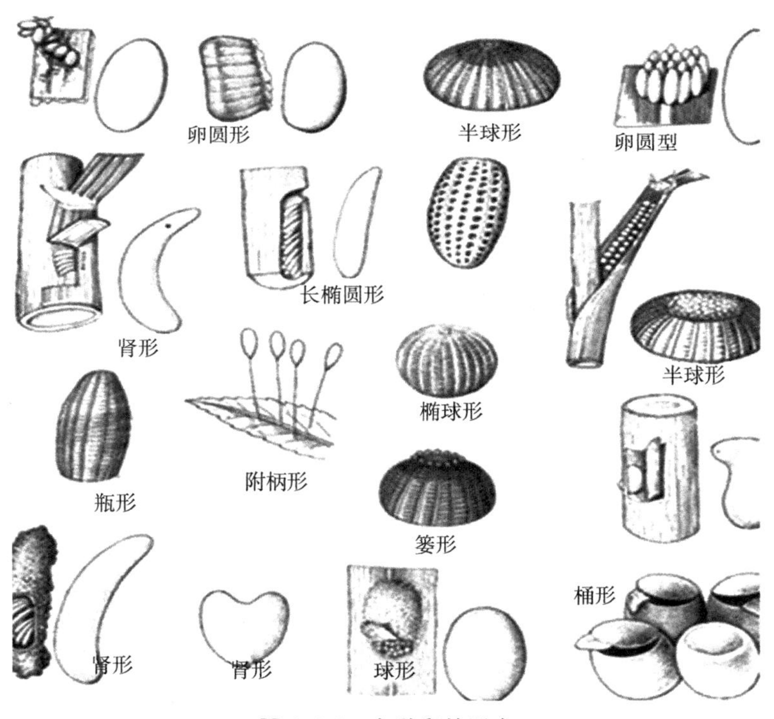

图 4.4.7　各种卵的形态

（2）幼虫期。

幼虫期是指昆虫个体发育的第二个时期。从卵孵化出来后到出现成虫特征（不完全变态类变成成虫或完全变态化蛹）之前所经历的时期，称为幼虫期（若虫期）。

幼虫期的明显特点是大量取食，积累营养，体积迅速增大。从实践意义来说，幼虫期对植物的危害最严重，因而常常是防治的重点时期。

完全变态昆虫的幼虫由于食性、习性和生活环境十分复杂，幼虫在形态上的变化极大，根据幼虫足的数目可分为以下几类：

无足型：幼虫既无胸足也无腹足，如蛆、象甲幼虫等。

寡足型：幼虫只具有3对胸足，没有腹足，如蛴螬、草蛉幼虫等。

多足型：幼虫具有3对胸足，2~8对腹足，如蝶、蛾类幼虫等。

（3）蛹期。

蛹期是指自末龄幼虫蜕去表皮至变成成虫所经历的时期。蛹期是完全变态昆虫所特有的。这时昆虫的蛹体表面不食不动，内部进行着剧烈的新陈代谢的活动。根据翅、触角和足等是否紧贴于蛹体上，将蛹分为离蛹、被蛹、围蛹3种类型。

（4）成虫期。

不完全变态昆虫的老熟若虫、完全变态的蛹蜕皮后变为成虫的过程称羽化。成虫有3种类型。

发育成熟型：成虫羽化时，卵及性器官已成熟，可进行交配、产卵，口器退化，不能取食，寿命短，只有数小时或几天，完成交配、产卵后即死去，如毒蛾科昆虫。

可取食型：成虫羽化后可交配产卵，但口器正常，能取食，取食后能产更多的卵，如赤眼蜂、竹螟等。

继续发育与补充营养型：成虫羽化时，卵及性器官未成熟，还要继续取食，这种取食称“补充营养”，如橙斑天牛、花绒坚甲。

（三）昆虫的雌雄二型和多型现象

在同一昆虫种群内常有形态、体色等的变化，这种变化是昆虫对环境适应性、或种类特性的表现形式之一。

性二型：同种昆虫除雌雄性器官的差异外，在个体大小、体型、体色等方面的差异称为雌雄二型。如大袋蛾成虫雄性有翅，而雌性为蠕虫状。

多型现象：指同种昆虫有两种或更多类型个体的现象，这种现象在成、幼期均可出现。如社会性昆虫蜜蜂具有蜂王、雄峰和工蜂；白蚁具有蚁后、蚁王、工蚁和兵蚁等。社会性昆虫的分型是由外激素控制的。

（四）昆虫的生活史

1. 昆虫的世代

昆虫从卵或幼体离开母体到成虫性成熟产生后代为止的个体发育周期，称为一个世代。

一年发生多代的昆虫，由于成虫发生期长和产卵先后不一，同一时期内，在一个地区可同时出现同一种昆虫的不同虫态，造成上下世代间重叠的现象，称为世代重叠。

2. 生活史

生活史是指昆虫在一定阶段的发育史。

（五）昆虫的行为和习性

（1）食性。昆虫在长期的演化过程中，对食物形成一定的选择性，即食性。

（2）趋性。趋性是指昆虫对外界刺激（如光、温度、湿度和某些化学物质等）所产生的趋向或背向行为活动，如趋光性、趋化性、趋温性、趋湿性等。

（3）假死性。

（4）群集性和社会性。

四、常见植物害虫的主要类群

常见植物害虫的主要类群如表 4.4.1 所示。

表 4.4.1　常见植物害虫的分类

名称	口器	翅	代表昆虫
直翅目	咀嚼式	前翅复翅 后翅膜翅	蝗虫、蟋蟀、蚂蚱
半翅目	刺吸式	前翅半鞘翅 后翅膜翅	俗称蝽，又叫臭虫
同翅目	刺吸式	前翅革质或膜质， 后翅膜翅	禅、飞虱、蚜虫
缨翅目	锉吸式	前后翅缨翅	统称蓟马
鞘翅目	咀嚼式	前翅鞘翅 后翅膜翅	统称甲虫
鳞翅目	成虫：虹吸式 幼虫：咀嚼式	前后翅鳞翅	二化螟、稻纵卷、棉铃虫
双翅目	成虫：刺吸式 幼虫：舐吸式	前翅膜翅 后翅平衡棒	蚊、蝇
膜翅目	成虫：咀嚼式 幼虫：嚼吸式	前后翅膜翅	蜂、蚁类

学习内容五　农药基础知识

一、病虫害防治的方法

（一）综合防治的定义

我国植物保护的方针是“预防为主、综合防治”，这是多年植物病害防治实践经验的总结。

综合防治是对有害生物进行科学管理的体系。其基本点是从农业生态系统总体观点出发，根据有害生物和环境之间的相互关系，充分发挥自然控制因素的作用，因地制宜地协调运用必要的措施，将有害生物控制在经济损失允许水平之下，以获得最佳的经济、生态和社会效益。

（二）综合防治的方法

（1）植物检疫。

（2）农业防治法（栽培防治）。

（3）物理机械防治法。

（4）生物防治法。

（5）化学防治法。

二、农药的概念

农药主要是指用于预防、消灭或者控制危害农业、林业的病、虫、草和其他有害生物以及有目的地调节植物、昆虫生长的化学合成或者来源于生物、其他天然物质的一种物质或者几种物质的混合物及其制剂。

农药包括用于不同目的、场所的下列各类：

（1）预防、消灭或者控制危害农业、林业的病、虫（包括昆虫、蜱、螨）、草和鼠、软体动物等有害生物。

（2）预防、消灭或者控制仓储病、虫、鼠和其他有害生物。

（3）调节植物、昆虫生长。

（4）用于农业、林业产品防腐或者保鲜。

（5）预防、消灭或者控制蚊、蝇、蜚蠊、鼠和其他有害生物。

（6）预防、消灭或者控制危害河流堤坝、铁路、机场、建筑物和其他场所的有害生物。

三、农药的分类

为了便于认识、研究和使用农药，可根据农药的原料来源、防治对象、作用方式等进行分类。

（一）按原料的来源分类

（1）矿物源农药。有效成分多由无机矿物简单加工制成，主要有铜制剂（波尔多液、碱式硫酸铜悬浮剂）、硫制剂（石硫合剂）、柴油乳剂、机油乳剂等。

（2）生物源农药。生物源农药是利用生物资源开发的农药，包括植物源农药、微生物源农药和动物源农药。

（3）有机合成农药。有机合成农药是由人工研制、通过化学工业人工合成的农药。

（二）按农药的防治对象分类

常可分为杀虫剂、杀螨剂、杀菌剂、杀线虫剂、除草剂、杀鼠剂、杀软体动物剂、植物生长调节剂等8类。

（三）按农药的作用方式分类

1. 杀虫剂

（1）触杀剂。药剂通过昆虫表皮进入体内发挥作用，使虫体中毒死亡。如氰戊菊酯、高效氯氰菊酯、辛硫磷等。

（2）胃毒剂。药剂通过昆虫口器进入体内，经过消化系统发挥作用，使虫体中毒死亡。如敌百虫、除虫脲等。

（3）熏蒸剂。熏蒸剂在常温下能挥发成有毒气体，或通过化学反应产生有毒气体，通过昆虫的气门及呼吸系统进入昆虫体内发挥作用，使虫体中毒死亡。此类农药往往用于密闭条件下，例如，在温室大棚中。如有机磷杀虫剂敌敌畏、溴甲烷、磷化铝等。

（4）内吸剂。药剂使用后通过叶片或根、茎被植物吸收，进入植物体内后，被输导到其他部位。如通过蒸腾流由下向上输导，以药剂有效成分本身或在植物体内代谢为更具生物活性的物质发挥作用。如吡虫啉、噻虫嗪等。

（5）其他杀虫剂。根据作用不同可分为：拒食作用、驱避作用、引诱作用。

拒食作用：可影响昆虫的味觉器官，使其厌食、拒食，最后因饥饿、失水而逐渐死亡，或因摄取营养不足而不能正常发育的药剂。如植物源杀虫剂、鱼藤酮等。

驱避作用：施用后可依靠物理、化学作用使害虫避忌或发生转移、潜逃。如拟除虫菊酯类杀虫剂。

引诱作用：施用后可将害虫诱聚而利于歼灭的药剂昆虫性信息素。

2. 杀菌剂

（1）保护剂杀菌剂。在病原菌侵染前施用，可有效地起到保护作用，消灭病原菌或防止病原菌侵入植物体内。此类农药必须在植物发病前使用。如百菌清、代森锰锌、波尔多液等。

（2）治疗剂杀菌剂。在植物发病后施用，通过内吸作用进入植物体内，抑制或消灭病原菌，可缓解植物受害程度，甚至恢复健康。如多菌灵、三唑酮、菌核净等。

四、农药的剂型

农药原药加入辅助剂，经过加工制成便于使用的一定药剂形态，称为剂型。如固态制剂的有粉剂、可湿性粉剂、可溶性粉剂、颗粒剂等；液态制剂类的有乳油、悬浮剂、水剂等。

我国农药制剂的名称通常由有效成分含量、农药中文通用名和剂型3部分组成。

如3%啶虫脒乳油、5%辛硫磷颗粒剂等。农药剂型及名称及代码如表4.5.1所示。

表4.5.1　农药剂型名称及代码

代码	中文名称	代码	中文名称	代码	中文名称	代码	中文名称
AS	水剂	CS	微囊悬浮剂	EC	乳油	EW	水乳剂
ME	微乳剂	RB	饵剂	OF	油悬浮剂	SL	可溶性液剂
OL	油剂	SC	悬浮剂	GR	颗粒剂	CG	微粒剂
SO	展膜油剂	DP	粉剂	FS	种子处理悬浮剂	VP	熏蒸剂
WP	可湿性粉剂	WG	水分散粒剂	SP	可溶粉剂	HN	热雾剂
DC	可分散液剂	BR	缓释剂	OF	油悬浮剂	SE	悬乳剂
ED	静电喷雾液剂	TB	片剂	EB	泡腾片剂		

五、农药的使用方法

为把农药施用到目标物上所采用的各种施药技术措施，称为农药的施用方法。在农药的使用过程中，我们不仅要考虑农药种类、剂型、药量的选择，而且还要考虑植物的生长状况、防治对象、环境及选用的施药工具和技术等，然后经过归纳总结，分析确定最佳的施药方法。

目前我们常见的有喷雾法、撒施法、泼浇法、毒饵法、拌种法、浸种（苗）法、喷粉法、注射法、涂抹法、土壤处理法等多种方法。

（一）喷雾法

先利用分散介质将农药制剂调制成乳状液、溶液或悬浮液，然后借助喷雾器械的压力使药液形成微小雾滴，均匀地覆盖在寄主及防治对象上的施药方法。它是在农药施用中最常用的一种方法，可供喷雾适用于喷雾法的农药剂型有乳油、悬浮剂、水分散粒剂、微乳剂、可湿性粉剂、可溶性粉剂等。喷雾法的优点是药液可直接接触防治对象，而且分布均匀，见效比较快，防效比较好，方法简单容易操作。缺点是药液容易飘移流失，药液易污染施药人员而引起中毒，而且受水源限制。

在实际生产应用中，通常分为常量喷雾法、低容量喷雾法和超低容量喷雾法3种类型。

（二）撒施法

撒施法是将颗粒剂或配置的毒土直接撒施在田间地面、水面或植株特定部位的一种施药方法。对毒性高或易挥发的农药品种，不便采用喷雾和喷粉方法，可以制备成颗粒剂撒施。撒施法具有受气流影响小、工效高、用药少、防效好、残效期长等优点。

（三）泼浇法

泼浇法是用大量水将药剂稀释到一定浓度后，用容器将药液泼浇在田间或作物上的一种施药方法，它是通过水层逐步扩散来达到药剂分散的目的。泼浇法在稻田使用最多。

（四）毒饵法

毒饵主要是用于防治危害农作物的幼苗并在地面活动的地下害虫。如小地老虎以及家鼠、家蝇等卫生害虫。毒饵是利用害虫、鼠类喜食的饵料和农药拌合而成，诱其取食。

毒杀害虫常用的饵料为麦麸、米糠、花生饼等，用药量一般为饵料量的1%~3%。

（五）拌种法

拌种是用一种定量的药剂和定量的种子，同时装在拌种器内，搅动拌和，使每粒种子都能均匀地沾着一层药粉，在播种后药剂能逐渐发挥防御病菌或害虫危害的效力。

（六）浸种（苗）法

浸种（苗）法是将种（苗）浸渍在一定浓度的药液中，浸泡一定的时间，然后再捞出晾干的一种方法。

（七）喷粉法

喷粉法是利用机械所产生的风力将低浓度或用于细土稀释好的农药粉剂送到作物和防治对象表面上，它是农药使用中比较简单的方法。优点是操作方便，工具比较简单；工作效率高；不需用水，可不受水源的限制，就可做到及时防治；对作物一般不易产生药害。缺点是药粉易被风吹失和易被雨水冲刷，因此，药粉附着在作物表体的量减少，缩短药剂的残效期，降低了防治效果；单位耗药量要多些，在经济上不如喷雾来得节省；容易污染环境和施药人员本身。

（八）注射法

注射法是在树干的适宜位置钻孔深达木质部，再注入内吸性农药，从而达到防虫治病目的的一种施药方法。

（九）涂抹法

涂抹法是将配置成的药液或糊状制剂，涂抹在植株的特定部位上防治病虫害的一种施药方法。所选用的农药是内吸剂或是能比较牢固地黏附在植物表面上的触杀剂。

（十）土壤处理法

土壤处理法是对土壤表面或土壤表层进行药剂处理的一种施药方法。可按施药范围或方式分为撒施、沟施、穴施、浇施、根区施药等。

六、农药的毒力与药效

（一）农药的毒力与药效定义

毒力是指化学药剂对防治对象直接作用的性质和程度，即农药对昆虫的毒力。

药效是指药剂在综合条件下，对田间病虫的防治效果。药效大都在田间条件下，结合生产实际进行的。

（二）提高药效的措施

（1）明确防治对象，对症施药。

（2）掌握施药时期，适时施药。

（3）选择合适的施药时间和数量。

（4）科学配置药液，注意搞好混配。

（5）选择施药方法，保证施药质量。

（6）轮换或混合施药，预防抗药性的发生。

七、农药的毒性

广义地说，毒性指化学物质对高等动物及有益生物所表现的毒害作用，狭义地讲，即农药对人畜的毒性。通常用对试验动物的致死中量、致死中浓度（LD_{50}，LC_{50}）来表示毒性的大小。

LD_{50}是指在给定时间内，使一组实验动物的50%发生死亡的毒物剂量，称“致死中量”。

LC_{50}是指在给定时间内，使一组实验动物的50%发生死亡的毒物浓度，称“致死中浓度”。

致死中量越小，农药毒性越大，反之，致死中量越大，农药的毒性则越小。

农药中毒进入人体的途径有经口、经皮肤、吸入。根据毒性大小可分为急性毒性、亚急性毒性、慢性毒性。

（1）急性毒性指一次性口服、吸入、皮肤接触大量农药，或短时间内大量农药进入体内，在短时间内表现出中毒症状。

（2）亚急性毒性指低于急性中毒剂量的农药，被长期连续地经口、皮肤或呼吸道进入动物体内，在三个月以上才引起与急性中毒类似症状的毒性。

（3）慢性毒性指口服、吸入或皮肤接触低剂量农药，药剂在人、畜体内积累，引起内脏机能受损，使生理机能、组织器官等产生病变症状。

通过对农药毒性分级，作为衡量农药急性毒性大小的指标，以此预防高毒农药在运输、贮存、使用中发生中毒和污染。表 4. 5. 2 为我国目前规定的农药急性暂行分级标准。

表 4.5.2 中国农药急性毒性暂行分级标准

给药途径	剧毒	高毒	中毒	低毒
大鼠口服 LD_{50}/(mg/kg)	<5	5~50	50~500	>500
大鼠经皮 LD_{50}/[mg/(kg·24h)]	<20	20~200	200~200	0>2 000
大鼠吸入 LD_{50}/[g/(m^3·h)]	<20	20~200	200~2 000	>2 000

八、农药对植物的药害

药害指因农药使用不当对作物产生的毒害作用。

(一) 药害的种类

(1) 急性药害。喷药几小时至几天内表现出症状称为急性药害，初期为浸渍状，后期为枯萎、穿孔、脱落、卷叶、黄化、落叶等。果实上的药害主要是产生各种斑点和锈斑，影响果品质量。

(2) 慢性药害。很长时间才逐渐表现症状称为慢性药害，主要是光合作用减弱，植株矮小，萎缩，根系表现短而少，叶片增厚变脆，果实畸形，失去正常风味、色泽。这常常不是有效成分造成的，是由于药剂存在的杂质引起的。

(二) 植物药害发生的症状

(1) 斑点。

(2) 黄化。

(3) 畸形。

(4) 枯萎。

(5) 生长停滞。

(6) 不孕。

(7) 脱落。

(8) 裂果。

(三) 预防药害的措施

(1) 了解不同农作物对药剂的敏感性。

(2) 正确掌握使用浓度和施药量。

(3) 根据药剂特性正确掌握施药时间和气候条件提高药效和防止药害。

(4) 严防农药乱用和盲目混用。

(四) 急性药害的补救措施

(1) 排毒和洗毒。

(2) 加强田间管理。

(3) 应用植物生长调节剂和叶面肥。

学习内容六 我国种植业发展现状及对策建议

农业是国民经济的基础，而种植业是农业的基础，与国家粮食和粮食安全计划、国民经济和社会保障有关。我国正在不断加快从传统种植向现代种植过渡的步伐。研究种植业发展的现与相关制约因素，并提出完善对策，对于促进我国国民经济的持续稳定发展和全面更好、更快建设小康社会具有重要意义。

一、我国种植业发展现状

（一）种植业稳步发展

新中国成立以来，我国种植业稳步发展，中国实现了粮食基本自给，粮食产量不断创新高。2019 年全国粮食、棉花、油料、糖料作物产量都大幅提升，如表 4.6.1 所示。

表 4.6.1 2015—2019 年粮食、棉花、油料、糖料作物种植面积和产量

年份 作物	粮食		棉花		油料		糖料	
	种植面积/千公顷	产量/万 t	种植面积/千公顷	产量/万 t	种植面积/千公顷	产量/万 t	种植面积/千公顷	产量/万 t
2015	118 963	66 060	1 564.88	590.74	13 314.39	3 390.47	1 572.63	11 215.22
2016	119 230	66 044	1 670.51	534.28	13 191.12	3 400.05	1 555.25	11 176.03
2017	117 989	66 161	1 769.33	565.25	13 223.16	3 475.25	1 545.63	11 378.84
2018	117 037	65 789	1 819.33	610.28	12 872.43	3 433.39	1 630.00	11 937.41
2019	116 064	66 384	1 763.70	588.90	12 925.43	3 492.98	—	—

2019 年粮食总产量为 66 384 万 t、棉花总产量为 590.74 万 t、油料总产量为 390.47 万 t。我国粮食综合生产能力达到 60 000 万 t 以上，居世界第 1 位，解决了 13 亿人口的吃饭问题，创造了在人多地少、农业资源紧缺的国情下实现粮食基本自给的奇迹。我国棉花产量连续多年居世界第 1 位，食用植物油自给率达 40%以上，糖料产需基本平衡，蔬菜、水果、茶叶、蚕茧、中草药、花卉等种植业产品单产水平不断提高，总产量稳步增加，进一步提高了种植业保障主要农产品有效供给和促进农民持续增收的能力。

（二）播种面积稳中略降，但单产水平提高

2010 年全国粮食播种面积为 111 695 千公顷，此后播种面积连续 6 年增加，2016 年播种面积达到最高峰，共计 119 230 千公顷，此后连续 3 年粮食播种面积小幅下跌，如图 4.6.1 所示。

减少种植面积的同时各地深入推进农业供给侧结构性改革，在保障粮食生产能力不降低的同时，稳步推进耕地轮作休耕试点工作，调减低质低效作物种植，扩大大豆、杂粮等优质高效作物种植规模。同时加大科技力量的投入，大幅提高科技贡献率，在减少种植面积时不减产。如图 4. 6. 2 所示，虽然 2017—2019 年粮食播种面积小幅下跌，但中国粮食总产量较之前并未减少。

图 4. 6. 1　2010—2019 年中国粮食播种面积

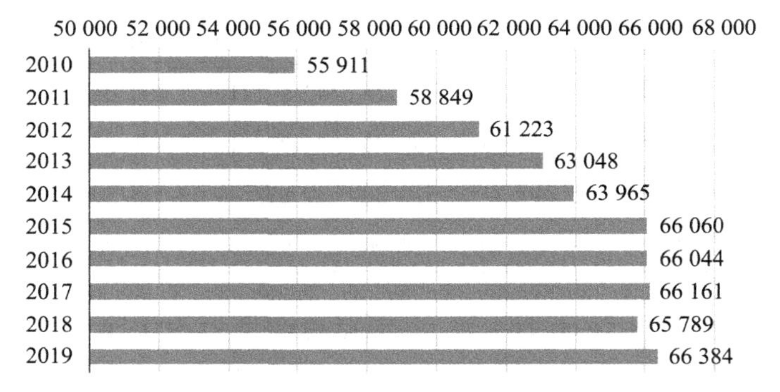

图 4. 6. 2　2010—2019 年中国粮食总产量

（三）种植业结构不断优化，多功能性开始凸显

随着种植业结构调整的深入推进和优势农产品区域布局规划的实施，主要农作物生产逐步向优势区域集中，生产布局更加合理，种植结构不断优化，主要产品供给基本实现总量平衡、结构平衡和质量提升。

1. 区域化生产格局初步形成

水稻、小麦、玉米、大豆生产集中度分别达到 85%、90%、60%和 50%以上。棉花在长江流域、黄河流域和西北形成三大优势区域；油菜生产集中在长江流域；甘蔗集中在桂中南、滇西南、粤西生产。

2. 种植业发展的协调性不断增强

粮食作物生产实现了由单纯依靠扩大面积增加总产量向稳定面积、依靠科技提高单产的重大转变，为各种经济和园艺作物生产的全面、持续发展提供了空间，创造了条件，使种植业逐步走上全面、协调、可持续发展道路。

3. 种植业功能已从单一保障供给逐步向多样性拓展

一是农产品供应呈现多样化、精细化、优质化、均衡化，有效满足了广大人民群众对农产品数量和质量方面的需求；二是随着养殖业和农产品加工业的迅速发展，种植业饲料化、工业化、能源化特征越来越明显；三是种植业在保障农民就业和促进农民增收方面仍然占据主导地位，农民家庭经营收入近50%来自种植业；四是水稻、小麦等农作物已经成为许多大中城市的绿色屏障，果、茶、桑等多年生经济作物在绿化荒山、涵养水源等生态保护方面发挥了重要作用；五是传统的茶文化、花文化和中药文化进一步发展，农家乐、观光园、采摘园正在成为城乡人们休闲娱乐的新选择。

二、我国种植业发展存在的主要问题

（一）自然资源紧缺，农业灾害威胁加重

我国的基本国情是人多地少水缺，人均耕地、淡水、森林仅占世界平均水平的32%、27.4%和12.8%，人均资源严重不足。

（二）植业生产组织化水平较低，科技支撑农业生产发展有待进一步增强

我国农业土地经营分散，农户经营规模较小，标准化生产和农业机械化水平较低。

（三）种植业产品品质改善重视不够，农产品安全水平有待进一步提升

农产品安全水平有待进一步提升。过去以家庭为单位分散的经营方式和农民生产组织化程度较低等因素导致种植业没有统一规划、指导以及收购加工体系的不健全，这些都造成了农民生产的无序竞争，农产品品种的混杂。农业投入品的不合理使用、监管手段的不健全等一系列问题导致农产品质量安全问题日渐突出。

三、我国种植业发展的对策建议

加强农业自然资源保护，增强防灾减灾能力；完善种植业生产组织制度，进一步提高农业生产的科技含量；增强农产品安全意识，构建起涵盖数量安全、质量安全和生态安全三个层次的农产品安全体系。

【学习任务小结】

植物赖以生存的主要环境因子有温度、光照、水分、土壤、大气以及生物因子等。植物的生长发育除决定于其本身的遗传特性外，还决定于外界环境因子，因此植

物栽培的成功与否主要取决于植物对这些环境因子是否适应，是否能调节和控制好与环境因子之间的关系。

被子植物营养器官为根、茎、叶，生殖器官为花、果实、种子。

植物病害分为侵染性病害和非侵染性病害两种。

昆虫的个体发育要经过一系列外部形态、内部器官和生活习性的变化，这种现象称为变态。不完全变态是指昆虫一生经过卵、若虫、成虫3个虫态；完全变态是指昆虫一生经过卵、幼虫、蛹、成虫4个虫态。

【复习思考】

一、单选题

1. 发病植物本身所表现出来的反常现象称为（　　）。

A. 病状　　B. 病症　　C. 特征　　D. 病害

2. 真菌的繁殖体被称为（　　）。

A. 种子　　B. 鞭毛　　C. 菌丝　　D. 孢子

3. 病原物在植物体上表现出来的特征性结构称为（　　）。

A. 病状　　B. 病征　　C. 病害　　D. 病原物

4. 雌虫未经与雄虫交配，产出未受精的卵细胞，能够正常孵化发育成新的个体的生殖方式被称为（　　）。

A. 两性生殖　　B. 孤雌生殖　　C. 多胚生殖　　D. 幼体生殖

5. 雌雄异体、经过雌雄交配、受精、产生受精卵，每个受精卵发育成一个新个体的方式被称为（　　）。

A. 两性生殖　　B. 孤雌生殖　　C. 多胚生殖　　D. 幼体生殖

6. 蛾蝶类的前后翅均为（　　）。

A. 鳞翅　　B. 复翅　　C. 膜翅　　D. 缨翅

7. 在常见植物害虫的主要群类中，蝗虫被划分为（　　）。

A. 半翅目　　B. 同翅目　　C. 直翅目　　D. 缨翅目

8. 蝽象（臭屁虫）前翅为（　　）。

A. 鞘翅　　B. 半鞘翅　　C. 膜翅　　D. 复翅

9. 蚊蝇类的后翅为（　　）。

A. 膜翅　　B. 双翅　　C. 平衡棒　　D. 鳞翅

10. 取食固体食物的口器类型是（　　）。

A. 刺吸式　　B. 锉吸式　　C. 虹吸式　　D. 咀嚼式

11. 能使昆虫产生拒食反应的药剂是（　　）。

A. 驱避剂　　B. 不育剂　　C. 拒食剂　　D. 昆虫生长调节剂

12. 发生药害后进行补救，以下措施中不可取的是（　　）。

A. 喷大量水淋洗或略带碱性水淋洗　　B. 追施各种肥料

C. 喷施缓解药害的药物　　D. 去除药害较严重的部位

13. 按杀虫剂的作用方式或效应分，经昆虫体壁进入体内引起中毒的杀虫剂是（　　）。

A. 触杀剂　　B. 胃毒剂　　C. 熏蒸剂　　D. 内吸剂

14. 小麦的根系是（　　）。

A. 直根系　　B. 须根系　　C. 斜生根系　　D. 不定根系

15. 按植物对水分的需求分类，多肉植物属于（　　）。

A. 中生植物　　B. 湿生植物　　C. 水生植物　　D. 旱生植物

16. 必须在完全的光照下生长，不能忍受遮阴，否则生长不良的植物是（　　）。

A. 中性植物　　B. 阳性植物　　C. 阴性植物　　D. 水生植物

17. 导致果树大小年现象的原因是（　　）。

A. 光照不足　　B. 温度不够

C. 修剪错误　　D. 营养生长和生殖生长营养分配不合理

二、多选题

1. 真菌侵入寄主的途径有（　　）。

A. 表皮直接侵入　　B. 自然孔口侵入

C. （微）伤口侵入　　D. 从花蕊进入

2. 常见的有性孢子有（　　）。

A. 卵孢子　　B. 接合孢子　　C. 子囊孢子　　D. 担孢子

3. 细菌侵入寄主的途径有（　　）。

A. 表皮直接侵入　　B. 自然孔口侵入

C. （微）伤口侵入　　D. 从花蕊进入

4. 昆虫头部的主要功能是（　　）。

A. 感觉　　B. 取食　　C. 运动　　D. 生殖

E. 代谢

5. 虹吸式口器为某类昆虫所特有，它们是（　　）。

A. 蛾类　　B. 蝶类　　C. 蝗虫类　　D. 蚜虫类

三、判断题

1. 高毒农药只要注意安全间隔期可以在蔬菜、茶叶、等作物上使用。（　　）

2. 农药绝对不能和粮食、种子、饲料、食品等混放，但可以与烧碱、石灰、化肥等物品混放在一起。（　　）

3. 农田中的昆虫都是有害的。（　　）

4. 农药也包括用于农业、林业产品防腐或者保鲜的。（　　）

5. 接触农药量较小，农药进入人体后累积到一定量才表现出中毒症状，所以对人体危害不大。 (　　)

6. 高、剧毒农药不得用于果树、蔬菜、茶叶和中草药，是防止经口中毒的一项防护措施。 (　　)

7. 剧毒、高毒农药可以用于防治卫生害虫。 (　　)

8. 农药进入人体有经皮、经口和吸入三种途径。 (　　)

9. 农药是一种特殊商品，其运输和贮存均有特殊要求。 (　　)

10. 高残留农药不准在瓜果、蔬菜、茶叶、菌类、中药材、烟草、咖啡、胡椒和香茅等作物上使用。 (　　)

四、问答题

1. 蒸腾作用对植物有着哪些重要的生理意义?

2. 论述我国种植业发展现状。

学习任务五 现代畜牧业发展

【学习目标】

1. 知识目标：了解现代畜牧业的概念、特点及发展方向；了解国内外现代畜牧业的发展模式；了解畜牧业信息技术。

2. 能力目标：掌握畜牧业的概念、特点及国内外现代畜牧业的发展模式。

3. 态度目标：理性认识现代畜牧业。

【案例导入】

君乐宝优致牧场迎来数以万计游客

君乐宝优致牧场每年迎来数以万计游客，成为消费者看得见的放心牧场。君乐宝的努力不仅得到消费者的肯定，还引起了国际方面的关注。波兰前总统科莫罗夫斯基一行在河北专程到君乐宝乳业考察，参观了君乐宝享誉内外的优致牧场。参观过程中，科莫罗夫斯基先生在对君乐宝牧场奶牛饲养、集中挤奶、粪污处理等运营情况及工厂产量、工艺设备、等情况深入了解后连连点头称赞，对企业给予高度认可。科莫罗夫斯基先生表示，“君乐宝先进的牧场运营模式及品质管控理念非常值得借鉴，中国奶业的现代化发展水平让人震撼”。

君乐宝优致牧场位于石家庄市鹿泉区铜冶镇西任村，2013 年开工建设，总投资 3 亿元，规划占地 1 206 亩，一期占地 300 余亩，奶牛规划存栏 5 500 头，在牧场建设、奶牛养殖、奶牛品种等方面均达到国际先进水平。

君乐宝优致牧场——奶牛科学喂养

饲养的奶牛，采用的全部是 TMR 全混合日粮，经过科学设计配方，确保奶牛的每一口饲料的均衡营养。

君乐宝优致牧场——全自动化挤奶

世界领先的 60 位转盘式挤奶机，2 套全自动挤奶设备，可以实现 120 头奶牛同时挤奶。自动驱牛、自动上栏、自动挤奶，实现挤奶过程的全自动。转盘没转一圈的时间是 8~10 min，按照优致牧场每头奶牛每天平均产奶约 30 kg，那么 8~10 min 后即可得到鲜奶1.2 t，效率超级高！

君乐宝优致牧场——全程监控品质

大厅内还有24 h无死角全程监控设备，确保园区内一切正常运转，对每一个环节严格把控，把最安全、最优质的乳制品带给千家万户。

作为河北省最大的乳制品企业，20多年来君乐宝始终专注乳业，低温酸牛奶及乳酸菌饮料产销量长期位居国内前列。如今君乐宝优致牧场开放更被业内人士看成河北奶业再度起航的标志之举。站在传统优势的制高点上，河北奶业以时代机遇为跳板，解开了全新的发展篇章。

【案例分析】

君乐宝优致牧场的案例体现了现代的畜牧业的内涵及发展方向。现代畜牧业就是在传统畜牧业基础上发展起来的，用现代畜牧兽医科学技术和装备及经营理念武装，基础设施完善、营销体系健全、管理科学、资源节约、环境友好、质量安全、优质生态、高产高效的产业。发展都市型畜牧业，主要是为城市居民提供休闲旅游的场所，为中小学生提供教育基地，满足城市居民的精神文化需要。发展都市畜牧业，一要突出特色，明确都市型畜牧业在都市农业中的功能定位和发展方向。二要因地制宜，充分发挥各地的自然资源良好、文化独特、特色畜牧业发达等优势，与城市化进程相结合，开展各具特色的景观观光旅游。三要以丰富的畜牧业科研、教育和技术推广资源为依托，积极展示国内外优质畜禽品种和现代畜牧业科技。君乐宝优致牧场是发展都市型现代畜牧业的典型成功案例。

【学前思考】

1. 什么是现代畜牧业？
2. 国内外现代畜牧业的发展模式是什么？
3. 如何利用现代信息化技术促进现代畜牧业发展？

学习内容一　现代畜牧业的概念、特点及发展方向

一、现代畜牧业的概念

现代畜牧业作为一个历史性的概念，包括两方面含义：一方面是指畜牧业生产力发展到一定的历史阶段才出现的，就是说它是在现代科学和现代工业技术应用于畜牧业之后才出现的；另一方面是指现代畜牧业不是静止的，而是在不断发展变化的，随着科学技术的进步和生产力的发展，其内容和标准将会发生一定的变化。随着时间的推移和社会的进步，现代畜牧业的内涵也会不断地扩大。

现代畜牧业就是在传统畜牧业基础上发展起来的，用现代畜牧兽医科学技术和装备及经营理念武装，基础设施完善、营销体系健全、管理科学、资源节约、环境友好、质量安全、优质生态、高产高效的产业。

2004年12月30日，农业部副部长尹成杰在全国农业工作会议畜牧兽医专业会上发表讲话，在讲到现代畜牧业是现代农业的重要组成部分时，对现代畜牧业做了这样的描述：现代畜牧业是高产、优质、高效、生态、安全的畜牧业；现代畜牧业是专业化、规模化、集约化程度高，可控性强的畜牧业；现代畜牧业是技术密集、工程化程度高、科技含量高的畜牧业；现代畜牧业是实行饲料、养殖、加工、销售一体化经营的完整产业体系，商品化程度高、产品竞争力强的畜牧业。

二、现代畜牧业的特点

现代畜牧业以布局区域化、管理科学化、养殖规模化、品种良种化、生产标准化、经营产业化、商品市场化、服务社会化为特征。主要特点有：

（1）从生产到销售是一条龙。这为现代畜牧业生产提供了可靠的保障。

（2）高投入高回报。前期的场地建设、购入的大量优质饲草料、现代化设备及良种等虽然要投入大量的资金，但回报的是高效益。

（3）运用了现代管理技术。主要是现代管理模式及现代信息技术的应用，如全自动给料、饮水系统，电子耳标，疫病预警系统等。

（4）引入了循环经济和绿色经济概念。如利用畜禽粪便进行沼气发电、用沼气做饭等，生产绿色能源，变废为宝，既降低了污染，又产生一定的经济效益。

三、现代畜牧业的发展方向

以生态学、生态经济学、系统学、可持续发展理论为指导，以畜牧生态系统为研究对象，应用现代生物技术、信息技术、生物化学和生理学的研究方法与手段，开展集约化条件下的畜牧业生产体系中经济与生态良性循环以及对环境的影响研究，全面而又系统地进行畜牧业生产活动，使畜牧业生产向着高产、优质、高效和稳定协调的方向发展。

头脑风暴：现代畜牧业将如何发展?

课后实训：通过查阅文献及网页，掌握现代畜牧业的概念、特征，思考现代畜牧业的发展方向。

学习内容二　国内外现代畜牧业的发展模式

一、国外现代畜牧业的发展模式

现代畜牧业建设是一个系统工程，它涉及畜牧业基础设施更新、生产组织方式转变、经营主体素质提升、管理方式改进等多个方面，以及政府、畜牧企业、农牧民等多个主体层次，受资源、资本、劳动力和技术等因素的影响。由于自然经济条件差异较大，世界各国在畜牧业现代化过程中逐步形成了不同的发展模式和道路。

（一）现代草地畜牧业

主要是指以天然草地为基础，围栏放牧为主，资源、生产和生态协调发展的畜牧业类型。在这种发展模式中，草地是基本的生产资料，饲草是畜牧业发展的主要投入要素，草地资源相对丰富是现代草地畜牧业发展的关键因素，其典型代表主要有澳大利亚和新西兰。实行现代草地畜牧业的国家和地区，大都草地资源丰富、自然环境优越，澳大利亚和新西兰就素有“草地畜牧业王国”之称。澳大利亚国土面积有770多万 km^2，其中宜牧（农）草地就占国土面积的60%以上，其四周环海，气候温和，是牛、羊等草地畜牧业发展的天然区域。新西兰由南北两岛构成，土地面积有26万 km^2，草地面积有14万 km^2，其中改良草场有9.4万 km^2，天然草地有4.6万 km^2，以亚热带气候为主，降雨量为每年500~2 400 mm，降雨量受地形地貌影响很大，是牛、羊等草地畜牧业发展的天然区域。澳、新两国充分利用当地丰富的草地资源，大力发展现代草地畜牧业，使当地畜牧业逐步进入了规范化、低成本、高效益发展的现代化轨道。

（二）大规模工厂化畜牧业

主要是指以规模化、机械化、设备化为主要特征，精饲料、资本和技术密集投入的高投入高产出高效益畜牧业类型。典型代表主要以美国为主。地域广阔，土地资源丰富，劳动力资源紧缺和资金技术实力雄厚是发展大规模工厂化畜牧业的基本条件。土地资源丰富及劳动力资源紧缺共同构成了规模化、机械化和设备化大生产的充分和必要条件，规模化、机械化和设备化大生产为丰富的土地资源提供了高效的土地产出率，有效提高了稀缺劳动力资源的劳动生产率，同时也大大提高了资金和技术的使用效益。以美国和加拿大为例，土地资源丰富、劳动力资源紧缺是其基本国情，同时，又具有雄厚的资金和技术实力，畜牧养殖场规模呈现越来越大的趋势。美国每个奶牛农场的养殖规模都达到100头以上，生猪养殖场年出栏2 000头以上，养鸡场平均饲养只数已超过1 000万只。目前，美国畜牧业正向智能化、信息化的方向不断发展。

（三）适度规模经营畜牧业

主要是指规模适度、农牧结合、环境友好的畜牧产业模式，其典型代表主要有荷兰、德国和法国等畜牧业发达国家。这些国家地形以平原为主，气候为温带海洋性气候，比较适合畜牧业发展。大部分国家草地资源虽然比较丰富，但与澳大利亚、新西兰等国家相比仍显得比较贫乏；耕地资源也相对丰富，但与美国相比，规模仍然偏小；同时也受到劳动力资源的限制。因此，受其自身土地、劳动力等资源因素的影响，大部分欧洲国家畜牧业没有走类似澳大利亚、新西兰以发展草地畜牧业为主的道路，也没有走类似美国的大规模工厂化畜牧业为主的道路，而走了一条适度规模经营、种植业与畜牧业相结合、环境友好的道路。在荷兰，大部分畜牧业农场的饲养规模，奶牛主要以 50~100 头为主，生猪以 700 头为主，蛋鸡以 3 000 只为主。为了防止由于规模化养殖带来的畜禽粪便污染，政府逐步规定畜禽粪便送到大田或草地，施入土壤中。对于过剩粪肥，政府制定了粪肥运输补贴计划和脱水加工成颗粒状肥料，有的加入部分元素，成为专用性很强的肥料。

（四）集约化经营畜牧业

主要是指针对土地资源稀缺，以资金和技术集约为主要特征的畜牧业发展类型，日本、韩国及我国的台湾地区的畜牧业就是最为典型的案例。这些国家或地区的共同特点是，人多地少，经济和科技水平较高，畜牧业资源相对贫乏，畜牧业发展受自然资源约束比较明显，畜牧业发展主要以家庭农场饲养为主，发展适度规模，进行集约化经营。以日本为例，随着经济的快速发展，其畜牧业也逐步走向规模化集约经营。具体表现是从事畜牧业的农户数逐年减少，经营规模适度扩大。

二、我国现代畜牧业的主要发展模式

我国各地畜牧业生产条件和发展水平有很大差异，现代畜牧业的发展模式和实现形式也必须根据不同地域采取不同的形式。

（一）农区现代畜牧业建设模式

农区是我国重要的商品粮生产基地，农作物副产品及秸秆资源非常丰富，为发展畜牧业提供了丰富的饲料资源，饲养畜禽种类繁多且数量巨大，是我国现代畜牧业建设的主体。由于我国农区面积很大，不同饲养方式并存，中、东、西部地区间畜牧业发展极不平衡，各地现代畜牧业建设模式也有所区别。

1. 东部“外向型”现代化畜牧业

东部地区地理位置优越，畜牧业生产组织化、规模化、标准化程度比较高，一直是我国主要的畜产品出口基地，但劳动力和土地资源相对紧张，饲料资源相对缺乏，应大力发展外向型畜牧业，充分利用地区优势，努力提高畜产品质量，扩大出口规模，率先在全国实现畜牧业现代化。

大力发展外向型畜牧业，一要继续加快无规定动物疫病区建设，完善无规定疫病

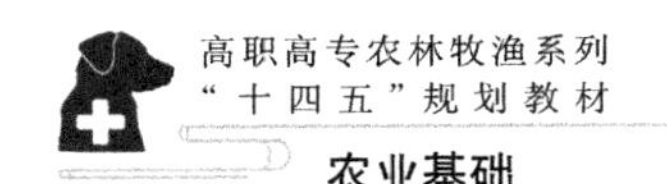

区管理规定及技术规范，尽快完成对无规定疫病示范区国家评估，争取国际认证，引导和带动其他有条件的东部地区按照标准建立无规定疫病区。二要加强对兽药、饲料添加剂等投入品的管理，尽快完善畜产品兽药及有害化学物质残留检测方法，建立与国际标准接轨的畜产品生产标准体系，加大标准的推广应用力度，提高生产者的质量标准意识和应用能力。三要大力推行畜产品全程质量控制生产模式，积极建立质量可追溯制度，提高畜产品质量，大幅度提高无公害、绿色和有机畜产品认证率，饲料生产、畜产品加工和畜禽水产养殖企业要尽快通过 HACCP、ISO 等质量管理体系认证，并积极开展饲料作物种植生产过程的 GAP 认证。四要充分发挥龙头企业、农民合作组织与行业协会的作用，提高组织化水平和政府、企业、生产者和行业协会之间的协调能力，政府职能部门要通过积极为出口企业提供信息和咨询等相关服务，建立畜产品出口“绿色通道”。

2. 中部“农牧有机结合型”现代畜牧业

中部地区是我国主要的粮食主产区，同时还有大量的草山和草坡，饲料资源比较丰富，是我国重要的畜产品生产和加工基地，是满足国内畜产品需求的主力军，但在转变畜牧业生产方式和提高产业化发展水平等方面还亟待提高，应大力发展“农牧有机结合型”畜牧业，充分发挥资源禀赋优势，逐步实现畜牧业现代化。

发展“农牧有机结合型”现代畜牧业，一是要充分利用丰富的农作物秸秆和饲草资源，积极推动从以生猪饲养为主的耗粮型传统畜牧业向猪、禽、牛、羊并重的节粮型畜牧业的转变，同时大力发展以秸秆养畜、畜禽粪便资源化利用为核心的循环经济，推动农民生活和畜牧业生产方式的转变。要结合社会主义新农村，加大对散养农户养殖设施的改造以及饲养小区和大型规模化养殖场的污染治理力度。重点散养农户的改圈、改厕工作，大力扶持和规范养殖小区发展，妥善处理畜禽粪便和污水，积极发展沼气，净化养殖环境。二是重点抓好农户散养中疫病防疫问题，强化基层动物防疫基础设施和队伍建设，大力提高基层兽医从业人员的专业能力和水平，加强重大动物疫病的强制免疫和定期检测工作，提高免疫密度，降低畜禽死亡率。三是针对我国中部农区畜禽养殖以农户分散为主体的实际情况，大力扶持农民合作经济组织，推广“龙头企业+农户”等产业化模式，充分发挥龙头企业的带动作用，提高畜牧业生产的组织化、产业化水平。

3. 西部“特色型”现代畜牧业

西部农区地域辽阔，资源丰富，但畜牧业发展相对落后，随着我国西部大开发战略的实施，畜牧业发展环境得到很大改善，特色畜牧业发展态势逐步显现。

发展西部农区“特色型”现代畜牧，一要积极利用地区资源，充分发挥地区优势，加快畜种改良，实施舍饲圈养和集中育肥，大力发展奶牛、肉牛和肉羊养殖。二要加强优质牧草育种，尽快筛选适宜大面积推广的优良品种，满足生产需求；充分利用丰富的自然条件，开展人工种植优质牧草；推广“公司+合作组织+农户”等产业化经营模式，探索草业产业化发展模式，满足畜牧业发展对饲料资源的需求。三要积极开展西部特色畜产品的无公害、有机、绿色认证，同时借鉴国际先进管理经验，建立特色畜产品原产地保护制度，保证质量和特色，提高附加值。四要积极开展倡导特色畜产品的生产基地建设，抓好基地标准化示范和技术推广，以标准化推动优质化、规模化、产业化、市场化。

（二）城郊现代畜牧业建设模式

城郊畜牧业指在城市郊区和大型工矿区周围地区，主要满足城市和工矿区居民对肉、蛋、奶等畜产品需要而发展起来的畜牧业，城郊畜牧业生产条件较优越，饲料来源广且丰富，劳动力充足，科学技术力量雄厚，以肉、禽、蛋、乳等商品性生产为主，集约化、专门化经营程度比较高，商品量大，商品率高，但饲料和人力成本较高。随着城市郊区的开发，城郊畜牧业提出较高的环保要求，土地成本和环保费用大幅提高，所以应稳步推进优质鲜活畜产品生产的现代化，大力发展资本技术密集型的畜牧业，同时结合城市化推进，积极发展景观畜牧业。

1. 优质鲜活型现代畜牧业

发展优质鲜活型城郊现代畜牧业，主要是为了充分满足城市居民日益增长的对某些鲜活畜产品需求的一种高投入、高产出、高效益的环保型畜牧业。发展优质鲜活型城郊现代畜牧业，首先要根据城市功能分区和城市居民对鲜活畜产品的需求，制定严格的畜产品区域布局规划，突出发展节粮型优质高产奶业，适度发展猪禽牛羊养殖，尽量满足城市居民对于肉类、禽蛋、鲜奶等畜产品的需求。二要大力发展绿色和有机畜产品生产，加强饲养管理和疫病监测，加强屠宰管理和冷链体系建设，确保为城市居民提供丰富的优质安全畜产品。三要大力加强养殖场环境治理工作，实行畜禽粪污的无害化处理。

2. 高科技现代畜牧业

各城市郊区要充分发挥城市资金和科技的优势，积极发展畜禽良种繁育、新型兽药和饲料添加剂研发和畜牧生产加工设备制造，这对全国现代畜牧业的发展起支撑、引领作用。

3. 都市型现代畜牧业

发展都市型畜牧业，主要是为城市居民提供休闲旅游的场所，为中小学生提供教育基地，满足城市居民的精神文化需要。发展都市畜牧业，一要突出特色，明确都市型畜牧业在都市农业中的功能定位和发展方向。二要因地制宜，充分发挥各地的自然资源良好、文化独特、特色畜牧业发达等优势，与城市化进程相结合，开展各具特色的景观观光旅游。三要以丰富的畜牧业科研、教育和技术推广资源为依托，积极展示国内外优质畜禽品种和现代畜牧业科技。

（三）牧区现代畜牧业建设模式

我国牧区多为海拔 1 000~5 000 m 之间的高原和山地，一般冬春枯草期长，夏秋青草期短，冬春牧草缺乏，造成牲畜冬瘦春死亡，严重影响牧业的稳定发展，草场产草量和载畜能力也存在着地区差异，且丰年和歉年变化很大，同时我国牧区多地处偏远，经济文化发展相对落后，交通运输、水电等基础设施薄弱，畜牧业产业化发展也受到较大限制。由于牧民地超载过牧和环境恶化，草原“三化”日益严重，而我国牧区的地理位置非常重要，多处于大江大河的源头，如果继续恶化，将影响我国的生态环境安全，因此各地必须大力发展生态型草原，适度发展经营型草地畜牧业。

1. 生态型草原畜牧业

对于草地生态环境严重恶化的牧区，其草地畜牧业必须尽快从由经济功能型向生态功能型转变。所谓生态型畜牧业主要是指效益优先型畜牧业，其主要特点是以加强草原保护和合理使用草原为目标，以实施以草定畜、舍饲圈养等手段，以追求生态效益为主、经济效益为辅的畜牧业。建设生态型草地畜牧业，一要树立草原生态效益优先意识，加大退牧还草等生态工程建设，积极探索生态效益补偿机制，大力提高牧民从草原生态保护和建设中的所获得的份额。二要积极落实草原保护制度、草畜平衡制度和禁休牧制度，实施减畜、以草定畜制度。三要实施品种选育和良种引进繁育，推广舍饲半舍饲养殖，减少家畜饲养年限，加快出栏。四是对居住在海拔高、环境恶劣的草原牧民要实施生态移民工程，对定居点要合理规划，健全社会化服务体系，解除牧民的后顾之忧。

2. 经营型草原畜牧业

在草原保护和建设有一定基础，草地资源比较丰富，生态环境相对较好的地区，则要适度发展经营型草原畜牧业。经营型草原畜牧业是指龙头企业以畜产品加工产业链为纽带，向牧民提供资金、技术和营销等服务，进而带动草地畜牧业生产，尽快实现由粗放经营向集约经营转变，由数量型牧业向质量效益型牧业转变的一种发展模式。

发展经营型草原畜牧业，一要加强草原基础设施建设，大力发展饲草料基地、草场围栏封育、家畜越冬棚圈建设。二要大力发展高效舍饲畜牧业，建立无公害畜产品生产基地。三要大力发展以农畜产品精深加工为重点的龙头企业，带动草原畜牧业组织化、产业化发展。四要加快建立肉食、皮毛、畜禽等系列加工体系，搞好畜产品的延伸加工，全方位推进产业化发展。

头脑风暴： 国外现代畜牧业的发展模式对我们有什么启示?

课后实训： 查找国内外现代畜牧业发展的案例并进行分析。

学习内容三　畜牧业信息化

一、畜牧业信息化的内涵

畜牧业信息化是指通过对信息和知识及时、准确、有效地获取、处理，准确地传递到农民手中，实现畜牧业生产、管理、畜产品营销信息化，大幅度提高畜牧业生产效率、管理和经营决策水平的过程。它不仅包括计算机技术，还应包括微电子技术、通信技术、光电技术、遥感技术等多项信息技术在畜牧业上普遍而系统应用的过程。畜牧业信息化又是传统畜牧业向现代畜牧业演进的过程，表现为劳动工具以手工操作或半机械化操作为基础到以知识技术和信息控制装备为基础的转变过程。

（一）生产管理信息化

畜禽养殖是畜牧业生产的首个环节，除此之外，畜禽产品加工、饲料兽药、畜牧机械设备以及草原牧草的种植等都是畜牧业的必需环节。因此，生产管理信息化涉及的范围十分广泛。养殖生产信息化的目标是收集养殖过程中产生的各种数据和信息，通过对这些信息的分析处理，发现动物个体的生理特点、生产性能、遗传特性、健康状况等，根据动物的不同特点制订提高性能、降低成本及减小风险的措施和方案。根据养殖中的几个关键环节，实现养殖生产过程信息化主要涉及育种、疾病诊疗、饲料配方及日常饲养管理等方面。

1. 育种信息化

遗传改良中最主要的问题是畜禽个体的遗传性状、生产性能、生长情况等。对于遗传评定可将一些先进的计算方法整合到程序中，从而最大限度地运用遗传数据，降低产生的偏差，提高遗传评定的准确性。生产性能方面的指标十分繁杂，利用计算机可对这些数据进行有效的管理，此外一些图像资料（如动物个体的照片）可直接转化为数字化资料，通过对图像的分析评价出该个体的性能。提高动物育种能力的另一个主要方式就是充分利用其他单位的种质资源进行联合育种，但只有实现良种资源的数据共享才有可能解决这一问题，网络技术为数据的共享提供了可能。

2. 饲料配方信息化

不同的动物种类、不同的动物个体对营养的需求是不同的，而每种饲料又具有各自的成分比例，因此如何配制饲料一直是养殖企业最为关心的问题。由于饲料配方中需要考虑的因素十分多，手工计算配方的方式基本被淘汰，目前多数都采用饲料配方软件，利用饲料配方软件可使复杂的线形规划变成简单的实用计算技术。

3. 饲养管理信息化

在养殖管理过程中需要利用信息技术帮助管理者完成三方面的工作。其一，利用必要的设备采集、检测生产过程中产生的数据，例如，个体编号、产奶量、DHI、饲喂量等；其二，要利用计算机软件对产生的数据进行管理，并进行必要的提示，防止工作遗漏和失误；其三，要利用计算机中整合的算法、模型对生产数据进行分析，为管理者直接提供有关生产效率方面的信息，并对未来的生产情况进行预测以便于管理者制定相应的决策。饲养管理主要包括繁育管理、饲喂管理、疾病管理、生产资料管理、产品管理等方面。此外在硬件方面还包括自动体重记录系统、自动产奶量记录系统、自动产蛋记录系统、自动个体采食量记录系统等。

4. 疾病智能化辅助诊疗

疾病诊疗是养殖生产中的一个关键环节，疾病直接影响到养殖场的生存，因此十分有必要提高疾病诊疗的准确性与效果。目前利用专家系统技术研制的疾病诊疗智能系统在一定程度上可提高养殖场兽医的诊疗水平，这已成为养殖信息化的重要组成部分。

（二）养殖经营管理信息化

无论养殖场、乳品企业、肉业，还是销售企业都涉及经营管理的问题，而且性质也是相同的。生产管理是从技术的角度提高生产效率，而经营管理是从管理的角度提高效益。经营管理的基本任务是如何合理地组织生产力，使供、产、销各个环节相互衔接，密切配合，人、财、物各种要素合理结合，充分利用，以尽量少的劳动消耗和物质消耗，生产更多的产品。实现经营管理的信息化就需要打通各个环节，例如，利用网络、调研等途径获得的供求信息才能进行经营预测和经营决策，并确定经营方针、经营目标和生产结构；对于企业而言，除了一些管理制度无法实现数字化管理之外，设备管理、物资管理、生产管理、技术管理、质量管理、销售管理、财务管理等都需要利用计算机进行，并利用管理软件的分析、预测等功能制定更客观的决策。

（三）畜牧业市场流通消费信息化

无论畜禽产品市场、畜种市场，还是饲料原料市场、兽药市场都始终处于周期性波动之中，而且振幅往往很大，养殖业经常出现宰杀母猪、烫死雏鸡、倒掉牛奶的现象，出现这种现象的一个主要原因是信息缺乏，导致产品流通环节出现障碍。因此，要专门建立畜牧信息系统，利用系统及时将农畜产品的价格、销售、库存、运输、进出口等动态信息，通过网络对外发布，从而实现在全省，乃至全国地方政府、交易所、研究所、大企业、饲料厂之间的信息共享，并提供不同产品的预测、预报服务，避免盲目生产出现的弊端，这样可在很大程度上避免供求失衡的问题。

（四）畜产品消费信息化

畜产品消费信息化主要是指质量安全可追溯系统的建设。畜牧业的最后一个环节就是消费，近年来我国频繁发生的畜禽产品质量问题对畜牧业的影响十分巨大。为此我国于2006年开始实施畜产品安全追溯体系工程建设。畜产品安全追溯体系工程就是要建立行之有效的科学管理畜产品的生产、加工、流通过程体系，实现畜产品“从饲养地到餐桌”的全程质量控制，这已成为全球食品管理范畴的一个重要课题。

畜产品安全追溯体系工程总体包括：畜禽标识申购与发放管理系统、动物生命周期各环节全程监管系统、畜禽产品质量安全追溯系统三部分。

畜禽产品安全追溯体系中的核心技术就是信息采集技术，如用于畜禽个体识别的 RFID 技术，通过无线射频信号自动识别目标对象并获取相关数据，可以工作在各种恶劣环境，可识别高速运动物体，可同时识别多个标签。利用 RFID 电子标签可存储动物个体在养殖、屠宰分割、销售过程中的数据。

利用质量安全可追溯系统，消费者就可以查询到所购畜产品的全部历史数据。对于质量安全的监控，除了技术方面的问题外，更需要国家及政府出台相应的政策和法规进行强制执行，建立由农业农村部主管，经济、金融、食品卫生安全署、国家卫生安全委员会协同监管的机制。农业农村部内设的兽医局是全国畜产品质量追溯工作的主管行政机构，专门负责畜产品质量标准制定及相关法规制定，实施宏观监督管理。

（五）畜牧业宏观调控信息化

近年来，市场化运作方式促进了畜牧业的快速发展，我国已经初步建立了基于商品经济的畜牧业发展模式，在这种体制下，生产取决于市场的需要，资源得到更加有效的配置。但市场机制也存在着很大的不足之处，主要表现在盲目性、滞后性、自发性等方面，由于这些缺陷往往会引起经济波动甚至经济危机，再加上畜牧业受自然因素影响较大，畜产品产量年际间波动性较大等问题，畜牧业的发展存在很大的不稳定性。因此政府部门十分有必要从更高的层面、从全局的角度对畜牧业的发展进行宏观调控。除了产业结构方面的问题之外，由于畜牧业可能对环境的破坏作用，畜禽疾病可能对人类造成的危害作用等都需要从宏观的层面进行控制，防止畜牧业在经济上的被动发展、在环境上的破坏性发展以及不注重整体防疫的自由发展。

在技术的层面，政府对国家或区域内的畜牧业进行调控的前提是掌握畜牧业发展现状，了解饲料原料、种畜、畜产品等各个方面的供需，了解畜禽疫病流行情况，政府才能制定科学、客观的调控决策。而对全国畜牧业发展数据进行管理的最好方法就是利用现代信息技术。建立国家和区域层面的畜牧业发展规划信息系统，建立国家畜牧业发展基础数据库，通过采集、存储、分析养殖、流通、资源、环境、疾病等各方面的数据，掌握畜牧业发展的现状，预测各方面的变化趋势，从而制定客观、科学、及时的宏观调控决策。

美国组建了全球农业信息服务器。连接的数据库有美国政府农牧业供求及价格信息、大量农业资源和各个大学信息、政府资源及国际贸易信息，拥有 600 个以上的农牧业生产者行业协会信息、1 万多个美国大型农牧场信息，还有全世界和各地区的天气信息，大量的数据可在各个主体之间共享。在我国，2008 年农业部开通全国畜牧业统计监测系统，重点对畜禽产品进行生产统计监测。现在有很多省份已经建立了畜牧业数据库，但还没有形成统一的畜牧业乃至农业计算机网络服务功能，其共享性较差，畜牧业信息化仍有大量的工作要做。

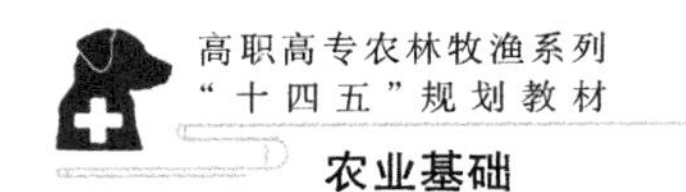

二、国外畜牧业信息化发展历程和现状

美国及西欧国家的畜牧业经历了产业集中，在市场规模变大的同时，企业数量变少，大企业的市场份额增加的阶段。产业集中带来了规模经济，同时规模达到一定程度后才能普及先进模式和技术，从而在扩大公司规模的同时，畜牧业信息化开始启动并快速发展。

世界畜牧业信息化与自动化的发展大致经过 3 个阶段：第一阶段是 20 世纪五六十年代的广播、电话通信信息化及科学计算阶段；第二个阶段是 20 世纪七八十年代的计算机数据处理和知识处理阶段；第三个阶段是 20 世纪 90 年代以来畜牧业数据库开发、网络和多媒体技术应用、畜牧业生产自动化控制等的新发展阶段。

美国自 20 世纪 70 年代以来将计算机应用逐步推广到农场范围。典型的农业信息化系统有：1975 年，美国内布拉斯加大学创建了 AGNET 联机网络，现在已发展成为世界上最大的农业计算机网络系统；美国国家农业图书馆和美国农业部共同开发的 AGRICOLA；信息研究系统 CRIS 可提供美国农业所属各研究所、试验站和学府的研究摘要。

在美国政府决定建设“信息高速公路”后，计算机网络技术正在美国畜牧业领域迅速普及，许多畜牧业公司、协会、合作社和养殖场都在使用计算机及网络技术。以互联网为代表的计算机网络技术被应用于畜牧业领域，使畜牧业生产活动与整个社会紧密联系，可以充分利用社会资源解决生产过程中的困难，使畜牧业生产社会化进入了一个新阶段。现在所有的畜禽饲料生产流程都实现了自动控制，包括猪场养殖环境中的温度、湿度、空气质量自动控制，自动送料和饮水，自动产品分检和运输，猪发情、配种、分娩、死亡自动监测与管理，猪种退化以及最佳良种替代的计算机联合育种与管理，畜禽溯源追踪和畜禽产品流通过程中的网络化和规模化等。大型奶牛场使用挤奶机器人，利用射频扫描、红外感知和自动计量等先进信息技术，对奶牛实行个性化的挤奶管理、计量和饲喂的智能管理。大型养鸡场利用环境监控、预警和报警系统实现对鸡舍环境的智能控制，并采用自动饲喂系统，提高鸡场的自动化管理水平。

日本的计算机畜牧业应用始于 20 世纪 60 年代，依靠计算机为主的信息处理技术和通信技术，推进高效畜牧业的发展，畜产品流通的合理化，增加农村地区的活力，促进了畜牧业信息化发展。在 20 世纪 80 年代，日本农林水产省就“人工智能与农业”专门组织了一个调查委员会，列出了知识工程在农业中应用的一整套实施项目。

在日本，信息技术应用广泛，已全面进入农场和农户。计算机不仅在畜牧业的产前、产中、产后各个环节广泛应用，而且从事畜牧业的研究和管理人员都广泛应用计算机和网络技术。日本计算机网络化程度相当高，有全国远程通信网、校园网、区域网等，基本上实现了信息资源共享。日本农林水产省的统计情报部与全国 100 个批发市场联机，每天向各级农协提供畜产品价格、产地、市场销售等信息。日本各县还建立了农业和畜牧业科技情报系统，通过与用户联机，提供畜禽品种、疫病情况、特产品和新技术开发方面的情况。在日本农业接班人不足、农业相对落后的情况下，政府为解决国民的厌农情绪，提出乡村城市化、农村工厂化的设想。因此，农业和畜牧业工厂化、智能化生产已成为日本农业追求的目标。

荷兰在畜禽养殖基础设施以及温室种植方面的信息化工作水平处于世界前列。荷兰的科研人员在很早就应用数字化技术，在奶牛自动饲养管理系统 Porcod 系统的基础上研发成功了母猪自动饲养 Velos 管理系统。

三、我国畜牧业信息化发展历程和现状

我国信息技术和自动化在农牧业中的研究应用虽起步较晚，但发展较快。20 世纪 80 年代以来，我国开展了系统工程、数据库与信息管理系统、遥感、专家系统、决策支持系统、地理信息系统等技术，应用于农业、牧业、资源、环境和灾害方面的研究，已取得一批重要成果，不少已得到应用，有些已达到国际先进水平。如中国农业科学院草原研究所应用现代遥感和地理信息技术建立了中国北方草地、草畜平衡动态监测系统。

我国与世界各国一样，畜牧业信息建设与利用也是从单机到网络的一个发展过程。在单机应用方面，主要用于生产管理和决策应用。我国畜牧业充分利用以计算机为核心的信息资源优势，走畜牧业现代化和信息化的道路。现在很多有实力的公司已经开发了农牧场管理系统、育种分析系统、数据分析系统、专家系统、决策支持系统等，很多系统已经在具有规模化的大企业广泛应用，为我国的畜牧业信息化建设起到了积极的推动作用。

《全国畜牧业“十五”计划和 2015 年远景目标规划》中对我国畜牧业信息化建设提出了总体目标和要求，即“按照农业信息化的总体要求，全面推进畜牧业信息化，使之成为畜牧业发展的重要支撑”。

“十一五”期间，畜牧业生产结构进一步优化，整体科技水平和综合生产能力显著增强，畜牧业科技进步贡献率提高到50%以上，初步建成包括良种繁育、动物疫病控制、饲草饲料生产、畜产品安全、草原生态保护在内的相对完善的畜牧业支撑保护体系，规模化、标准化、产业化程度进一步提高，畜牧业继续向技术集约型、高效节粮型和环境友好型转变，形成现代畜牧业生产体系雏形，草原生态恶化的趋势得到初步遏制。

《全国畜牧业发展“十二五”规划》中在描述重大政策时提到要加大财政支持力度，强化金融保险政策支持，健全完善畜牧业监测预警及宏观调控机制等内容。在战略重点中指出，必须统筹考虑，重点突破，加快推进现代畜牧业建设。

当前，我国畜牧业生产方式正在发生深刻的变化，小规模分散饲养正在向规模

化、集约化、标准化饲养方式转变，畜牧业正处于从传统畜牧业向现代畜牧业转变的关键时期。畜牧业信息化的建设暂时还处于探索和未成型的阶段，信息化服务共享标准、共享原则和数据标准仍未形成全国统一的规范，同时，信息数据来源复杂，给信息服务共享带来一定的难度。但是，总体上，我国畜牧业发展呈稳定增长的态势，产业地位和作用将更加突出，建设集约化专业化和优质高效的现代畜牧业已经成为必然。畜牧业成为建设现代农业的关键和突破口，渴望在农业中率先实现现代化。未来在畜牧业信息化进程中，逐步应用“3S”系统，控制畜牧业系统的运行，实现精细畜牧业生产。

四、畜牧业信息化技术的应用

早期信息技术主要将目标规划、线性规划等数学优化模型应用于畜牧生产，继而开始计算机软件饲料配制的应用并成功将其商业化。随着科技革新并不断被应用于基层生产实践，畜牧业信息化的研究不断推进，目前已经逐步涉及畜禽养殖的各个环节。

（一）建立饲养档案，规范饲养过程

目前的规模化养殖一般采用“全进全出”制度。由于同一批次的动物大多在同一栋圈舍饲养，用料用药也基本一致，采用信息系统将用药情况、用料情况和检疫免疫等信息详尽记录，建立相关数据库，形成电子档案。记录与存储关于畜禽个体与群体的生产性能等方面的信息，通过分析计算，从而有针对性地制订并及时根据新信息调整生产计划。另外，还可细化到不同饲养员在不同圈舍的操作时间，使规范操作有据可依，创造出一个透明高效的管理平台。根据信息系统所储存的数据资源，分析畜禽对营养物质的需求、饲料市场价格的变动、饲料的库存量等条件，根据饲料的规定用量范围等约束条件，利用计算机信息系统，给出建议的饲料饲养配备方案，并优选出最佳配方。在饲养管理环节，在畜禽生产的不同阶段和状态下，利用计算机控制的自动给料系统，调整饲料营养水平，还可根据个体差异调整饲喂量，减轻了繁重的人工劳作，提高了生产效率。

（二）评估生产效益，规范管理措施

运用计算机仿真功能，根据不同养殖场建立生产函数，以评估动物生产性能。如运用数学模型与仿真技术，评估出对核心牛群各繁殖周期采取不同管理策略能得到的净收益情况；又如运用确定性数学模型，模拟出羊不同生长阶段的遗传参数和管理制度对产毛性能的影响情况。由于畜禽产品市场价格会随着需求与供应产生周期性波动，近几年多次出现买难卖难的现象，养殖户可根据畜牧信息数据系统分析饲料、活畜和畜产品的需求价格、销售库存、进出口、运输等动态信息，进行市场预测和生产决策，避免盲目性生产。

（三）防控动物疫病，提供辅助诊断

根据动物检疫、疫病监测等途径的监测信息，利用信息技术建立起动物疫情普查、疫病监测、疫情上报的早期预警系统。一旦发现疫情，立即寻找源头，迅速控制疫情扩散是动物疫病的防控关键，是动物疫病防控工作的有效措施之一。采用数据分析技术对相关疫情诱因参数进行分析、整合和判断，建立预测和诊断模型，并制订出早期报告。当发生疫情病情，立即对感染个体进行实时监控，并开展流行病学调查取样分析，根据信息系统分析潜在危害，及时防止病情扩散，发出预警信号，利用计算机信息系统及时向有关部门上报，实施具体应对准备和处置，预防疫情暴发。

（四）记录动物行为，提高畜禽福利

畜禽福利包括单位个体生活空间大小、需求饲喂水平、健康卫生等方面，可通过信息采集系统将健康状况、排泄物、求偶行为、体温调节水平等以数据列表的形式储存，根据不同的生理阶段这些因素的变化，划分成不同等级的指标，构建 SOWEL 计算机模型，便能对畜禽整体福利状况进行客观评判。如可采用电子耳标，自动获取猪在不同畜舍小环境下的行为数据，来分析猪的行为与环境之间的关系，可以为调整饲养管理方案提供极强的参考价值。

（五）储备遗传资源，制定优育方案

现代遗传育种理念开始收集和储存数量庞大的畜禽遗传数据，利用信息技术，调查、评估、保存、管理畜禽遗传资源，通过先进统计学计算方法，寻找最优育种方案。畜牧业信息系统的建立，能广泛而全面地收集储备品种资源，再结合市场需求信息，从更大的范围中寻找并培养出品质高、适应性强、符合人类需求的畜禽品种，甚至可以通过资源共享平台，进行品种的联合培育。

（六）储存生产信息，构建追溯体系

伴随人们对生活质量的高要求，食品安全被广泛关注。畜禽产品一旦发生安全危害，追溯其根源，及时将其危害控制在最小范围，成为畜牧业信息系统构建的主要任务之一。养殖管理过程主要分为：育种引种、饲养管理、疾病防控、销售管理等几部分。畜禽产品又涉及：饲养管理、供应商管理、饲料管理、屠宰加工、管理产品库存及销售管理等多个方面。将这些不同阶段的信息录入追溯管理系统，制订出切实可行的追溯方案，以确保能在不同环节进行排查，最终实现追溯的可能，实现畜禽食品安全有据可依。

头脑风暴：如何将人工智能运用于现代畜牧业？

课后实训：利用信息技术，探索畜禽养殖溯源平台构建。

【学习任务小结】

现代畜牧业就是在传统畜牧业基础上发展起来的，用现代畜牧兽医科学技术和装备及经营理念武装，基础设施完善、营销体系健全、管理科学、资源节约、环境友好、质量安全、优质生态、高产高效的产业。

现代畜牧业是现代农业的主要组成部分，它以布局区域化、养殖规模化、品种良种化、生产标准化、经营产业化、商品市场化、服务社会化为特征，以生态学、生态经济学、系统学、可持续发展理论为指导，以畜牧生态系统为研究对象，应用现代生物技术、信息技术、生物化学和生理学的研究方法与手段，开展集约化条件下的畜牧业生产体系中经济与生态良性循环以及对环境的影响研究，全面而又系统地进行畜牧业生产活动，使畜牧业生产向着高产、优质、高效和稳定协调的方向发展。

现代畜牧业建设是一个系统工程，它涉及畜牧业基础设施更新、生产组织方式转变、经营主体素质提升、管理方式改进等多个方面，以及政府、畜牧企业、农牧民等多个主体层次，受资源、资本、劳动力和技术等因素的影响。由于自然经济条件差异较大，世界各国在畜牧业现代化过程中逐步形成了不同的发展模式和道路。我国各地畜牧业生产条件和发展水平有很大差异，现代畜牧业发展模式和实现形式也必须根据不同地域采取不同的形式。

畜牧业信息化是指通过对信息和知识及时、准确、有效地获取、处理，准确地传递到农民手中，实现畜牧业生产、管理、畜产品营销信息化，大幅度提高畜牧业生产效率、管理和经营决策水平的过程。它不仅包括计算机技术，还应包括微电子技术、通信技术、光电技术、遥感技术等多项信息技术在畜牧业上普遍而系统应用的过程。畜牧业信息化又是传统畜牧业向现代畜牧业演进的过程，表现为劳动工具以手工操作或半机械化操作为基础到以知识技术和信息控制装备为基础的转变过程。

随着科技革新并不断被应用于基层生产实践，畜牧业信息化的研究不断推进，目前已经逐步涉及畜禽养殖产业的各个环节。

【复习思考】

1. 现代畜牧业的概念是什么？现代畜牧业的特征有哪些？
2. 现代畜牧业的发展方向是什么？
3. 城郊现代畜牧业建设模式有哪些？
4. 信息化技术应用在畜牧业的哪些方面？

学习任务六 现代林业发展

【学习目标】

1. 知识目标：掌握现代林业的概念；掌握现代林业发展的趋势。

2. 能力目标：了解世界及中国林业的发展现状；了解现代科学技术在林业方面的应用。

3. 态度目标：培养学生语言组织、自主探究、勤于思考的多方面能力；培养学生具备辨证思维能力和可持续发展生态道德观和价值观。

【案例导入】

八步沙见证一份绿色的承诺

20世纪80年代初，甘肃省古浪县六位普通的老汉，在承包沙漠的合同书上摁下手印，誓将沙漠变绿洲。38年过去，六位老汉和他们的后代，带领群众治沙造林21.7万亩，植树4 000万株，形成了牢固的绿色防护带，拱卫着这里的铁路、国道、农田、扶贫移民区。八步沙林场“六老汉”三代人治沙造林先进群体被中宣部授予“时代楷模”称号，引起强烈的社会共鸣和反响。

在多年的治沙实践中，八步沙的治沙人从最初探索“一棵树，一把草，压住沙子防风掏”的治沙土办法，到创新应用“网格状双眉式”沙障结构，再到全面尝试“打草方格、细水滴灌、地膜覆盖”等新技术（图6.0.1），从防沙治沙、植树造林到培育沙产业、发展生态经济，因地制宜，勇于探索，以不服输的闯劲和拼劲，走出了一条“以农促林、以副养林、农林并举、科学发展”的路子。如今，八步沙人通过坚持科学治沙与科学管护相结合，使昔日黄沙漫

图6.0.1　八步沙草方格压沙现场

天、环境恶劣的沙地贫困林场发展成为一个物种丰富、环境优美、生机盎然的沙漠林场。

新时代的八步沙人，通过引进市场机制，完善经营管理，成立了古浪县八步沙绿化有限责任公司，先后承包实施了国家重点生态功能区转移支付项目、三北防护林等国家重点生态建设工程，并承接了国家重点工程西油东送、干武铁路等植被恢复工程。

随着治沙脚步的不断延伸，八步沙人在实践中探索出“公司+基地+农户”的产业发展模式，在古浪县黄花滩移民区流转1.25万亩土地，种植梭梭嫁接肉苁蓉、枸杞、红枣等沙生作物。他们将治沙与产业培育、精准扶贫相结合，建立多方位、多渠道利益联结机制，实现在治沙中致富、在致富中治沙。

“绿水青山就是金山银山”。八步沙人对未来充满信心，他们的目标正从最初的护卫家园向建设美丽家园转变。近年来，八步沙的治沙人发挥八步沙林区优势，发展林下经济，与周边农户合作成立了林下经济养殖专业合作社，修建鸡场养殖沙漠土鸡。为了打造特色品牌，向外推广产品，年轻的治沙人向当地餐厅、酒店推销沙漠土鸡，并注册了“八步沙溜达鸡”商标，线上线下同时销售。经过一年多努力，“八步沙溜达鸡”在当地家喻户晓。去年春节前后，订单供不应求，5 000多只土鸡一个月就销售一空。

【案例分析】

沙漠化是环境退化的现象，产生沙漠化的自然因素主要是干旱，但不得不承认，在亚干旱地区、亚湿润地区，沙漠化是人类不合理的经济活动造成的，比如过度放牧、过度垦殖、过度樵采和不合理地利用水资源等。

在严峻的环境下，八步沙林场“六老汉”三代治沙人历经38年，带领群众治沙造林21.7万亩，植树4 000万株，让八步沙林场管护区内林草植被覆盖率由治理前的不足3%提高到现在的70%以上，形成了一条南北长10 km、东西宽8 km的防风固沙绿色长廊，确保了干武铁路及省道和西气东输、西油东送等国家能源建设大动脉的畅通。其核心，就是以科技带动林业发展、以产业带动规模治沙、以生态带动民生改善，坚持生态优先、绿色发展，立足林区优势和产业基础，因地制宜发展特色林业，提高林业技术应用水平，在规模化、集约化、产业化、多功能化方面下功夫，不断提高林业产业质量和效益。

【学前思考】

1. 什么是现代林业？
2. 现代林业的发展趋势是什么？
3. 现代林业技术有哪些？

学习内容一 国内外林业发展综述

21世纪是绿色世纪。林业产业是绿色产业，是规模最大的绿色经济体，是第一产业的重要组成部分，也是一种基础性产业，在国民经济中占据重要位置。进入21世纪以来，我国林业产业实现了跨越式发展，现代林业也得到了快速发展，木材加工、林机制造、林产化工等开始广泛出现在社会中，林业实力不断增强，成为世界上林业产业发展最快的国家和世界林产品生产、贸易、消费第一大国，对农村人口脱贫致富做出了重大贡献，最直观地诠释了“绿水青山就是金山银山”的理念。

一、现代林业概述

自从生态危机发生之后，人们开始积极反思和改善传统林业经营思想和经营模式，并且提出了生态林业、可持续林业、现代林业等一系列概念。然而，截至目前，人们对于现代林业的概念仍未统一，但是有一个概念是受大多数人认同的，即现代林业是指以可持续发展为指导思想，利用先进科学技术及现代管理经验协调全社会的需求，调动全社会的力量，追求森林资源增强对社会发展实际供给能力，实现人与社会、人与自然和谐相处的高效林业发展模式。现代林业随着社会和科技的不断发展，作为国民经济基础的林业开始了翻天覆地的变化，逐步实现了从传统林业向现代林业转变。

二、国外林业发展现状

(一) 德国

德国是世界林业发展的先驱。对森林的保护有完整的法律体系和完善的森林管理制度，从联邦政府到地方林区建立了一套完善的管理体系，机构简单，职能明确，简捷高效，许多林业生产和经营服务，由林业专业协会、中介组织承担，实行政府引导、市场化运作，其次具有高素质的林务官制度，高度重视林业教育和培训。

德国是近代林业科学的发源地，其森林的效益主要体现在不能货币化的生态效益上，森林已成为提升德国文化和产品品牌、保持工业化文明的手段。完善的社区林业是德国林业的一大亮点。在过去，德国大多数私有林场主依靠自己的力量经营森林，但近年来随着林业系统化管理水平的提高，对森林经营毫无兴趣、缺乏林业知识、自己没有经营能力，以及不在当地居住的林场主也逐渐增加。

(二) 美国

美国林业历经了100多年的发展，积累了丰富的森林管理经验。美国20世纪80年代初，针对全球保护生态环境的浪潮，富兰克林教授提出了“新林业”理论。此后对国有林实施森林生态系统管理，美国林业向可持续发展转变。理论强调森林经营在突出环境保护价值的同时，发展多功能、集约化林业，重视森林经济效益、生态效益和社会效益的综合发挥，强调林业多功能兼顾，建立合理的森林形态和森林结构。

进入20世纪90年代以来，根据1992年世界环境与发展大会提出的森林资源和林地可持续经营要求，美国国有森林已全面禁伐，转变为以环境保护和娱乐游憩为主的生态、森林旅游和长期研究用林，采用“依法治林、产学研结合、政府支持和永续性利用”的森林经营模式。进入21世纪至今，美国林业发展进入可持续利用阶段。美国政府用法律手段来管理资源，加强对资源的立法。迄今为止，美国已制定了一系列严格的资源保护法律、法规，美国林业管理体制做到了有法可依、有据可循，在制定政策和法律法规时充分尊重部门和学科的合作和协调。在近100年的发展中，美国的森林面积仅减少了13%左右，从1992年至今，其森林覆盖率一直维持在33%左右。20世纪90年代初，美国政府推行行政管理机构改革方案，制定了建立有企业家精神的管理部门，注重节约开支、基层服务和职员责任感培养。

（三）日本

日本林业基本情况表现在以下5个方面：（1）日本森林覆盖率高，分布均匀，覆盖率为67%，居世界前列。（2）林种的划分具有明显的国情特征，林种划分为循环利用林（类似于我国的用材林）占总面积的30%、共生林（类似于休闲风景林）占20%、安全林（防护林）占50%。（3）林地私有化程度高，私有林面积占全国森林面积的39%。（4）注重提高国民对森林多种功能的认识。日本国民对森林的生态效益和社会效益的认识，已远远超过对经济效益的认识。（5）尊重国民意愿，注重依法治林。日本林业能持续保持森林面积、蓄积稳定“双增”，一个重要的原因就是能够坚持以人为本，尊重国民意愿，制定明确目标，有一套完善的易操作的法律、法规保障体系，《森林法》和《林业基本法》是林业管理的基本大法。

日本木材资源多，但自给率低，目前80%的用材靠进口，20%靠自产。因此，为鼓励造林，日本对林业长期而稳定的扶持，主要有3个途径：林业补助金制度；林业专用资金贷款制度，一般是无息或低息贷款，用于造林、林道及林业结构改善等；税收优惠政策，对与林业相关的15个税种采取减征、免征和延期纳税等扶持措施，确保了林业的快速、健康发展。2003年4月，日本公布的《森林-林业白皮书》一书中提出今后森林资源建设要面向可持续经营，要为遏制全球气候变暖和保护生物多样性服务，要有利于森林多种机能的发挥。

（四）英国

英国是个少林国家，截至1998年3月英国有林地面积为244万公顷，森林覆盖率10%。20世纪90年代以来，英国的年木材远不能满足本国对木材的需求，约85%需要靠从国外进口，但英国森林恢复很快，自20世纪90年代以来，英国每年新增造林面积都在1.5~2万公顷之间。其中以私有林造林面积增加最为明显。

英国林业的发展也走了一条从森林资源大量破坏到森林资源大面积恢复的曲折道路。第一次世界大战以后，成立了国家林业委员会，采取一系列有效措施，进行大面积森林恢复工作，通过几十年来的努力，使英国林业很快走出了低谷，开始踏上了良性循环的轨道。英国因林牧争地矛盾十分突出，政府采取了一系列有力措施，通过国家、私人及公私合营等多途径来恢复全国森林。一方面国家林业委员会通过买地进行大规模造林。另一方面，国家又通过形式多样的补助、减免林业税及提供技术援助等政策来鼓励私有林主造林的积极性。通过这种多方位的森林恢复途径，使得英国森林资源得以迅速恢复，森林覆盖率从一战前的3%上升到现在的10%。英国林业管理体制具有层次少、效率高的特点，并实行国家林业委员会—地区林业局—林业局的三级管理。国家林业委员会机构设置比较精简，林业部门具有相对独立性，国有林业企业不受地方政府干预。英国注重规范的林业标准化经营，很早便开始了林业标准化工作。英国林业经营除了依靠林业法律外，主要是通过林业标准化来规范管理。育苗、造林、抚育、采伐、野生动物保护、病虫害防治及林产品加工利用等均有各自的经营标准。同时任何对环境有较大影响的营林及采伐活动均需在环境保护部门的环境评估后才可进行。

英国林业的发展趋势为森林的木材生产的功能日益削弱，改善生态环境及休憩旅游的功能大大加强，国家对林业的扶持强度越来越大，林业研究从注重实用性向注重森林与全球环境关系的方向转化。

（五）加拿大

加拿大是世界上森林面积最大的国家之一，森林面积大，接近亚洲的森林面积，占全球总林地的10%，资源丰富。同时，林业组织机构健全，政策法律完整，基础设施完备，经营管理水平高。加拿大林业部门经过长期的探索和实践，形成了一套独特的森林保护和生态建设模式。加拿大为保护林业生态，采取了多种措施。在可持续森林经营思想的指导下，按照不同的区域，全面预测和管理林业的经济、生产和经营，明确了林业发展在国民经济中的战略地位。加拿大的法律、政策和具体的生产和生活活动都体现了保护森林和生态系统的原则，处处体现出人与自然的和谐。政府重视林业科研投入及林业科技推广，并将相关费用纳入财政拨款计划。根据森林自然分布的实际情况，整体布局全国的林业科研机构，放弃按行政区划布局，在全国设立5大林业研究中心，每个中心的研究内容既有侧重又有协作。这种开放式的研究体制，最大限度地避免了智力资源的浪费和研究的重复性。通过公有林许可证制度和颁发森林执照进行森林经营管理。森林执照对采伐地点、采伐数量都有严格限制，对造林更新也有具体要求。政府对森林执照的申领和颁发有严格的规定，执照有效时间为20年，其间每5年进行一次资格审查。

（六）新西兰

新西兰是林业发达国家，新西南森林面积813万公顷，其中天然林占森林面积的

79%，森林覆盖率30%。新西兰的林业发展在解决木材生产和环境保护矛盾上走出特有的林业发展模式。森林资源管理严格，1987年，国家机构改革，成立了保护部、林业部和林业公司，保护部负责对非商业林进行管理与保护。1993年，森林修订法案通过后，所有私人天然林的采伐需通过政府审批并需纳入天然林可持续经营（SFM）计划和许可。

新西兰森林资源经历了大量采伐、严格审查天然林的采伐、保护所有国有天然林的采伐等变化。在1920年，通过对天然林采伐利用速度的估算，预计到1965年，新西兰的天然林资源将被耗竭。因此，人工林进入了3个高速发展时期，人工林造林主要以辐射松为主，约占90%。新西兰森林经营管理主要通过林业私有化改革和林业分类经营。新西兰林业私有化改革是新西兰林业产业近20多年来快速发展的重要原因之一。新西兰大部分人工林的规模化和专业化经营管理为人工林的高效集约经营提供了基础，这也是新西兰人工林经营管理的一个特点。新西兰林业分类经营是较为成功的林业经营模式。这种分类经营模式是在新西兰特定的自然、政治和经济环境的背景下，经过几十年的林业发展逐步形成的。国有人工林私有化的完成和1993年森林修订法案的通过，使新西兰林业分类经营模式得以确立。

三、我国林业发展现状

（一）造林绿化

习近平总书记、李克强总理对三北工程建设做出重要指示批示，韩正副总理出席三北工程建设40周年总结表彰大会并发表重要讲话。政府出台国家储备林建设、全国森林城市发展等规划，印发积极推进大规模国土绿化行动指导意见，召开全国推进大规模国土绿化现场会，对新时代国土绿化工作进行全面部署。“互联网 +全民义务植树”试点扩大到10个省份，社会造林、公益造林蓬勃发展。2017年度退耕还林还草任务基本完成，2018年度任务完成60%。启动3个规模化林场建设试点、2个百万亩人工林基地项目、30个森林质量精准提升示范项目。2018年新增国家森林城市29个，总数达到166个。林木种苗供应充足，品种结构进一步优化，种子苗木抽检合格率达92%以上。2018年全年完成造林706. 67万公顷、森林抚育853. 33万公顷，建设国家储备林67. 40万公顷，均超额完成年度计划任务。

（二）森林资源保护

2018年首次全面开展林地年度变更调查，形成2017年度全国林地“一张图”数据库，“互联网+”森林资源监管工作机制初步建立。17个省份在全省或部分市县开展“林长制”改革试点，地方党委政府领导保护发展森林资源的责任不断压实。《天然林保护修复制度方案》已报中央全面深化改革委员会。全国森林保险参保面积达1. 47亿公顷。遥感手段全覆盖的森林督查工作全面推行。公安部开展“飓风1号”“春雷2018”“绿剑2018”，以及野生动植物非法贸易、重点国有林区毁林开垦等专项打击行动，配合相关部门彻查秦岭北麓西安境内违建别墅等问题，对涉林违法犯罪始终保持高压态势。完成第九次全国森林资源清查、第二轮古树名木资源普查、第一次全国林业碳汇计量监测。森林防火能力进一步提高，火灾数量和损失明显降低。建立重大林业有害生物年度防治目标任务制度，开展松材线虫病疫情集中普查和新发疫情核查督导，修订疫区疫木管理办法和防治技术方案。同时，加强珍稀濒危物种、候鸟等野生动植物保护，积极应对野猪、非洲猪瘟等野生动物疫情，全国第二次野生动植物资源调查取得阶段性成果。

（三）湿地保护修复

国务院印发《关于加强滨海湿地保护严格管控围填海的通知》。省级湿地保护修复制度实施方案全部出台。全国共修复退化湿地 7.13 万公顷，湿地保护率达 52.19%。湿地调查监测取得重大突破，第三次全国国土调查工作分类明确了湿地为一级地类，国际重要湿地生态状况监测首次实现年内全覆盖，与中国地质调查局建立泥炭地调查合作机制并在青海省进行试点。制定修订湿地生态系统服务价值评估、国家湿地公园建设管理、国家重要湿地认定和名录发布等标准规范，13 个省份发布省级重要湿地名录 541 处，112 处国家湿地公园试点通过验收，6 个城市获得全球首批“国际湿地城市”称号。对洞庭湖下塞湖矮围以及江西澎泽、瑞昌等破坏湿地事件进行了调查核实和督促整改。

（四）国家公园体制试点

全面履行国家公园管理职责，开展国家公园体制试点专项督察，对国家公园设立标准、空间布局、事权划分、生态监测、法律法规等重大问题进行了系统研究。10 处国家公园体制试点稳步推进，大熊猫、祁连山国家公园管理局挂牌成立，健全国家自然资源资产管理体制改革试点通过国家评审验收，组建东北虎豹国家公园保护生态学重点实验室和东北虎豹生物多样性国家野外科学观测研究站，成立国家公园规划研究中心。《海南热带雨林国家公园体制试点方案》已上报中央全面深化改革委员会。各试点国家公园总体规划和专项规划编制工作稳步推进，三江源国家公园总体规划获国务院批准，东北虎豹国家公园总体规划编制完成。《神农架国家公园保护条例》颁布实施。开展生态廊道建设、外来物种清除、裸露山体治理等工作，各试点国家公园生态状况持续改善。

（五）自然保护地

风景名胜区、自然遗产、地质公园等管理职能和人员转隶工作顺利完成，各类自然保护地实现了由一个部门管理。开展全国自然保护地大检查，掌握了自然保护地底数及突出问题。《建立以国家公园为主体的自然保护地体系指导意见》已上报中央全面深化改革委员会。组建国家自然保护地专家委员会和世界遗产专家委员会。2018 年有 11 处自然保护区晋升为国家级，贵州梵净山列入世界自然遗产名录，新增国家森林公园 18 处、世界地质公园 2 处、国家地质公园 5 处、国家矿山公园 1 处。对内蒙古图牧吉、重庆缙云山、安徽扬子鳄等自然保护区违法违规问题进行了调查核实和督促整改。

（六）沙区生态状况

2018年完成沙化土地治理249万公顷、石漠化综合治理26.26万公顷，灌木林平茬试点规模扩大到3.33万公顷。开展沙化土地封禁保护区核查整改，新增封禁保护区6个，封禁保护总面积达166万公顷。初步摸清沙区天然植被状况，相关省份开展了省级防沙治沙目标责任考核中期自查。与国家开发银行签署《共同推进荒漠化防治战略合作框架协议》，并推荐一批治沙企业和项目。新增全国防沙治沙综合示范区7个，16个国家沙漠公园通过专家评审。发布第三次岩溶地区石漠化监测成果，截至2016年年底，全国石漠化土地面积为1 007万公顷，过去5年净减少193.2万公顷，石漠化扩展趋势得到有效遏制。沙尘暴灾害监测预警和应急处置积极有效。

（七）林业改革

开展集体林权制度改革专项督查、承包经营纠纷调处考评，启动新一轮集体林业综合改革试验区工作，印发《关于进一步放活集体林经营权的意见》，集体林地三权分置、新型经营主体培育、吸引社会资本进山入林等改革不断深化。截至2018年年底，各类新型林业经营主体25.78万个，林权抵押贷款余额1 270亿元。国有林区森林资源管理体制改革有所推进，累计近5万名行政、社会管理人员移交地方，林区民生持续改善。国有林场改革任务基本完成，印发《国有林场改革验收办法》，29个省份完成省级自验收或试点国家验收，95%的国有林场已完成改革任务。加强使用林地、野生动植物进出口等行政审批事项事中事后监管，自贸区野生动植物进出口审批进一步简化优化。

（八）产业发展和生态扶贫

认定一批林业产业示范园区、基地和重点龙头企业，成立林业产业标准化国家创新联盟，7个省开展森林生态标志产品试认定工作。全国林业产业投资基金选定首批289个项目，落实资金10多亿元。成功举办首届中国新疆特色林果博览会、2018中国森林旅游节等节庆展会，2019北京世园会筹备工作基本就绪。我国林业产业的总产值在1978年为179.6亿元，2018年为7.33万亿元，40年实现400倍的增长。在林业产业发展初期，木材采伐是林业的重要支柱，2002年，我国林业一二三产业结构比例为63：32：5，经过多年来发展方式和发展路径的转变和优化，到2018年，我国林业产业一二三产业的结构比例调整为32：46：22。超过万亿元的林业支柱产业有3个，分别是经济林产品种植与采集业、木材加工及木竹制品制造业、以森林旅游为主的林业旅游与休闲服务业，2018年这三大产业的产值分别为14 492亿元、12 816亿元和13 044亿元，森林旅游产值首次超过木材加工。近几年，以森林旅游、森林体验、森林康养等为代表的林业旅游与休闲服务业增速最快，2018年增速达15.38%，全年林业旅游和休闲人数达到36.6亿人次。2018年，中国林产品进出口贸易额达1 600亿美元，林业主要产业带动就业近6 000万人。同时，六部门联合印发《生态扶贫工作方案》，制订实施《林业草原生态扶贫三年行动方案》，累计选聘50多万名生态护林员，精准带动180多万贫困人口稳定增收和脱贫。“三区三州”等深度贫困地区林业扶贫扎实推进。帮助4个定点扶贫县分别与中国邮储银行签订林业扶贫贷款合作协议，组织引导林业龙头企业对接产业扶贫项目，如广西龙胜县有望脱贫摘帽。国家林草局在国务院扶贫开发领导小组工作考核中获得“优秀”。

（九）林业社会影响

2018年成功举办三北工程40周年系列纪念活动，三北工程获联合国森林战略规划优秀实践奖。开展库布齐治沙、天保20周年、林业扶贫、国土绿化、机构改革以及世界森林日、湿地日、防治荒漠化日、野生动植物日等系列主题宣传。各主要新闻单位和网站共刊播报道2.2万多条（次），比上年增长20%。完成首次全国生态文明信息化课程遴选，出版《中国集体林权制度改革》《中国沙漠图集》等重点图书，推出《中国国家公园》《最美的青春》《美丽中国—森林城市》等专题片，举办野生动物保护生态摄影书画作品展。评比表彰一批林业系统劳动模范、先进集体和先进工作者。在6个非洲国家举办打击野生动植物非法贸易宣讲活动，妥善应对网友晒年夜饭照片、天津猎捕鸟类等涉林热点新闻事件，为林业改革发展营造了良好氛围，凝聚了正能量。

（十）国际交流合作

2018年与柬埔寨、日本、巴基斯坦等国签署双边协议10份，与芬兰正式开展大熊猫合作研究，向日本提供一对朱鹮，从尼泊尔引进两对亚洲独角犀，中国-中东欧、中国-东盟、大中亚等“一带一路”林业合作平台建设不断推进。成功举办世界竹藤大会、世界人工林大会等重要国际会议，推动第13次荒漠化公约缔约方大会决议逐步落实，提出的“小微湿地保护”决议草案获湿地公约第十三届缔约方大会通过。国际竹藤组织和亚太森林组织影响力进一步提升，全球森林资金网络落户中国取得重大突破。举办援外培训班25个，援外项目进展顺利，启动援助蒙古国戈壁熊保护技术项目。打击野生动植物非法贸易和木材非法采伐持续推进。在俄罗斯建成林业经贸合作区9个，国际贷款项目申请、立项等取得积极进展。

（十一）支撑保障能力

《森林法》《国家公园法》《湿地保护法》纳入《第十三届全国人大常委会立法规划》，其中《森林法》修改为一类立法项目，修改工作取得重要进展。积极参与农村土地承包法修改工作。2018年中央林业和草原投入1 290亿元。四部门联合印发《关于促进国有林场林区道路持续健康发展的实施意见》，规划3年内中央投资188亿元。新增国家开发银行、中国农业发展银行国家储备林等贷款项目91个，放款190亿元，与中国邮储银行签署全面支持林业和草原发展战略合作协议。中国绿化基金会、中国绿色碳汇基金会募资2.3亿多元，为近年来最高水平。审计稽查力度不断加大，林业资金项目管理进一步规范。新增国家重点研发计划项目 11 项，新建长期科研基地 50 个、生态定位站 2 个、工程技术研究中心 18 个、国家创新联盟 110 个，成立一批区域协同科技创新中心。4 项科技成果获国家科技进步二等奖，遴选重点推广科技成果 100 项。发布行业标准 180 项，授予植物新品种权 405 件，森林认证实践项目 20 多个。重点信息化项目加快实施，东北生态大数据中心挂牌成立，国家政务信息系统整合共享项目如期完成。中国林业网访问量突破 27 亿人次，获吉尼斯纪录和最具影响力党务政务网站等奖项。印发《进一步加强网络安全和信息化工作的意见》，网络安全保持“零事故”。乡镇林业工作站保持在 2.3 万个（9 万人），新增标准化林业站 418 个。

四、我国林业发展趋势

（一）发展生态化林业

发展生态化林业主要是结合生态学的指导思想和方式理论，并应用于林业生产的各个阶段，把生态、经济和社会效益有效统一，并把生态效益和社会效益作为首要目标。我国林业发展已经步入由木材生产为主向生态建设为主转变的新阶段。

（二）发展产业化林业

林业作为一项重要的生产及生活物质资料，应从单一的粗放经营方式走向产业化之路。林业产业化有利于利用有限的林业资源实现森林效益的最大化；林业产业化有利于提高林业生产经营水平和理念，促进各个产业的协同发展；林业产业化有利于推进林业相关服务及配套体系的形成和完善；林业产业化还有利于增强现代林业的稳定性和适应性，保证现代林业在市场经济体制下的存活能力。

（三）发展社会化林业

现代林业具有不可替代的社会效益，现代林业具有不可推卸的社会责任，所以现代林注定是社会化的林业，这也是现代林业在当今社会发展的一种必然趋势。现代林业的社会化主要包含以下 3 点：（1）发展社会化林业，需要积极转变以往的林业经营理念，自觉适应社会主义市场经济要求。（2）发展社会化林业，需要把政府负担的责任分散给社会，把政府从实施者转变为组织者，协调促进整个社会参与进林业建设中来。（3）发展社会化林业，需要不断完善林业服务设施和发达的林业生产资料交易市场。

（四）发展科技化林业

林业科技化主要是把现代科技广泛应用于林业生产及管理的各个方面，并把现代林业科技成果及时应用于生产一线，实现科技到生产力的及时转化，提高林业基础建设的科技含量。

（五）发展规范化林业

林业的规范化可以改变以往林业生产及交易环节杂乱无章的局面，使现代林业的发展更容易掌控。现代林业的规范化不仅可以通过法律制度规范生产经营者的行为，还可以制定一系列规范生产环节的标准，以形成一个体系。林业的规范化主要表现在：宏观上制定发展和保护森林资源的规划与政策，对森林的采伐和破坏加以制约和限制；微观上对经营对象实施必要的经营管理技术标准，即微观实践。

学习内容二 现代林业技术

以和谐发展理论为指导、以现代科学技术为手段、调动全社会协调参与的现代林业内涵已经成为林业学界共识，现代林业正朝着充分利用现代科学技术和手段、高效发挥森林多种功能与多重价值、满足日益增长的经济及生态需求的全社会广泛参与的方向发展。

一、生物技术在林业中的应用

生物技术作为林业科技领域高新技术应用的热点之一，其主要目标是选育高产、优质、多抗的树木新品种，开发病虫害检疫及防治的新技术以及提高生物资源利用率的新方法等。

（一）在育种方面的应用

1. 植物组织培养技术

植物组织培养技术是一种无性繁殖技术，又被称作植物的离体培养，是在人为创造的无菌条件下将生活的离体器官（如根、茎、叶、茎段、原生质体）、组织或细胞置于培养基内，在适宜的环境中进行连续培养以获得细胞、组织或个体的技术。由于林木的生长周期较长、内部结构复杂，因此需要选择生长周期相对较短的种子，从而在较短的时间内丰富林木的类型和数量。在林业育种的过程中，广泛应用植物组织培养技术，可以提高育种效率，加快林木的生长速度，满足大规模生产需求；而且可以延续母本的优良性状，培育出大量的良种。

2. 细胞工程技术

植物细胞具有全能型的特点，在适应的条件和环境下，可以培养成为完整的植物。植物细胞工程是利用细胞的植物特性完成植物的培育，保留植物中的优良基因。在培养的过程中，可以采取以下培育方式：第一，细胞遗传变异，增加植物细胞的突变率，对优良性能的细胞进行筛选和繁殖；第二，单倍体培育，即针对没有成熟的花粉采取有效的诱导措施，实现单倍体的培育；第三，原生质体和体细胞的融合，通过对具有分化能力的材料采取处理措施，有效恢复其细胞壁，将其分化成完整的植株。

3. 基因工程技术

基因工程技术多指利用抗性基因对现有林木品种进行改良，一般情况下这种基因多从生物材料中提取。在林木育种中，基因工程技术的使用能建设良好的生态环境，缩短林木的育种周期，实现除草、抗虫效果。实践证实，基因技术能改造林木的抗性遗传物质，提高育种可行性和目的性。另外，通过对传统育种技术、基因工程的结合，还能为林木赋予更多价值，促进社会发展。

4. 分子标记辅助育种技术

分子标记是基于分子生物学基础上延伸发展起来的一项技术，已经成熟的应用于生命科学的各个研究领域中。在林业中，分子标记技术主要应用林木品种的鉴定、遗传多样性的分析以及分析标记辅助选择等方面。目前，我国已经利用分析标记技术在杨树、松树等主要林业经济树种中成功建立了遗传图谱；并且通过遗传图谱能够有效、快速地找到遗传标记的具体位置，同时还能够对树种的高度、胸径以及干型等指标进行分析研究。遗传图谱的建立能够促进林业育种工作中对优良品种的筛选、培育。随着分子标记辅助育种技术的不断发展，其在现代林业育种遗传研究中所发挥的作用也越来越大。

（二）在林业病虫害防治中的应用

1. 生物农药

生物农药大多是由有机物构成的，能够在自然界中自然地分解，并不会像传统化学农药一样存在残留和富集。另外，生物农药特点就是富有极强的针对性，能将起杀灭作用的目标病虫害控制在极为精确的范围内，从而在病虫害防治的过程中，减少对环境的影响。目前国内外较为成熟的生物农药技术如表 6. 2. 1 所示。

表 6. 2. 1　国内外典型生物农药技术

药品名称	药品效果
软骨藻酸	作用于谷氨酸受体，导致平滑肌麻痹，造成昆虫死亡
莽草酸	干扰神经冲动在昆虫神经—肌肉接点的传导，从而使得昆虫丧失行动能力
肉桂醇、茴香脑	作用于美洲大蠊和果蝇的章鱼胺受体，使得其脑部失调
菊科植物中的噻吩类和多炔类化合物	产生单线态氧而破坏细胞结构，或可直接与细胞器及细胞核反应，干扰昆虫体内细胞的 DNA 复制和 RNA 转录
双酰胺类杀虫剂	使昆虫体内细胞钙通道开放而耗尽细胞内贮存的钙元素，最终造成昆虫肌肉抽搐和麻痹直至死亡

2. 生物天敌

生物防治已经成为有效控制林业害虫的一种重要手段，加拿大等北美国家利用多种捕食性、拟寄生性天敌昆虫长期开展针对林业害虫的防治和研究工作，主要措施包括引进天敌、人工助增（包括环境调控、接种释放和淹没释放）及保育生物防治，其中引进膜翅目、双翅目和鞘翅目昆虫进行防治的实例最多。天敌昆虫的成功引种定殖是经典生物防治中有效防控林业害虫的关键，从生态学角度出发掌握其生物学特性、综合考虑天敌昆虫及其寄主的扩散能力、对其扩散力和繁殖力进行定量分析等均可显著提高引种定殖率。

3. 生物灯光

通过对各类林业虫害的研究发现，其中不少林业害虫有着较强的趋光性，这使得灯光引诱成为一种简便、可靠且投资低、见效快的生物防治技术。通过对灯光诱捕的各类害虫进行清点，可以进一步掌握区域内虫害的种类、密度和虫龄结构等数据，克服了传统林业虫害防治中预警预报难、虫情信息掌握不及时不准确的问题，从而为下一步开展防治工作提供了可靠的依据，提高了防治效率，降低了防治费用和污染。

二、信息技术在林业中的应用

现代信息技术导致了林业科学技术发展的倍增效应，日益重视信息占有和利用现代信息技术武装自己，成为当代世界林业科学发展的又一重要趋势。信息技术的渗透和多技术融合的加速，使高新技术在林业发展中的介入层次不断加深，介入的层面不断拓宽，从宏观到微观都呈现出旺盛的发展势头。各种监测系统，在进一步提高精度和准确度的同时，将向应用“3S”技术、多媒体技术和虚拟技术的方向发展，使宏观资源管理及监测系统的发展跃上一个新台阶。计算机技术的广泛应用，将进一步提高林业科学各专业的综合分析和资料处理能力，为多学科协同解决重大林业科学技术问题提供保障。通过网络技术可以及时查阅多方面信息，对各类森林利用的社会、经济、政治及生物等进行有机综合研究，为决策机构提供强有力服务。

（一）信息采集和处理技术

从2009年开始，我国林业门户网站完成了整合和改版，在全国推广使用林业内部网络专用办公平台。通过建设各种门户网站、内部办公数据库和林业信息管理系统以及内部办公专用网络，为我国林业系统构建了比较先进、实用、有效的网络信息平台，可以对与林业有关的各种数据进行有效的收集、整理、处理、传输、存储、发布等。

（二）精准林业经营技术

利用GIS的空间分析功能，有助于预测和预防森林火灾，可以实时查询火点位置，动态模拟火势和蔓延趋势，可以制定科学、合理、有效的扑救方案，计算出最优扑火时间和路线，利用地理信息系统将各种图件进行叠合显示，作为后续分析的复合因子图，选择更加合适的造林地块和方式，从而实现林业由粗放经营转入精准经营。

（三）林业资源监测技术

为了达到“精准林业”的要求，我国各地区的林业部门使用各种先进的信息技术进行林业信息调查，例如，无人机、GPS、近景摄影、RS、3D打印、激光扫描等，获得了更加准确的数据，并使用地理信息系统将收集到的属性和空间数据进行有效管理，实现了林业资源的档案管理，制作了林业专题图。

（四）林业灾害防治技术

1. 在林业病虫害防治中的应用

在林业病虫害防治中侧重预防，而卫星遥感技术能够有效地预防病虫灾害。遥感技术通过三种途径对病虫害展开监测：对害虫行为监测、对害虫危害症状监测、对害虫生存环境监测。通过上述三个方面的监测能够有效地对林业病虫害进行预防。

对害虫行为监测主要是对害虫的迁飞和迁移行为的预测报警，主要应用雷达技术，雷达能够对害虫进行不干扰的观察，对害虫的迁飞和迁移能够获得较好的效果。雷达遥感获得害虫迁飞和迁移的信息，通过航空遥感技术能够识别害虫的危害，运用摄影的方式获取地物从可见光到红外各个波段的光谱辐射，信息量大，分辨率高。对害虫的生存和发展环境的监测也是病虫害防治的主要工作，这方面的监测主要是通过卫星遥感技术完成，以卫星为平台，对地球进行宏观，综合，动态和快速的观察，为环境监测创造了有利环境。雷达、航空和航天遥感各自发挥作用，综合地应用在林业的病虫害灾害的防治中。另外，通过信息技术建立一套完善的林业病虫害管理制度，建立林业病虫害灾害防治的预警机制，建立完善的病虫害防治网络，运用信息的互通与交流，结合预测和交流，有针对性的展开林业病虫害防治工作

2. 在林业滥砍滥伐灾害防治中的应用

新时期的信息技术即 RS（遥感）、GIS（地理信息系统）、GPS（全球卫星定位系统），合称“3S”技术。实时对林业资源调查和监测，快速获取林业资源信息，便于实时对林业资源进行监测，综合营造林业管理信息化。3S 技术方便准确地了解林业资源现状及生物多样性，有效地监测了滥砍滥伐的森林毁坏行为，可以将林业滥砍滥伐控制在可控范围内，做到了实施动态全方位的监测。

3. 在林业火灾灾害防治中的应用

森林火灾对森林的破坏是毁灭性的，也是当下对林业资源破坏最为严重的灾害。随着卫星遥感技术在监测火源火情等方面的应用，利用气象卫星、资源卫星、静止卫星探测林火，可以快速发现热点，监测火势蔓延，及时提供火场信息，用遥感手段预报森林火险，用卫星数字估算过火面积，将森林火灾有效控制。

（五）计算机视觉技术

计算机视觉效果的应用主要集中在木材、人造板的图像观察上。在木材学中，可以提取木材的微观结构图像，结合宏观的实际特征，可以建立木材成分的微观、介观、宏观图像结构，可以利用图像测量木材细胞壁率、木纤维长度、细胞腔面积，以及木材生长密度、年轮等参数，对木材的水分迁移和木材改性提供图像上的依据。

在人造板的加工过程中，可以基于 X 射线成像技术，对板材的表面和内部结构进行在线监测，检测成板过程中的质量缺陷问题，检测和区分高密度板。利用多传感器技术，对板材进行表面裂纹、厚度等检查。

（六）近景图像技术

近景图像的应用主要在测树。传统的测树方法主要利用机械以及光学原理，然而在实际工作中，因为树木间距过密、树冠互相遮挡，会造成一定的测量误差。随着自动化技术的发展，衍生了基于摄影测量技术的自动测树系统，可以方便、快捷、有效地测量树木的直径、树高、树冠等参数，提高获取立木信息的效率。近景摄影技术可以为树高-胸径模型和研究树冠模型提供依据，可以快速建立动态的调查信息，实现森林调查方法与技术的高效提升。

三、其他技术在林业中的应用

（一）无人机技术

无人机即通过操作程序进行远程操控的无人驾驶飞机。无人机具有成本低、能耗小、安全可靠、模块化等优点，无须专用的起落机场，可以随时随地地进行起飞与降落，不受复杂地形的影响。无人机能有效完成很多传统的人工作业，并降低传统人工作业的危险性。因此，无人机技术在很多领域内都得到了广泛应用。

在林业工作中，无人机技术的应用目前主要集中在以下 3 个方面：一是无人机航拍摄影，即无人机搭载高分辨率数码相机、红外扫描仪、光学相机等仪器，进行高空拍摄、遥测、视频摄影等工作；二是无人机喷施，即无人机搭载液体喷施仪器，进行定点、定区喷施作业；三是无人机遥感，即搭载相关摄影及遥感仪器，进行低空遥感，获取空间遥感信息。

（二）热处理技术

热处理技术应用到林业方面，被称为木材热处理。与应用到金属等方面要求的温度不同，因木材的特殊性，一般是在保护性气体环境中，在 160~250℃下，对木材进行短期热解处理是一种环保型木材物理保护技术。热处理后有以下 4 个方面的优点：一是热处理能够提高木材的尺寸稳定性，除去或缓释木材内应力；二是热处理提高木材防腐性能；三是提高木材的疏水性；四是改变木材的颜色。

（三）防沙治沙造林技术

1. 飞播造林技术

在较大面积的沙区用飞机播种，使播种的树种在自然条件下快速萌发、成长，发挥出防沙治沙作用。此技术的优势是播种效率高，但对土壤环境的要求比较高，必须保证撒播后的自然条件适合种子的萌发生长，面积过大或者土壤条件不适合的沙区，均不适合采取飞播造林技术。

2. 针阔灌木、樟子松造林技术

针阔灌木造林就是将灌木、针叶树种、阔叶树种栽植在同一片沙地上，针叶林可降低风速、固沙，阔叶林可调节区域内水循环，灌木林对地表温度、土壤性状有一定的调节作用。樟子松植株长势高大、粗壮，树冠稀疏，耐寒，根系发达，对水分条件要求低，造林成活率比较高，因而适合在沙漠区种植，用于防沙治沙。由于樟子松自身的生长特性，采取混种的方式有利于提高植被的丰富程度，可以更好地发挥出防沙治沙的效果。

3. 战术性防沙技术的应用

战术性防沙技术为当地防沙治沙的经典型技术，在宁夏地区应用较多。采取战术性防沙技术，需要在待造林地区设置警示牌、专人看护，实施封闭式管理，促使大自然进行自我修复。沙化土壤的屏障设立要采取前挡后拉的方法，在前方用乔木、灌木等进行造林，在流动性沙丘的后部种植固沙植物，以起到固定沙丘的作用。战术性防沙技术要求实施中的各个环节紧密衔接，避免管理措施不当或不及时影响了防沙治沙的效果。

【扩展阅读】

2020年重点推广林草科技成果100项

践行习近平生态文明思想典型案例2019

【学习任务小结】

林业产业是我国规模最大的绿色经济体，是实现“绿水青山就是金山银山”的重要途径。目前现代林业发展越来越呈现生态化、产业化、社会化、科技化和规范化的趋势。现代林业的发展应依据本区域内整体资源优势及特点，突出地域特色，围绕市场需求，坚持以科技为先导，高效配置各种生产要素，形成规模适度、特色突出、效益良好和产品具有较强市场竞争力的林业生产体系。

当前我国林业总体产业发展已经进入一个需要深化改革、优化创新的历史新阶段，林业技术的革新和再创造可以将大量的科学技术引入林业领域，又能真正发挥技术在林业产业中的基础性作用。我们要坚持不断地创新和改革林业技术，同时技术的开发和使用要严格与环境保护原则相适应，追求经济发展与生态恢复并重的新型林业技术。

【复习思考】

一、单项选择题

1. 全国“互联网+”全民义务植树试点省份已达（　　）。

A. 10个　　B. 11个　　C. 12个　　D. 13个

2. 下列不是针对森林资源开展的工作是（　　）。

A. 第九次全国森林资源清查　　B. 第三次岩溶地区石漠化监测

C. 第二轮古树名木资源普查　　D. 第一次全国林业碳汇计量监测

3. 适用于植物组织培养的种子的特性是（　　）。

A. 生长周期相对较长　　B. 生长周期相对较短

C. 生长周期不长不短　　D. 都可以

4. “3S”技术指的是（　　）。

A. GIS、RS、GPS　　B. GIS、DSS、GPS

C. GIS、GPS、OS　　D. GIS、DSS、RS

5. 生物农药的特点是具有极强的（　　）。

A. 针对性　　B. 选择性　　C. 安全性　　D. 稳定性

二、多项选择题

1. 三区式管理模式其核心是将林地区划为3个区域，即（　　）。

A. 保护区　　B. 生态系统管理区

C. 木材生产区　　D. 生态林业区

2. 纳入《第十三届全国人大常委会立法规划》的法律有（　　）。

A.《森林法》　B.《防沙治沙法》　C.《国家公园法》　D.《湿地保护法》

3. 下列技术属于生物技术在育种方面应用的有（　　）。

A. 植物组织培养技术　　B. 细胞工程技术

C. 基因工程技术　　D. 分子标记辅助育种技术

4. 无人机在林业工作中的应用主要集中在（　　）。

A. 无人机航拍摄影　　B. 无人机喷施

C. 无人机遥感　　D. 无人机监测

5. 热处理技术的优点有（　　）。

A. 能够提高木材的尺寸稳定性　　B. 提高木材防腐性能

C. 提高木材的疏水性　　D. 改变木材的颜色

二、判断题

1. 美国是世界上森林面积最大的国家之一。（　　）

2. 2018年首次全面开展林地年度变更调查，形成2017年度全国林地“一张图”数据库。（　　）

3. 生物农药全部都是由有机物构成的，其能够在自然界中自然地分解，并不会像传统化学农药一样存在残留和富集。（　　）

4. 细胞工程技术主要利用植物细胞全能性。（　　）

学习任务七 现代农产品加工业发展

【学习目标】

1. 知识目标：了解国内外农产品加工业的基本情况；认识主要农产品的加工技术。

2. 能力目标：掌握至少一种农产品加工的原理和方法。

3. 态度目标：正确认识农产品加工业是国民经济基础性和保障民生的重要支柱产业，农产品加工业的不断强化可以促进农业现代化，推进经济发展方式转变，捍卫国家粮食和食品安全。

【案例导入】

小小罐头影响世界历史

18 世纪末，大名鼎鼎的拿破仑·波拿巴常年率军四处征战，后勤补给是战线能够持续延伸的重要保障，但军粮难以长时间保存，使得士兵的战斗力大打折扣，于是拿破仑悬赏重金征求长期储存食物的方法。当时有一个叫尼古拉·阿帕特的厨师在以往储藏食物的方法基础上，花了 10 年时间，经过大量实验，研制出了第一个现代版本的罐头。他将处理好的食品装入广口玻璃瓶里，然后一起放在沸水锅里煮一个小时，用软木塞将瓶口塞紧，再用线加固或者用蜡封死。玻璃罐头虽易保存食物，但却易碎，给运输带来了不少麻烦，后来英国人彼得·杜兰在同一年发明了锡罐头，并很快投入欧洲战场。

【案例分析】

罐头的发明，使得军队的远距离作战成为可能，也加速了欧洲列国军事力量的现代化进程。当然，吃得饱、吃得好，士兵心情愉悦，战斗力自然大大提升，和拿破仑军队的玻璃罐头相比，英国的金属罐头更胜一筹。从 19 世纪开始，各种世界战争史上，总少不了罐头的身影，军事上讲究“三军未动，粮草先行”，可见，罐头食品极大地影响了现代战争的格局。

【学前思考】

17世纪后期，近代欧洲强国在军事上就拥有高于亚洲国家的军事力量，但一直到19世纪才入侵中国，这是为什么呢？工业革命后英国开始殖民扩张，从非洲到北美洲，从中亚到东亚再到南亚印度，英国殖民地遍布世界各地。而英军的补给除了有一块基地外，还要有粮草的补给。后来欧洲通过提高农产品的加工贮藏技术解决了军需物资问题，让殖民扩张得以推进。我国是19世纪世界战争的受害者，但是我们有必要了解这段历史，需要了解农产品加工技术对于一个国家、民族的重要意义。

学习内容一　国内外农产品加工业发展综述

农产品加工业是以人工生产的农产物料和野生动植物资源及其加工品为原料进行工业生产活动的总称。农产品加工业是国民经济基础性产业，也是世界工业革命的源头。

一、农产品的定义及分类

（一）农产品的定义

在《中华人民共和国农产品质量安全法》中，农产品是指来源于农业的初级产品，即在农业活动中获得的植物、动物、微生物及其产品。我们平常所说的农产品也是指初级农产品。

（二）农产品的分类

国家规定的初级农产品是指种植业、畜牧业、渔业产品，不包括经过加工的这类产品。主要包括以下11类。

1. 瓜、果、蔬菜

指自然生长和人工培植的瓜、果、蔬菜，包括农业生产者利用自己种植、采摘的产品进行连续简单加工的瓜、果干品和腌渍品。

2. 粮油作物

指小麦、稻谷、大豆、杂粮（含玉米、绿豆、赤豆、蚕豆、豌豆、荞麦、大麦、元麦、燕麦、高粱、小米、米仁）、鲜山芋、马铃薯、花生果、花生仁、芝麻、菜籽、棉籽、葵花籽、蓖麻籽、棕榈籽、其他籽。

3. 牲畜、禽、兽、昆虫、爬虫、两栖动物类

（1）牛皮、猪皮、羊皮等动物的生皮。

（2）牲畜、禽、兽毛，是指未经加工整理的动物毛和羽毛。

（3）活禽、活畜、活虫、两栖动物，如生猪、菜牛、菜羊、牛蛙等。

（4）光禽和鲜蛋，光禽是指农业生产者将自身养殖的活禽宰杀、褪毛后未经分割的光禽。

（5）动物自身或附属产生的产品，如蚕茧、燕窝、鹿茸、牛黄、蜂乳、麝香、蛇毒、鲜奶等。

（6）除上述动物以外的其他陆生动物。

4. 烟叶

以各种烟草的叶片经过加工制成的产品，因加工方法不同，又分为晒烟叶、晾烟叶和烤烟叶。

5. 毛茶

指从茶树上采摘下来的鲜叶和嫩芽（即茶青），经吹干、揉拌、发酵、烘干等工序初制的茶。

6. 林业产品

（1）原木。指将伐倒的乔木去其枝丫、梢头或削皮后，按照规定的标准锯成的不同长度的木段。

（2）原竹。指将竹砍倒后，削去枝、梢、叶后的竹段。

（3）原木、原竹下脚料。指原木、原竹砍伐后的树皮、树根、枝丫、灌木条、梢、叶等。

（4）生漆、天然树脂。生漆是漆树的分泌物，包括从野生漆树上收集的大木漆和从种植的漆树上收集的小木漆。天然树脂，是指木本科植物的分泌物。

（5）除上述以外的其他林业副产品。

7. 花卉、苗木

指自然生长和人工培植并保持天然生长状态的花卉、苗木。

8. 食用菌

指自然生长和人工培植的食用菌，包括鲜货、干货以及农业生产者利用自己种植、采摘的产品连续进行简单保鲜、烘干、包装的鲜货和干货。

9. 药材

指自然生长和人工培植的药材。

10. 水产品

（1）淡水产品。

（2）海水产品。

（3）滩涂养殖产品。指利用滩涂养殖的各类动物和植物。

11. 其他植物

（1）棉花，指未经加工整理的皮棉、棉短绒、籽棉。

（2）麻，指未经加工整理的生麻、宁麻。

（3）柳条、席草、蔺草。

（4）其他植物。

上述1至11所列农产品应包括种子、种苗、树苗、竹秧、种畜、种禽、种蛋、水产品的苗或种（秧）、食用菌的菌种、花籽等。

二、农产品加工业的定义及意义

（一）农产品加工定义

农产品加工是以农产品为原料，根据其组织特性、化学成分和理化性质，采用不同的加工技术和方法制成各种粗、精加工的成品与半成品的过程。根据加工程度的不同，又可分为农产品初加工和农产品精深加工两类。

（二）农产品加工业定义

农产品加工业是以人工生产的农业物料或野生动植物资源为原料进行工业生产活动的一个产业或行业的总和。

（三）农产品加工业的分类

国际上通常将农产品加工业分为5类，即食品、饮料和烟草加工；纺织、服装和皮革工业；木材和木材产品（包括家具制造）；纸张和纸产品加工、印刷和出版；橡胶产品加工。

（四）发展农产品加工业的意义

农产品加工业贯穿了我国国民经济的第一、第二、第三产业，是衔接农业的产前、产中、产后的关键环节，也是突显农业产业化、农业工业化、农村城镇化、农民组织化的一个重要途径。大力发展农产品加工业是解决我国农业发展困难、农民收入水平低下和农村发展落后的“三农”问题，实现我国农业和农村经济在新形势下又一次飞跃的有效途径。

1. 发展农产品加工业是农业发展新阶段的必然要求

农产品加工业是农业与工业的结合部，一定程度上属于以农产品为原料的轻工业，发展农产品加工业是加快农村实现工业化和现代化，实现全面工业化的首要阶段。

2. 发展农产品加工业是推进农业产业化和优化产业结构的重要途径

农业产业化是加快农业结构调整，实现农业现代化的重要途径。优质高效的农产品加工，可促进饮食、旅游、外贸等相关产业的兴旺发达。在农业产业化经营中，农产品加工业处于核心地位。

3. 发展农产品加工业是农民增收的有力保证

近年来，我国农民收入增长缓慢，与农产品加工业发展滞后和产品增值低有较大关系。因此，加速发展农产品加工业是提高农民收入的有力保证。

4. 发展农产品加工业有利于解决农村剩余劳动力的就业问题

农村中小企业是国民经济中最具活力的经济增长点，而食品工业在这些城镇中小企业中占有相当比例。据统计，注册登记的中小企业超过一千万户，约占全国企业总数的90%以上，创造的GDP占50%左右，为城镇提供了约70%以上的就业岗位。因此，发展农产品加工业，对于合理调整农村产业结构、涵养农村劳力、振兴农村经济也具有十分重要的意义。

三、国外农产品加工业发展现状

经济发达国家十分重视高技术、多层次、有特色新产品的开发利用，注意原料的种类和品质，其经济发展的客观规律显示，其农产品加工业产值一般是农业产值的2~4倍。

（一）美国

美国的农业生产非常发达。作为第一大农作物的玉米，种植面积为0.38亿公顷，而产量却占全球总产量的40%左右。近年来，美国玉米的消耗渠道主要是饲料和玉米深加工，产品由过去单纯的淀粉发展到变性淀粉、淀粉糖、酒精、食品等4 000多种，资源利用率达到了99%，处于世界领先水平。美国亦是世界上最大的大豆生产国，占世界大豆产量的40%左右，据统计，美国的大豆加工制品近12 000种，在全球市场占有率30%以上，广泛应用于食品、医药、化工等领域。图7.1.1为美国农产品加工处理现场。

图7.1.1　美国农产品加工处理现场

（二）法国

法国是欧盟第一农业生产国，21世纪以来，法国的农产品加工业发展速度快、势头猛，农业经营效率逐渐提高，农产品加工业已成为联结农业生产、农产品销售的关键环节。法国畜产品的80%及种植业产品的30%都由食品工业部门加工，其中肉类和奶类加工行业产值约占食品工业的50%左右，在欧盟25国中，法国生产的牛肉产量占27%，牛奶产量占18%，猪肉产量占10%，家禽产量占23%。法国通过建立网上以牛为主的畜产品质量追溯体系，基本实现从育种、养殖、屠宰、加工、流通到消费者餐桌全过程质量追踪，实现畜产品全面质量管理。图 7.1.2 为法国农产品物流体系。

图 7.1.2　法国农产品物流体系

（三）日本

日本耕地面积仅为 5.3 万公顷，农产品加工业主要依靠进口原料进行加工。日本是世界上主要的稻米生产国和消费国，一直注重稻谷深加工技术的研发，其稻米的精深加工设备精良、技术先进，且副产品综合利用程度较高，处于世界领先水平。此外，日本的农产品加工业依托较强的产品开发能力、畅通的物流渠道、强大的设备设计和制造能力、严格的产品标准体系、强大的政府支持，并通过完善的农协组织促进了农产品企业的集团化发展，进而形成了较为成熟的农产品加工产业。图 7.1.3 为日本农产品加工车间。

图 7.1.3　日本农产品加工车间

（四）其他国家

还有一些国家将自然资源优势转化为特色产业优势，特色农产品加工做得比较突出。如荷兰的马铃薯加工业和乳制品加工业较为发达；新西兰的乳制品加工业非常发达，约占世界乳制品总量的1/3；巴西的甘蔗加工量占全球的80%。

四、我国农产品加工业发展的现状、问题与建议

（一）发展现状及问题

（1）农产品加工业发展迅速，但总体水平不高。

（2）农产品加工比例与发达国家尚有差距。

（3）农产品品种单一，产品结构不尽合理。

（4）农产品加工机械化程度较低，加工技术水平和装备比较落后。

（5）农产品加工标准化体系尚不完善、产业化体系尚不健全。

（6）农产品加工技术人员缺口较大。

（7）农产品资源浪费和环境污染问题较为严重。

（二）发展建议

1. 增加农产品的加工利用途径，挖掘农产品增值空间

将农产品作为初级原料消费，不仅造成资源的浪费，而且经济效益低下。因此，国家应增加对农产品加工的科技投入，积极开展农产品加工和综合利用的研究，拓展农产品的开发利用途径，充分挖掘各种农产品的潜在增值空间。如玉米秸秆的综合利用、玉米脱胚制油、用玉米淀粉生产蛋白酶和变性淀粉等；利用稻壳进行煤气发电、利用米糠制油、利用糠饼作为饲料等；果蔬榨汁后的残渣经加工作为饲料，用果皮提取香精和色素等。通过农产品的综合利用，提高农产品的利用价值和经济效益。

2. 加强副产品综合利用技术研究与开发

要加强对农产品资源综合利用的研究，开展农产品深加工技术和装备攻关，鼓励应用先进的技术，通过大力发展农产品精深加工，二次延长加工产业链，吃干榨尽各种可利用资源，充分利用加工副产物，努力实现农产品资源全利用、资源零浪费的目标。利用现代生物技术和食品加工技术重点对蔬菜加工副产物、水果加工副产物、粮油加工副产物、畜禽加工副产物、水产加工副产物、蚕桑加工副产物和茶叶加工副产物进行综合开发利用，提高产业效益。因此，我们在加快农产品加工业发展的同时，应该重视农产品加工副产物的二次利用，提高整个农产品加工业的效益。

学习内容二　现代农产品加工技术

对农产品进行必要的处理和合理的加工，可有效提高农产品的附加值，是保证农产品丰收的一个重要手段。要使农产品得到合理的加工，首先要对其分类和特点有所

了解，然后根据各自的特点采取不同的加工技术和手段进行科学合理的加工，以达到预想的目的。目前常用的加工技术包括干燥、粉碎、蒸馏、压榨、萃取、膨化、焙烤、脱水、高渗透压、密封杀菌、微生物发酵、低温速冻、化学防腐等。

一、粮油加工基础知识

（一）粮油加工品的分类及特点

1. 粮食作物加工品

我国稻谷产量居世界第一位，稻谷含有大量的淀粉、少量脂肪、蛋白质、纤维素和钙、磷等无机物及各种维生素。稻谷加工品主要以大米为原料，如抛光米、强化米、婴儿米、米饭、米粉、米线等大米制品，黄酒（清酒、米酒）、醪糟等发酵制品。

2. 小麦加工品

小麦是我国主要的粮食作物之一，小麦面粉营养丰富、品质优良。小麦的加工与利用主要是制粉，利用面粉可继续加工成各种成品或半成品。如挂面、方便面、面条、面皮等面粉制品，面包、饼干、蛋糕、月饼等焙烤食品。

3. 玉米、薯类加工品

玉米、薯类富含淀粉，是淀粉工业、饲料工业的首选原料，精、深加工的玉米、薯类产品是淀粉工业发展的方向。如粉条、粉丝、粉皮等淀粉制品，氧化淀粉、环状糊精等淀粉衍生物。

4. 豆类加工品

（1）豆油：大豆油等。

（2）豆制品：豆浆、豆腐、豆干、豆筋、豆粉等。

（3）发酵制品：酱油、豆豉、豆腐乳、酸豆奶等。

（4）蛋白质品：浓缩蛋白、分离蛋白、组织蛋白、人造肉等。

（5）其他：如罐头制品、油炸制品、膨化制品等。

5. 油料作物加工品

油料作物含有丰富的油脂，主要有大豆、花生、油菜籽等，平均含油量为22%、35%、43%。

（1）粗制油：大豆油、花生油、芝麻油、向日葵籽油、菜籽油、棉籽油等。

（2）精炼油：精制油、色拉油、起酥油、人造奶油等。

6. 副产物综合利用

（1）粮食加工副产物。

① 谷壳：耐火灰砖、糠醛等。

② 米糠：米糠油、维生素 B1 等。

③ 麸皮：植酸钙、肌醇、谷维素等。

④ 玉米胚芽：胚芽油、胚芽蛋白、亚油酸等

⑤ 其他：粉渣、黄浆等可作饲料。

（2）油料加工副产物。

① 饼粕：豆腐、酱油、酱、植物蛋白、饲料等。

② 皂角：肥皂等。

（二）粮油加工基本原理

1. 干燥

干燥即利用加热、通风和放置干燥剂等方法，使固体物料中的水分蒸发，以达到除去水分的目的。

2. 固体物料粉碎

固体物料粉碎是利用机械，通过克服固体物料内部的凝聚力而将大尺寸固体变为小尺寸固体的一个操作。在一定的压力下，通过机械作用将粮油产品的原料破碎成直径为2~150 mm的固体颗粒。固体颗粒减小后，有效表面积增大，有利于反应、抽提、溶解等过程的进行。因此，粉碎操作在粮油加工中极为重要，它往往是整个加工过程的先行工序。例如，用薯类、玉米、小麦等物料加工制取淀粉、糖类，或用于发酵时都需要粉碎。

3. 蒸馏

蒸馏是根据液体组分挥发度的不同，将混合液体加热至沸腾，使液体不断汽化产生的蒸汽经冷凝后作为顶部产物的一种分离、提纯操作。

4. 压榨

压榨是利用挤压力，使植物内的汁液被榨取出来的操作过程。存在于细胞原生质中的油脂，经过预处理过程轧坯、蒸炒，其中的油脂大多数形成凝聚态。此时，大部分凝聚态油脂仍存在于细胞的凝胶束孔道之中，压榨取油的过程，就是借助机械外力的作用将油脂从榨料中挤压出来的过程。但在压榨过程中，由于水分、温度的影响，也会产生某些生化方面的变化，如蛋白质变性、酶被破坏和抑制等。

5. 萃取

根据不同物质在同一溶剂中溶解度的差异，使混合物中各组分得到部分或全部分离的过程，称为萃取。在油脂工业中，常以标准己烷为溶剂，提取大豆、花生种的油类。

6. 膨化

含有一定水分的物料，在挤压机套管内受到螺杆的推动作用和卸料磨具及套管内截留装置（如反向螺旋）的反向阻止作用，另外还受到来自外部的和物料与螺杆、套管内部摩擦热的加热作用，使物料处于3~8 MPa和120~200℃的高压高温下（根据需要还可达到更高）。由于压力超过了挤压温度下的饱和蒸汽压，物料在挤压机筒内不会产生水分的沸腾和蒸发。在如此高的温度、剪切力及高压的作用下，物料呈现

熔融状态。当物料被强行挤出模具口时，压力骤然降为常压，此时水分便会发生急骤的闪蒸，产生类似于“爆炸”的情况，产品随之膨胀。水分从物料中蒸发，带走了大量的热量，物料瞬间从挤压过程中的高温迅速降至80℃左右的相对低温。由于温度的降低，物料从挤压时的熔融状态而固化成形，并保持了膨胀后的形状。

7. 焙烤

焙烤又称为烘烤、烘焙，是指在物料燃点之下通过干热的方式使物料脱水变干、变硬的过程。烘焙是面包、饼干、蛋糕类产品制作不可缺少的步骤，通过烘焙后淀粉产生糊化、蛋白质变性等一系列化学变化，使面包、蛋糕达到熟化的目的。

二、果蔬加工基础知识

（一）果蔬加工品的分类及特点

1. 干制品

干制品是指原料经洗涤、去皮、切分、热烫、烘烤、回软、分级、包装等工艺而制成的加工品。成品重量轻、体积小，便于运输，食用方便，营养丰富而又易于长期保藏。

2. 糖制品

糖制品是将果蔬原料或半成品经预处理后，利用食糖的保藏作用，通过加糖浓缩，将固形物浓度提高到65%左右而得到的加工品。糖制品含糖量大多在60%~65%以上，具有高糖、高酸的特点。糖制品按加工方法和产品状态分为蜜饯类和果酱类。

3. 腌制品

腌制就是让食盐大量渗入食品组织内来达到保藏食品的目的，这些经过腌制加工的食品称为腌制品。腌制品有腌菜、腌肉、腌禽蛋等。

4. 罐藏品

罐藏品指果蔬原料经洗涤、去皮、去核、热烫、装罐、排气、密封、杀菌、冷却等工艺处理，将致病菌和腐败菌消灭而制成的产品。罐藏品携带方便，安全卫生，保质期一般为12~24个月。

5. 果蔬汁

果蔬汁是指未添加任何外来物质，直接从新鲜水果或蔬菜中用压榨的方法取得的汁液，它具有近似新鲜果蔬的营养和风味，其主要成分为水、有机酸、糖分、矿物质、维生素、芳香物质、色素、丹宁、含氮物质和酶等。

6. 速冻制品

速度制品是指原料经处理后，在-35~-25℃低温下速冻，使果蔬内的水分迅速结成微小的冰晶，然后在-18℃的条件下保存的加工品。

7. 酿造品

酿造品是指以果实为原料，经微生物作用酿制而成的制品。根据微生物的不同，可分为酒精发酵、乳酸发酵和醋酸发酵，其产品分别是果酒、发酵饮料和果醋。

（二）果蔬加工的基本原理

1. 干制脱水

果蔬通过干制处理，脱去果蔬内绝大多数游离水及部分结合水，使微生物正常代谢受到抑制，酶的活性也受到了抑制，从而达到长期保存果蔬的目的。

2. 高渗透压

利用食糖、食盐能产生较高渗透压，导致微生物细胞的反渗透作用而抑制其活性及酶的活性。高渗透压的食糖或食盐溶液抑制了微生物的活动，并达到长期保存的目的。如糖制品、腌制品。

3. 密封杀菌

将原料密封于容器中，经排气、密封，隔绝空气和微生物的侵染，并杀死内部微生物，使酶失去活性，达到长期保存的目的。如罐藏制品。

4. 微生物发酵

利用酵母菌、乳酸菌、醋酸菌等有益微生物产生的酒精、乳酸、醋酸来抑制其他有害杂菌的活动，以达到长期保存加工品的目的。如果酒、酸泡菜等。

5. 低温速冻

利用-30℃以下低温使原料内的水分迅速结成微小冰晶体、使微生物及酶失去活性或受到抑制，以达到长期保存的目的。

6. 化学防腐

利用一些能杀死或防止果蔬中微生物生长发育的防腐剂添加在果蔬中，并经其他工艺处理，达到长期保存果蔬的目的。所使用的防腐剂的量必须在国家规定的标准范围内。

三、粮油加工技术

（一）淀粉的制取技术

淀粉制造的一般工艺过程包括原料处理，原料浸泡，破碎，分离胚芽、纤维和蛋白质，淀粉的清理、干燥和成品的整理，淀粉成品白度的提高。

1. 原料处理

原料处理常用的方法有清洗和清理两种，就是将淀粉原料中的泥沙、石块和杂草清除干净。

2. 原料浸泡

浸泡的目的除软化颗粒、降低组织结构强度外，还有破坏蛋白质网络结构、洗涤和除去部分水溶性物质的作用。

3. 破碎

破碎的目的是破坏淀粉原料的细胞组织，使淀粉颗粒从细胞中游离出来，以利提取。常用的破碎设备有爪式粉碎机、锤片式粉碎机、刨丝机、沙盘粉碎机等。

4. 分离胚芽、纤维和蛋白质

玉米含有胚芽，胚芽中淀粉含量较少，蛋白质和脂肪含量较大，所以在加工玉米淀粉时首先要去除玉米种的胚芽，然后再磨碎分离纤维和蛋白质等。常用的分离胚芽的设备有胚芽分离槽和旋液分离器。

纤维素分离时大多是采用过筛的方法，又称为筛分工序。包括分离胚芽、粗纤维和细纤维、回收淀粉等环节。常用的筛分设备有平摇筛和六角筛等。

分离蛋白质的方法主要有静止沉淀法、流动沉淀法和离心分离法等。

5. 淀粉的清理、干燥和成品整理

淀粉的清理方法中最简单的便是将淀粉乳放入沉淀桶或池中，加清水搅拌后，静置沉淀。大型淀粉厂多用真空吸滤机清洗淀粉。

淀粉干燥的方法是使用烘干机连续吹风干燥。现代淀粉厂常用的干燥机有转筒式干燥机、气流式干燥机等，但多以气流式干燥机为主。

淀粉成品整理的方法与干燥方法有关，通常采用筛分和粉碎等工序。

6. 淀粉成品白度的提高

（1）漂白粉漂白法。漂白粉一般有效氯含量为28%，用量为1%～10%，可将淀粉预先用酸调节至pH值为4，然后再进行漂白。

（2）高锰酸钾法。将高锰酸钾配成5%的溶液，按淀粉乳容积（30波美度左右）添加，一般0.1%～1%，反应温度为40～45℃，时间为10～30 min。

（3）次氯酸钠法。先将淀粉乳调节至pH值为4～7，温度28～52℃，加入次氯酸钠漂白，最后调节至pH值为7，一般次氯酸钠加量为0.5%～2.0%。

（4）亚硫酸漂白法。用量为0.3%～1.0%，值得注意的是最终成品SO_2含量不能超标。

（二）淀粉糖制作的技术（以葡萄糖为例）

各种淀粉都可以作为生产葡萄糖的原料，其生产工艺有酶法和酸法两种。

1. 酶法制造葡萄糖

工艺流程：淀粉→调粉→液化→糊化→中和→压滤→浓缩→脱色→压滤→离子交换→浓缩→结晶→干燥→葡萄糖。

2. 酸法制造葡萄糖

工艺流程：乳化→糖化→中和→一次脱色→一次蒸发→离子交换→二次脱色→二次蒸发→精制脱色→结晶→精制分离→干燥→成品包装（葡萄糖）。

（三）玉米制品加工技术（以玉米豆腐为例）

1. 工艺流程

原料→破碎→煮制→磨浆→过滤斗煮浆→成型。

2. 操作要点

(1) 原料选择。用来做玉米豆腐的原料主要有玉米和生石灰，要求玉米不能用糯玉米，普通玉米即可，生石灰要用新石灰。

(2) 破碎。选好的玉米，要按着一定的比例混入生石灰，然后放入破碎机中破碎，每粒破成4~8瓣，筛掉皮屑和细粉，要求破碎而不是粉碎。

(3) 煮制。破碎后的玉米放入夹层锅中，用水淹没玉米。取玉米质量2%~4%粉状生石灰，放入少许水中，搅拌成浆状，倒入已加水和玉米的夹层锅中，搅拌均匀，烧至水开，将玉米煮熟。煮的过程中需注意时间不要过长，待玉米粒稍微膨胀即可捞出，捞出玉米后用清水冲洗干净。

(4) 磨浆。将煮熟的玉米粒加2~2.5倍玉米质量的清水，用磨浆机磨浆，越细越好。

(5) 过滤。磨浆过后的玉米要经过20目纱布过滤，其目的是去掉玉米表面的其他杂物，所以滤布不能太细，太细会减少豆腐产量。

(6) 煮浆。过滤后的玉米浆放在夹层锅中，倒入2倍玉米质量的清水，边煮边搅动。开始用大火烧煮，后改用小火，煮成糊状。停火的标准是用饭勺舀满浆后向下倒，如成片状即可，不能过稀也不能过稠，否则会影响产品质量。

(7) 成型。将煮熟的玉米糊倒入做豆腐用的豆腐箱中，自然冷却后即凝固成型为玉米豆腐。

3. 主要设备

破碎机、夹层锅、磨浆机等。

(四) 面粉制品加工技术 (以饼干为例)

饼干的主要成分是面粉，经过与糖、油、牛奶、蛋黄、疏松剂等原辅材料混合后，制成香甜可口的休闲食品。

1. 工艺流程

原辅料选择→面团调制→辊轧→成型→焙烤→冷却→包装→成品。

2. 操作要点

(1) 原辅料预处理。加工饼干的面粉一般选用低筋面粉；糖多用白砂糖、淀粉糖浆、饴糖或果葡糖浆；油脂则选用具有良好起酥性的猪板油、氢化猪油、奶油、人造奶油、氢化棉籽油、掺和型猪油起酥油等；蛋类选用鲜蛋、全蛋粉、蛋白粉和蛋黄粉等，最常用的是鸡蛋。所有高档的饼干均不同程度地添加乳制品，可赋予产品优良风味及营养价值，如奶油饼干等。饼干中的化学疏松剂常采用小苏打与碳酸氢铵混用。另外，一定程度上添加食盐可增加面团的弹性，调节发酵速度，增进制品风味，改善制品的内部色泽。

(2) 面团调制。制作饼干的面团要求有延伸性、可塑性，软硬适中，不能有弹性，不能有黏性或是黏性很小。面粉中蛋白质含量、面筋质强弱以及粉粒大小影响着面团的物理性质。面粉蛋白质和淀粉的吸水性能，决定着面团的物理性质。另外配料也影响面团的物理性质。

（3）辊轧。制作好的面团要放入在辊压机内完成辊轧。面团在一个方向辊轧后，应旋转90°再进行辊轧，使面片的纵向和横向张力一致。

（4）成型。韧性饼干多用来冲印成型为各种动物、玩具饼干；酥性饼干多用辊印、辊切、挤花、挤条成型机成型。

（5）焙烤。饼干焙烤经糊化、膨胀、定型、脱水、上色等阶段。配料中油和糖量多、块形小、饼坯薄、面团韧性小的饼干，宜采用高温短时焙烤工艺；反之，则采用低温较长时间焙烤工艺。

（6）冷却包装。因炉内温度较高，饼干表层可达180℃，中心层110℃，所以饼干出炉后，要先冷却，直至温度在30~40℃之间才能进行包装。

3. 主要设备

打蛋机、和面机、烘烤设备、包装设备。

（五）米制品加工技术（以速冻汤圆为例）

1. 配方

皮料：优质糯米80%~90%，粳米10%~20%，植物油适量（要求无色无味）。

馅料：熟面粉10%，白芝麻12%，黑芝麻18%，白砂糖30%，饴糖15%，大油10%，核桃仁5%，羧甲基纤维素钠适量。

2. 工艺流程

原料选用→原料处理→调制馅心，面皮→成型→速冻→包装→成品→入库。

3. 操作要点

（1）原料处理。① 熟面粉：将小麦面粉于笼屉上用旺火蒸10~15 min，其作用是调节馅心的软硬度，缓解油腻感。② 水磨米粉的制作：将糯米、粳米按比例掺和，用冷水浸米粒至疏松后捞出，用清水冲去浸泡米的酸味，晾干后再加适量水进行磨浆；磨浆时米与水的质量比为1∶1，水太少会影响粉浆的流动性，过多则使粉质不细腻。磨浆后将粉浆装入布袋，吊浆，至1 kg粉中含水300 mg即可。③ 黑（白）芝麻：以文火将芝麻炒至九成熟，去皮，分别取40%的黑芝麻和60%的白芝麻磨成芝麻酱，使其质感细腻，香味浓郁，其余部分碾成芝麻仁。④ 核桃仁：选用成熟度好、无霉烂、无虫害的核桃仁，用沸水浸泡去皮，炸酥、碾碎至小米粒大小。⑤ 羧甲基纤维素钠：将羧甲基纤维素钠先配制成质量分数为3%~5%的乳液，用以调节馅心黏度，使其成团。

（2）调制馅心。将处理后的白芝麻、黑芝麻、芝麻酱等放入配料中搅拌均匀，再加入熟面、油脂等配料，饴糖、羧甲基纤维素钠液可调节馅心的软硬度和黏度，使馅心成为软硬适当的团块。

（3）调制面团。取1/3调制好的水磨粉投入沸水中，使其漂浮3~5 min后成熟芡。其余2/3则投入机器中打碎。再将熟芡加入，滴入少量植物油打匀、打透，至米粉光洁、细腻、不黏糊为止。芡的用量与气温的高低有一定的关系，天冷则要放得多些，天热则可减少一些。否则，芡的用量太少易使产品出现裂纹，太多会使面粉黏糊不易成型。植物油具有保水作用，加入适量植物油可有效避免速冻汤圆长期贮存后，因表面失水而开裂。该油脂要求无色无味，以便在不影响汤圆颜色的同时，增加速冻汤圆表面的光洁度。

（4）成型。根据成品规格，将米粉面团和馅团采用手工或是机械分成小块。

（5）速冻。汤圆馅心和皮面内均含有一定量的水分，如果冻结速度慢，表面水分会先凝结成大块冰晶，逐步向内冻结，内部在形成冰晶的过程中会产生张力而使表面开裂。所以，成型后的汤圆应迅速放入-40℃左右的速冻室中，速冻可使汤圆内外同时降温，形成均匀细小的冰晶，从而保证产品质地的均一性。10~20 min后，汤圆的中心温度迅速降至12℃以下，此时即可出冷冻室。这样的成品汤圆即使是长期贮存，仍然可以有细腻、糯软的口感。

（6）包装入库。冷库温度为-18℃，因此对汤圆进行包装的材料要求有一定的机械强度，密封性强，这样才能将汤圆水分降低至最低程度。

速冻汤圆在贮存和运输过程中应避免温度波动，否则产品表面将有不同程度的融化，再冻结后会造成冰晶不匀，产品受压开裂。

四、果蔬加工技术

（一）果蔬干制品加工技术

1. 原料的处理

原料在干制之前一般要进行清洗、去皮、切分、热烫等处理。有些果实如梨、葡萄等，在干制前要进行浸碱处理，从而除去果皮上附着的蜡粉，这样可以利用水分蒸发，促进果实干燥。碱可以使用碳酸氢钠、氢氧化钠或碳酸钠。一般情况，李子用0.25%~1.50%的氢氧化钠处理5~30 s，葡萄一般用1.5%~4.0%的氢氧化钠处理1~5秒。在使用碱液处理的时候要注意，果实不能太多，浸碱后要立刻使用0.25%~0.5%的柠檬酸或盐酸浸泡几分钟中和残碱，再用水漂洗。

2. 干制过程中的管理

人工干制要求在相对比较短的时间，适当的温度内，通过通风排湿等操作管理，获得质量比较高的产品。干制时特别要注意采取恰当的排湿方法、升温方式和物料的翻动方法，以保证物料干燥快速、高效和优质。

3. 包装前的处理

经过干燥以后的产品，通常需要进行处理回软、分级、压块、防虫处理才可以包装和保存。

（二）果蔬罐藏制品加工技术

果蔬罐藏工艺过程主要包括原料预处理、装罐、排气、密封、杀菌与冷却、果蔬罐头的质量要求、检验、包装和贮存等。

（三）果蔬腌制品加工技术

果蔬腌制品加工主要包括腌菜类、酱菜类和泡酸菜类，下面以五香萝卜干腌菜类加工为例介绍果蔬腌制品加工方法。

1. 原料的选择和处理

选用新鲜、皮薄肉嫩、组织紧密、丰满多汁的萝卜为原料。用清水洗净后，削去侧根，茎叶，切成宽约 1 cm、长约 3 cm 的粗萝卜条。

2. 盐腌

将萝卜条装入缸内，撒进相当于萝卜条重 5% 的食盐，进行盐腌。做法是：先在缸底薄薄铺一层盐，然后逐层把萝卜条装入缸内，每层萝卜条厚约 30 cm，并逐层均匀地撒上盐。在盐腌期间，每天倒缸和揉搓 1~2 次，使盐分迅速溶化渗入萝卜条内。

3. 曝晒

将盐腌 3 天后的萝卜条取出，进行晾晒，以每 100 kg 鲜萝卜条，经盐腌曝晒后，出半干咸萝卜条约 25 kg 为宜。曝晒时，应常翻动，使萝卜条晒得均匀。

4. 配料

入坛按每 100 kg 半干萝卜条加五香粉 8 kg、糖 50 kg、醋 10 kg、辣椒面适量，揉搓后入坛，压实密封缸口。约一周即成为味道咸辣、稍有甜味的五香萝卜干。

五、畜禽产品加工技术

随着经济的快速发展，使人们对畜禽产品的需求不断增加，极大地促进了畜禽产品加工业的发展。畜禽产品加工学就是研究畜禽产品加工的科学理论知识和加工工艺技术的科学，它以肉品、乳品和蛋品及畜禽副产品为研究对象，重点研究原料品质、加工原理、加工技术和贮藏保鲜方法等。从食品安全及提高产品的营养价值、利用价值、延长保存期等角度出发，畜禽产品必须经过加工后才能利用，它是畜牧生产中的重要环节，可使畜禽产品增值，实现优质高效。

（一）肉及肉制品的加工技术（以农家腊肉为例）

1. 工艺流程

选料→切块→漂洗→配料→腌制→烘烤或熏烤→冷却→包装。

2. 操作要点

（1）选料。

选择那些皮薄肉嫩、卫生检验合格的新鲜猪肉的肋条肉作为原材料，肥瘦比例一般在 5∶5 或 4∶6 左右。

（2）切块。

去掉骨头，切掉下端的奶脯，切成长35~40 cm、宽2~3 cm的肉条，将带皮肥膘的端用刀穿一小孔，便于穿绳吊挂。

（3）漂洗。

把肉用温水清洗干净，去掉血污、表面浮油，然后沥干水分。

（4）配料。

因地域风味不同配料各异。现介绍几种常见配方。

四川腊肉配方：原料肉100 kg，五香粉5 kg（五香粉配方：八角0.5 kg，三奈0.5 kg，甘草1 kg，桂皮1.5 kg，荜茇1.5 kg，混合碾成粉末），食盐3 kg，白酒1 kg，红糖汁0.6 kg，花椒粉0.1 kg，硝酸盐15~20 g。

广式腊肉配方：肋条肉100 kg，白砂糖3.5 kg，60度曲酒1.5 kg，无色酱油600 g，精盐1.8 kg，异维生素C钠40 g，三聚磷酸钠10 g，山梨酸钾250 g。

武汉腊肉配方：原料肉100 kg，白胡椒粉0.2 kg，咖喱粉0.05 kg，精盐3 kg，白砂糖6 kg，无色酱油2.5 kg，白酒1.5 kg，硝酸盐15~20 g。

（5）腌制。

在肉面上均匀地撒上配好的腌料，然后充分搓揉，使它调和均匀，然后把肉放在池里或者缸里，初放时皮面在下，肉面向上，接着一层一层地压紧盖好，最上一层肉面向下，皮面向上，最后将剩余配料全部均匀地撒在肉面层上，每两天翻缸一次，腌5~7天即可起缸。

（6）烘烤或熏烤。

天气晴朗的时候可以晒晾3~4天。阴天的时候就需要用50~60℃的温度烘烤。熏烤或烘烤时间根据肉块的大小不同而不一样，可24~72 h不等，皮面干燥、瘦肉鲜红、肥肉呈乳白色或透明就可以出炕。熏料一般选择的是梨木、杉木、不含树脂的阔叶树锯末、花生壳、瓜子壳、板栗壳、木炭、苞谷芯、甘蔗渣、糠壳等，也可以增加一些柑橘皮、柏树枝叶增加它的香味，在不充分燃烧的条件下对肉制品进行熏烤。在熏烤或者烘烤的过程中要注意，一般每隔一段时间就要把肉条上下调换，达到均匀一致。

（7）包装。

腊肉出炕后，应该挂在通风地方进行冷却和散热处理，这样可以避免水蒸气影响包装的效果和质量。现在大多数使用真空封袋包装，每袋500 g。

（二）蛋及蛋制品的加工技术

1. 蛋的构造

禽蛋主要包括蛋壳（包括蛋壳膜）、蛋白及蛋黄三个部分，其中蛋壳及蛋壳膜占全蛋质量的12%~13%，蛋白占55%~56%，蛋黄占32%~35%。但其比例因产蛋家禽年龄、产蛋季节、蛋禽饲养管理条件及产蛋量而有所变化。

2. 蛋制品的加工（以松花蛋为例）

（1）配料。配料是加工松花蛋的关键性步骤，配料直接影响松花蛋的质量和成熟期。

（2）配制有熬料和冲料两种。熬料时，将称量的茶叶、纯碱、水及食盐定量加入锅内煮沸，同时，不断地搅拌，将渣滓物虑出。将石灰逐渐添入缸内，石灰和料液全部混匀后，将氧化铅均匀地散入缸内搅拌均匀。

（3）凉汤。刚配好的料液，由于温度过高，必须冷却后才可以灌蛋。一般夏季冷却至 25~27℃，春秋季为 17~20℃。

（4）料液的测定。配制好的料液，在浸蛋之前需对其进行碱度测定，一般氢氧化钠的含量以 4.5~5.5 为宜。

（5）灌蛋。制备好的料液经测定后，即可进行灌蛋。

（6）泡期管理。鲜蛋在浸制直至成熟期间，尤其是在气温变化较大时要勤观察，多检查。如果发现烂头和蛋白粘壳现象，表明碱性过大，须提前出缸。如蛋白凝固不坚实，表明料液碱性较弱，需推迟出缸。

（7）出缸。变蛋成熟之后即可出缸，出缸时要求轻捞轻放，取出后进行清洗，然后放置于阴凉通风处晾干。

（8）品质鉴定。鉴定品质主要靠“一观、二掂、三摇晃”的传统鉴别方法。一观就是查看变蛋的壳色、大小和完整程度；二掂就是用手握住变蛋，向空中抛起来鉴定其弹性；三摇晃就是用手指捏住蛋，在耳边摇动，听其有无响声，从而判断优劣。

（9）除泥包糠。变蛋经过品质鉴定后，对优良的变蛋进行涂泥包糠。

（10）白油涂料。传统的包涂料用料泥和糠，现在一般采用一种白油涂料。

（三）乳及乳制品的加工技术

1. 乳的定义

乳是哺乳动物分娩后从乳腺分泌的一种白色或稍带黄色的均匀不透明液体。牛乳的物理性质主要包括乳的色泽、相对密度、酸度、冰点和沸点、滋味和气味等，是鉴定牛乳品质的重要指标，也是合理安排乳制品加工工艺的重要依据。

2. 乳的加工

（1）消毒鲜乳的加工。

工艺流程：原料乳的验收→过滤或净化→标准化乳→均质→杀菌→冷却→灌装→封盖→装箱→冷藏。

（2）灭菌乳的加工。

工艺流程：原料乳→超高温灭菌→无菌平衡贮藏→无菌罐装。

（3）再制乳的加工。

① 全部均质法。先将脱脂奶粉与水按比例混合成脱脂奶，再添加无水黄油、乳化剂和芳香物等，充分混合，然后全部通过均质，消毒冷却而制成。

② 部分均质法。先将脱脂奶粉与水岸比例混合成脱脂奶，然后取部分脱脂奶，在其中加入制乳所需的全部无水黄油，制成高脂奶（含脂率为8%~15%）。将高脂奶进行均质后，再与其余的脱脂奶混合，经消毒、冷却而制成。

③ 稀释法。先用脱脂奶粉、无水黄油等混合制成炼乳，然后用杀菌水稀释而成。

（4）酸乳的加工。

工艺流程：原料乳预处理→标准化→配料→预热→均质→杀菌→冷却→加发酵剂→装瓶→发酵→冷却→后熟→冷藏。

（5）冰淇淋的加工。

工艺流程：原料预处理→混合料的制备→均质→杀菌→冷却→老化→凝冻→灌装成型→硬化→成品冷藏。

【学习任务小结】

经过多年的发展，我国农产品加工业已取得很大进步，已成为农业现代化的支撑力量和国民经济的重要产业，对促进农业提质增效、农民就业增收和农村一二三产业融合发展，以及对提高人民群众生活质量和健康水平、保持经济平稳较快增长发挥了十分重要的作用。农产品加工水平的大幅提升，以及“互联网+”等信息技术下沉，使农产品加工业焕发新活力。2035年我国将发展成为世界农业生产和消费大国、农业产业化强国、农产品贸易大国、农业科技领军强国，因此，在消费结构、质量要求、产业发展、业态创新、生产方式、服务功能、科技水平、人员结构等诸多方面面临着巨大的挑战。在实现农业现代化的道路上，未来仍需继续推进农业供给侧结构性改革，转变农业生产经营方式，提升农业对外开放层次和水平，并推动城乡融合发展。

【复习思考】

一、填空题

1. 粮油加工品分为（　　）、（　　）、（　　）、（　　）、（　　）。

2. 果蔬加工品分为（　　）、（　　）、（　　）、（　　）、（　　）、（　　）、（　　）。

二、简答题

发展农产品加工业的意义是什么？

学习任务八
现代渔业发展

【学习目标】

1. 知识目标：了解现代渔业发展历程、现代渔业的概念与特征；学习认识现代渔业技术及宏观渔业体系建设。

2. 能力目标：掌握现代渔业技术；熟悉现代渔业技术的具体操作方法。

3. 态度目标：正确认识现代渔业发展，热爱水产养殖业，树立良好的爱业敬业精神。

【案例导入】

“生态养鱼”＋“特色水产”：内江全力构筑现代渔业产业“新版图”

从告别“肥水养鱼”到发展“生态渔业”再到擦亮“金字品牌”，如今，内江现代渔业发展实现了转型升级绿色发展，构筑了一幅现代渔业产业发展“新版图”。

生态渔业“唱主角”。内江今年出台《养殖水域滩涂规划》后，不断优化水产养殖空间布局，积极推广生态立体养殖方式，因地制宜推行池塘标准化健康养殖、池塘工程化循环水养殖及大水面净水渔业等模式，建设成渝经济区绿色优质水产养殖基地。

依托隆昌市——全省面积最大的国家级稻渔综合种养示范区，结合已建成的高标准农田，以隆昌市、资中县、东兴区为重点，在全市推广稻渔综合种养面积达30万亩。

目前，内江以隆昌、资中为核心区，大力建设万亩“果渔稻”产业示范区，规划发展稻田艺术景观，实施基地景区化改造，形成了一幅幅“山上有果、岸上有景、田中有稻、水中有鱼”的生态美景图。

与此同时，生态渔业也成为内江现代渔业新的增长点。

今年2月，东兴区永福镇曹家沟村龙洞湾水库承包人冯某与该村村委会代表一起按下手印，依法正式解除龙洞湾水库的承包协议，迈出东兴区2019年全面取缔肥水养鱼的第一步。

全面取缔肥水养鱼，内江将渔业生产与水域生态环境保护有机结合，实现产业环境双赢。通过大幅减少农药化肥使用量，全市稻渔综合种养平均亩产水稻400 kg，产值2 800元；平均亩产特色鱼100 kg，产值1 600元。

抱团发展，内江渔业产业“品牌化”。特色水产是内江农业的优势产业。内江市围绕“资中鲶鱼”“永安白乌鱼”两个国家地理标志产品“国”字招牌，结合打造“甜城味”区域公共品牌，不断加强特色水产品牌培育管理、宣传推介，推动渔业产业品牌化发展。

值得一提的是，内江以资中鲶鱼为重点，通过标准化生产、销售物流、精深加工、品牌创建、餐饮推广等形式，形成了全省最完整的渔业产业链。目前，资中鲶鱼获得国家地理标志产品保护，还创造出“天马山鲶鱼”“鱼溪鲶鱼”“球溪鲶鱼”等知名品牌。

正因如此，今年7月底，资中县荣膺“中国鲶鱼之乡”称号，擦亮了内江现代渔业产业的“金字招牌”。

【案例分析】

低碳高效型生态化水产养殖业是现代渔业发展的根本方向，湖泊、水库、河流生态渔业成为现代渔业新的增长点，稻渔综合种养模式实现了稻鱼双丰收，在全国范围内大面积推广。现代渔业发展要求渔业经济效益、生态效益、社会效益同步提高，实现渔业可持续发展。

【学前思考】

1. 什么是现代渔业？
2. 如何学习掌握现代渔业的先进技术？
3. 怎样结合当地水资源条件选择适合的现代渔业技术，发展地方经济？

学习内容一　国内外渔业发展综述

一、世界渔业发展现状与趋势

（一）世界渔业发展历程与主要模式

世界渔业发展经历了三个历史时期，从原始渔业到传统渔业到现代渔业，其中现代渔业发展模式的主要特征表现在养殖、捕捞、加工三个方面。现代渔业更加注重高产、优质、高效，还有生态、安全。捕捞业开发与保护并重。加工业主要还是注重于精深加工和高附加值产品开发。

（二）水产品供求现状与趋势

从20世纪90年代以来，世界水产品总产量和消费量年均增速24%和3.1%。发展中国家贡献是非常大的，世界渔业产量79%来自发展中国家，出口值和出口量分别占世界的49%和59%。人均消费量情况也逐年增加。全球人均消费量从2002年16 kg增加到2010年的19~20 kg，中国人均消费量在12 kg左右，总体不高。从世界看，消费最多的是冰岛，然后是日本、葡萄牙、中国香港等。

（三）科技发展贡献与挑战

以生物技术、信息技术、新资源开发和应用技术等为代表的前沿技术的开发与广泛应用，全面提升了产品的质量，提高了资源利用效率，缓解了开发和保护的矛盾，对渔业生产空间做出了巨大贡献。带来的挑战主要是两个方面：一是如何恢复、保护和持续利用天然渔业资源；二是如何保证养殖业的持续发展。

（四）世界渔业未来发展趋势

从世界渔业未来发展的趋势看，我们可以归纳为四个方面：一是强化环境综合治理，恢复水域生态功能；二是发展高效集约型设施养殖；三是发展智能化精准捕捞；四是发展高值化综合型加工。

二、我国渔业发展现状与趋势

（一）我国渔业发展历程与主要模式

我国渔业发展经历了从原始渔业到传统渔业再到现代渔业的过程。原始渔业可上溯到1万年前，比较有标志的是2 400多年前的经典著作《养鱼经》。新中国成立后，传统渔业向现代渔业转变。从建国时期到20世纪70年代，我国渔业总体处于探索的阶段；20世纪80年代至90年代中期，我国渔业进入快速拓展阶段，1985年中央五号文件的出台，使渔业第一个走上市场经济，10年间我国渔业得到快速发展；20世纪90年代中期到现在，我们定义为阔步前行阶段。渔业产业发展模式也划分为三个阶段：改革开放前主要以捕捞为主的模式，改革开放最初的10年是养捕结合模式，1986年以后是以养为主的模式。

（二）我国水产品供求现状及趋势

我国已成为世界水产品生产第一大国。2009年，水产品总产量达到5 116.4万t，成为第一水产大国，养殖总产量达到3 621.68万t，占世界总产量的70%以上；全国人均水产品占有量达到36.86 kg，居世界前列；水产品出口总量294.15万t，总产值106.98亿元，居大宗农产品首位。从2002年开始，水产品出口居世界首位已经连续19年。

我国水产品生产和消费发展的趋势：渔业生产将继续保持稳定的增长，预计到2030年要达到6 200万t；水产品出口持续增长，国际市场份额将进一步增加；国内水产品的供求结构发生变化，对优质水产品需求进一步增强，到2030年，年人均水产品占有量将达到39 kg。

学习内容二 现代渔业技术

一、现代渔业的内涵与特征

（一）现代渔业的内涵

现代渔业与传统渔业有着本质上的区别，它是在市场经济条件下，随着我国现代科学技术的进步、国内外水产品市场需求的变化提出来的。现代渔业建设是指用现代科学技术和先进设施装备为支撑，用现代管理理念、管理方法经营渔业，不断提升渔业的科技水平，实现增长方式的转变。明确地说，现代渔业应该以现代科学技术改造渔业，以现代管理方法管理渔业，以现代市场经济体制运作渔业，提高渔业机械作业效率、劳动生产率，使渔业经济效益、生态效益、社会效益同步提高，实现渔业可持续发展。

（二）现代渔业的特征

现代渔业与传统渔业相比，具有明显的特征。

1. 重视资源环境保护

渔业是典型的资源型和环境型产业，水生生物资源和水域生态环境是其发展的物质基础和前提。传统渔业是一种生产先导型渔业。在生产过程中由于片面强调发展的速度和数量，采取粗放式、掠夺式的生产方式，忽视污染防治和生态环境保护，造成渔业资源衰退、生态环境恶化等突出问题。近些年，随着可持续发展理念深入人心，世界各国在渔业发展中更加注重资源的保护和生态环境的治理，资源节约型、环境友好型渔业正成为全球渔业发展的新理念。

2. 先进科技广泛应用

这是现代渔业区别于传统渔业的一个显著特征，传统渔业中科研发展滞后于渔业生产，捕捞养殖技术主要依靠经验的积累，而现代渔业是伴随着现代科学技术的发展而发展的。当前渔业正面临着新的技术革命，以生物技术和信息技术为主导的科学技术在对传统渔业的改造过程中发挥着重要的作用。随着计算机、遥感技术、信息化、自动化、新能源、环保技术、生物技术的发展，现代渔业已成为各种新技术、新材料、新工艺密集应用的行业，其对科技的依赖程度在不断提高。

3. 功能、目标的多元性

传统渔业的主要功能是为了提供水产品，满足人们对水产类食品的需求。现代渔业的主要功能除此之外，还应该具有生态和文化等功能。如针对湖泊富营养化的问题，开展生态养殖增殖可以促进水域生态环境的改善；将传统渔业资源与人们的旅游、休闲需求相融合，可以增强现代渔业的文化内涵和教育功能，实现社会、经济和生态效益的和谐共赢。

4. 产业体系日趋完善

与传统渔业相比，现代渔业的产业体系日趋扩大，渔业不再仅仅局限于捕捞、养殖生产领域，渔业的产业链条大大延伸，产业体系日趋完善。主要表现在两个方面：一是渔业子产业之间互相融合。如运用生态学原理和系统科学方法，把现代科学技术与传统渔业技术相结合，通过生物链重新整合的生态渔业；以现代工程、机电、生物、环保、饲料科学等多学科为基础，把养鱼置于人工控制状态，以科学的精养技术，实现鱼类全年的稳产、高产。二是渔业与外部产业的融合。如渔业与旅游业交叉融合而成的休闲渔业。产业之间的交叉融合不断扩大了现代渔业的产业体系。

二、现代渔业技术的应用

我国是一个幅员辽阔的内陆水域大国，有内陆水面近 3 亿亩，是世界上淡水渔业最发达的国家之一。现代渔业养殖技术是个系统工程，它涉及生物、工程、气象等多门学科，对养殖的各个环节，如饲料的供应与科学投喂、疾病的防治、水质的管理、饲养方法及一些名优特种水产品的高效养殖技术等都有一定要求。在此，仅就目前我国现代渔业中有代表性的现代渔业先进技术做综合的介绍。

（一）池塘高效健康养鱼技术

池塘高效健康养鱼技术为养殖鱼类创造了优质的水生态环境。通过维护高质量的健康水域环境，人工投喂营养平衡饲料，精准投喂技术，使养殖鱼类达到最佳的生长率、饲料转化率、繁殖率和成活率。池塘养鱼的健康管理技术，以期最大限度地获得高产、高效、为人类提供生长发育健康、无药物残留、安全的绿色水产品。健康养殖的目标是生产绿色无污染、高附加值的水产养殖新品种，达到养殖效果、经济效益、生态效益三者兼顾的目的。

1. 池塘条件

池塘是养殖鱼栖息、生长和繁殖的环境，许多增产措施都是通过池塘水环境作用于鱼类，故池塘环境的优劣，直接关系到鱼产量的高低。良好的池塘条件是高产、优质、高效生产的关键之一。

池塘要选择水源充足、注排水方便、无污染、交通方便的地方建造。水源以无污染的江河、湖泊、水库水最好，水质要满足渔业用水标准，无毒副作用。养殖面积可大可小，鱼种培育池一般 1~3 亩，成鱼养殖塘 8~10 亩，最大不超过 30 亩，但大坝塘，小型水库精养，采用投饲机投饲，定置网捕捞技术。在成鱼养殖中，面积大小并不重要，关键是饲养管理及其他经济条件。高产池塘要求配备增氧机、投饲机、定置网等现代渔业机械。池塘水深对于鱼苗鱼种培育有一定要求，即 1.0~2.0 m，成鱼养殖 2~3 m 最好。

养鱼用水和底泥管理对于健康生态养殖很重要。水是鱼类赖以生存的根本条件，池塘养鱼水质的好坏，直接影响着鱼类是否能够健康地生长和发育。恶化的水质不仅有害于鱼类的健康，还危及它们的生命。因此，池塘养鱼确保优良的水质具有举足轻重的作用。水源是健康管水的根本，要选择无工农业及生活污染的水源。

水产养殖水质的变化与施肥、投饵、施药、排灌水、养殖动物粪便、分泌物，以及各种水生动物的代谢和死亡等因素密切相关。因此，要定期排换水，使水色和水质符合养殖要求。通常情况下，排换水量以低于全池水量的1/3为宜，将池底污物和水层表面的油膜排出，同时要注意水体中浮游生物的含量与变化，以及排换水与增氧、施药之间的关系。

此外，必须做好池底清淤消毒工作。因为淤泥除了容易滋生大量病原菌和寄生虫外，底泥中有机物质发酵，分解过程中需要消耗溶解氧和产生有害物质，从而影响水生动物的健康。

池塘消毒药物首选生石灰。

（1）干法清塘。鱼种放养前20~30天，排干池水，保留水深为5 cm左右，在池底四周和中间多选几个点，挖成一个个小坑，将生石灰倒入小坑内，生石灰用量为每亩40 kg左右，加水后生石灰立即溶化成石灰浆水，这时趁热向四周均匀全池泼洒。

（2）带水清塘。对于排水不方便的池塘采用带水清塘的方法，鱼种投放前15天，每亩水面水深50 cm时，将生石灰150 kg放入大木盆、小木船等容器中化开成石灰浆水，全池均匀泼洒。

2. 鱼种放养

池塘高效健康养殖品种的选择具有广谱性。水温、溶氧、水质是关键的影响因子。养殖品种要求选用生长快、肉味美、食物链短、适应性强、饲料容易解决、鱼种容易获得的鱼类作为主要养殖鱼类，比如草鱼、青鱼、鲤鱼、罗非鱼、鲫鱼、鲢鱼、鳙鱼、鲂鱼、鳊鱼、鲮鱼、鲶鱼、黄颡鱼、小龙虾等。

优良的鱼种在饲养中成长快，成活率高。饲养上要求鱼种数量充足、规格合适、种类齐全、体质健壮、无病无伤。鱼种规格大小，根据鱼池放养的要求确定，一般认为，放养大规格鱼种是提高池塘鱼产量的一项重要措施。合理的放养密度，要根据池塘的条件、饲料和肥料供应情况、鱼苗的规格和饲养水平等因素来确定。在正常养殖情况下，每亩放养鱼种1 000~1 500尾，饲养5个月，每尾可达1 500 g，一般每亩产1 000~1500 kg。提早放养鱼种是争取高产的措施之一。长江流域一般在春节前放养。鱼种放养选择晴天进行。鱼种下池前要对鱼体进行药物浸洗消毒。水温在18~25℃时，用10~15 g/m^3的高锰酸钾溶液浸洗鱼体15~25 min，杀灭鱼体表的细菌和寄生虫。

选择优良的养殖品种，确定合理的养殖模式与密度，是确保养殖效果的关键，选择的放养品种要求抗病力强、体质健壮，充分发挥内在的抗病能力。对引进的品种要进行严格的病原检疫，认真检查鱼体表、鳃和肠道等器官、组织病原的情况以及是否有局部症状，通过检疫情况确定采取措施。对难以防治而传播速度快的病原，切勿使之进入养殖水体；可防治或能杀灭的病原，进入水体前需先进行药浴处理。放养品种的检疫是池塘养鱼必须采取的措施，因为某些疾病（如大部病毒、粘孢子虫、小瓜虫及部分细菌病原）至今尚无理想的药物治疗，一旦进入水体很难被消灭。一些虽可被杀灭或防治的病原进入水体后，可能成为传染源，为传播病原、疾病蔓延创造了条件。

在生产实践中，渔民为了提高单产，通常盲目加大放养密度，导致养殖水体负荷过度，池塘水质、底质失去控制。同时，由于养殖密度过大，致使鱼类的活动空间变小，使鱼体生长减慢，体质瘦弱、免疫力下降，容易暴发鱼病。

根据鱼类食性（草食性、杂食性或滤食性）和生活空间（水体的上层、中层或底层）的差异，采用不同鱼类进行混养，会使某一种鱼类的个体密度降低，既有利于提高单产，又利于预防鱼病的发生。至于合理的密度和混养的比例则需根据鱼池的水深、水源、水质、饵料来源和饲养管理技术等情况来决定。

3. 投饲管理

投饵是高产、高效渔业最根本的技术措施之一。养殖户一定要精心选购质优价平饲料。要选择讲信誉、重质量的饲料厂家，饲料营养指标、粒径大小应符合主养鱼要求，精准投喂技术也很重要，有的养殖户投喂量与投喂次数把握不准，导致效果不理想。要想获得好的饲料转换率，需用最省的饲料，获得最佳的生长速度和群体鱼产量，应科学、认真地进行投喂，投喂量要根据天气、水色、鱼群的吃食情况定时、定点、定量投喂。

投饲技术的关键是训练鱼集中到水面抢食的习性，掌握八成饱，减少饲料浪费。训练的方法：训练一般在开春水温升高、鱼开始摄食时，以较少的投饵量（正常的50%）集中训练，要精细慢投喂，并以一定声响作刺激，持续1~2周，使几乎全部鱼集中到水面抢食（图8.2.1），方可恢复到正常食量，正常投喂。“八成饱”判断标准：（1）极大部分鱼吃食缓慢，不再集中抢食，已分散游动开去。（2）少数个体小的鱼仍分散在水面下摄食。（3）水面上隐约出现鱼吃食引起的水波纹。

图 8.2.1 **鱼群水面抢食**

4. 鱼病防治

科学健康防治鱼病，首先应考虑科学用药，应坚持“以防为主，防治并重”的方针。科学用药要做好以下几点：要准确诊断鱼病对症下药；要选择对水质环境以及鱼体毒副作用小的药物；掌握影响药物疗效的一切因素，考虑各种干扰因素，并按照使用说明确定药物剂量、用药次数、给药间隔，科学用药；一些细菌性疾病要采用内服外消相结合的治疗方式；用药要注意药物配伍及一些鱼类对一些药物的敏感性，不要乱用药物。

（二）稻渔综合种养新技术

稻渔综合种养是绿色生态的农渔发展模式，是渔业产业扶贫和助力乡村振兴的重要抓手，对促进稳粮增收和水产品稳产保供具有重要作用。稻渔共生原理的内涵就是以废补缺、互利助生、化害为利，在稻田养鱼实践中，人们称为“稻田养鱼，鱼养稻田”。调整农业单一的种植结构，研究“水稻+n”的产业结构。在这个“n”中，小龙虾、河蟹、泥鳅、黄鳝等的养殖已成为首选之一。

1. 稻鱼综合种养

（1）田间工程。

进排水系统改造。对于新开挖的养鱼稻田，进排水口一般设在稻田的两对角，以保证水流畅通，进排水口大小根据稻田排水量而定。对于旧的养鱼稻田应进行检查，夯实进排水口，防止漏水。

沟坑整修及田埂加固。对于新开挖的养鱼稻田，在插秧之前开挖好鱼沟、鱼溜（沟坑占比不超过稻田面积的10%），并加固田埂。对于旧的养鱼稻田则需要对鱼溜、鱼沟等进行整修。

防逃防害设施建设。在进排水口处安装拦鱼栅，防止鱼逃走和野杂鱼、敌害等进入养鱼稻田。有条件的地区建议在田间安装诱虫灯。

（2）鱼苗、苗种放养。

从正规苗种场选购活力好、体表完整、规格整齐的优质苗种。根据鱼种的规格确定放养密度。稻田养鱼模式包括主养杂交鲤类型、主养罗非鱼类型、主养革胡子鲶类型、主养泥鳅类型、主养黄鳝类型等。

培育大规格鱼种。即利用稻田将夏花养成鱼种，通常每亩放养夏花（寸片）3 000尾左右，亩产达50 kg左右。如不投饵，则放养量降低1/3~1/2。

养殖成鱼。利用稻田将2龄鱼种养成食用鱼，每亩放养8~15 cm的鱼种400~600尾，亩产100~150 kg。

（3）投饵管理。

稻田中杂草、昆虫、浮游生物、底栖生物等天然饵料较多，每亩可形成30~50 kg的天然鱼产量。但要达到100 kg以上的鱼产量必须采取投饵施肥的措施。食场设在鱼溜或鱼沟内，每天投喂一次，当天投喂的饵料以当天吃完为宜。正常情况下，按“四定”（定时、定质、定量、定位）投饵法投喂饵料，日投饵量为鱼体重量的2%~3%，遵循“三看”（看鱼、看水、看天）原则，并根据实际情况灵活调整。

（4）日常管理。

坚持每天早晚巡查，主要观察水色、水位和鱼的活动情况，及时加注新水。

（5）病害防治。

疾病预防措施。投放鱼苗前，可用生石灰、二氧化氯等对田块进行消毒。购买的苗种投放前，可使用3%~5%的食盐或按说明使用高锰酸钾溶液等进行浸浴消毒。

科学合理用药。应坚持预防为主原则，在苗种发生病害，或水中有害生物大量生长时，科学合理使用药物。

2. 稻虾综合种养（小龙虾、青虾）

（1）苗种放养。

选择良种。苗种要求体表光洁、体质健壮、规格整齐、附肢齐全、健康无病。应尽量避免多年自繁自育、近亲繁殖的苗种，优先选择繁养分离，且冬季根据天气水温情况适当投饵保肥的苗种，有条件的需要进行苗种检疫。

适时放种。养殖早虾的宜在3月中旬前后投放苗种，养殖常规虾的可在3月下旬至4月下旬投放苗种。虾苗密度一般控制在6 000~8 000尾/亩。对于苗种自繁自育的稻田，虾苗太多的要及时出售或者分池养殖，虾苗较少的可以适当补充。

水质调控。及时调水，水质一般以黄绿色或油青色为好，水体透明度以30~35 cm为佳。若发现水质老化，可注入少量新水后，用生石灰加水后全池均匀泼洒或使用有益微生物制剂及小球藻种调节水质。若水色清淡则应适时追肥。施肥要坚持“看水施肥、少量多次”的原则，以确保水质“肥、活、嫩、爽”。及时施肥，初春季节藻类繁殖比较慢，肥水相对困难。肥料可以选择发酵好的农家肥或生物有机肥，建议在晴天中午施用。

饵料投喂。正常情况下，由于初春季节小龙虾体质较弱，可适当使用一些优质配合饲料，也可投喂诱食性好的鱼肉、蚯蚓等动物性饵料或高蛋白的豆浆，可适当提高投喂频率。

（2）病害防治。

疾病预防措施。降低密度，适时通过分塘转移、捕大留小等措施，减少小龙虾存塘量，降低养殖密度。操作过程中应注意避免小龙虾受伤或引起应激反应。水中溶氧过低会产生氨氮、亚硝酸盐和硫化氢等有害物质，应注意加强增氧，避免因水质恶化引起的缺氧问题。要合理投喂优质饲料，提高免疫和抗应激能力。

科学合理用药。注意药物适用对象、用量和配伍禁忌。尽量选择刺激性较小的外用药物，减少小龙虾的应激反应。不使用非法药品，尤其是杀青苔类产品更要慎重使用。

重要疫病防控。春季天气不稳定，小龙虾易发生纤毛虫病、白斑综合征和细菌性肠炎。要坚持“防重于治”，做到“早发现、早诊断、早处置”，做好病虾隔离，切断传播途径。

3. 稻蟹综合种养

稻蟹综合种养分为稻田养殖扣蟹和稻田养殖成蟹两种模式，放养时间相对较晚，应提前做好生产准备，主要包括田间工程、育秧和扣蟹暂养等。

（1）田间工程。

田埂加固。加固夯实养蟹稻田的田埂，根据土质情况田埂顶宽 50~100 cm，高 50~80 cm，内坡比为 1∶1。

防逃设施建设。每个养殖单元在四周田埂上构筑防逃墙。防逃墙材料采用尼龙薄膜，薄膜高出地面 50~60 cm，每隔 50~80 cm 用竹竿作桩。对角处设进排水口，进、排水管口长出田埂面 30 cm，将防逃网套住管口，防逃网目尺寸以养殖蟹苗/扣蟹不能通过为宜，同时可以防止杂鱼等进入稻田，与蟹争食。

（2）扣蟹暂养。

待稻田插秧后，根据气温、供水条件等及时起捕扣蟹投放到养殖稻田。

扣蟹暂养区改造。选择靠近养蟹稻田、水源条件好的冬闲池塘或预留一块稻田作为暂养区。暂养区沟坑深度要达到 1.5 m，并预先移栽水草。水草首选当地常见种类，并注意疏密搭配，总面积占暂养区 2/3 左右。

扣蟹选择。选择规格整齐、体质健壮、体色光泽、无病无伤、附肢齐全，特别是蟹足尖无损伤，体表无寄生虫附着的扣蟹。

饵料投喂。当水温超过 8℃时候，要适时投喂精饲料，增强扣蟹的体质。根据水温和摄食情况，可按蟹体重 0.5%~3%投喂。

水质调控。及时调水，选择盐度在 2‰以下、pH 值在 7.8~8.5 之间的井水、河水或水库水。注意换水时间，确保水温变化幅度不大。使用井水时，一定要注意充分曝气和提高水温。

日常管理。坚持每天早晚巡查，主要观察扣蟹摄食、活动、蜕壳、水质变化等情况，发现异常及时采取措施。

（3）病害防治。

降低密度。北方地区冬季扣蟹需集中越冬，待春季气温回暖，需及时分塘，降低密度。扣蟹暂养至水稻插秧后，应及时起捕投放，避免暂养区内密度过高诱发疾病。

增加溶氧。暂养区可根据实际条件增加微孔增氧等设施，提高水体溶解氧含量。

合理投喂。根据暂养区密度，适量投喂，既保证饵料充足，又要防止过多投喂影响水质。

（三）高密度流水养鱼技术

流水养鱼是利用自然流水、以人工投喂饵料为主的养鱼方法。具有高密度、高投入、高产量的特点。在选择流水养鱼场地址时，就必须有良好的水源、充足的水量和其他相应的条件。此外，对鱼种、饵料、交通、市场的考察也是流水养鱼必须考虑的问题。对于流水养鱼，要满足鱼类健康快速成长，必须考虑水源、水温、水质、饲养管理的方便及周围环境条件。

1. 水源条件

流水养鱼，水量必须充足，特别是枯水期水量。最容易推广的是“借水还水”，利用自然落差的引水方式。根据鱼池大小和放养密度来确定用水多少，水质必须符合养鱼水质标准。水温也是制约鱼类生长的重要因素。在确定流水养鱼后，选择水温适宜生长的养殖鱼类，主要生长期水温低于18℃时，选择虹鳟、鲟鱼等冷水性鱼类。温水性鱼类的适宜生长水温是24~31℃。

2. 流水池的建设

流水养鱼池有鱼种池、成鱼池、亲鱼池和蓄养池四大类。水深1.5 m左右，最佳苗种培育池面积为30~50 m^2，成鱼池面积为60~80 m^2。鱼池必须建有进水孔、排水孔、排污孔等设施。鱼池的形状多为长方形、椭圆形。根据地形设计，孔眼的大小根据鱼池大小而定（67 m^2水面5 min排完为宜）。排污孔部要安装网状隔板，网眼大小以150 g的鱼不能钻出为宜。池底有一定斜面，以保证排污效果。

3. 鱼种放养

鱼种规格要整齐，体质健壮，没有病害。下池前，要对鱼体进行药物浸洗消毒。鱼种规格在100 g/尾为宜。苗种放养密度以最大的载鱼量和初放养量作为确定合理放养密度的标准。鱼池的最大载鱼量可按下式计算：

$$W=(A_1-A_2)\times Q/R$$

W：全池最大载鱼量/kg（全池）

A_1：注入水的溶氧量/(g/m^3)

A_2：维持鱼类正常生长最低溶氧量/($2.5g/m^3$)

Q：注水流量/(m^3/h)（全池）

R：鱼类耗氧量，淡水鱼为0.40~0.45 $g/(kg\cdot h^{-1})$

在流水池中进行饲养时，其具体的放养尾数I可按下式计算

$$I=W/S$$

W：最大载鱼量/kg（全池）

S：计划养成规格/(kg/尾)

4. 饲养管理

（1）投饵。鱼的饵料要科学配方，制作为全价颗粒饲料，投饵量根据鱼的密度和水温确定，一般按鱼体重的2%~5%的比例投饵，掌握八成饱，每天定时投饵，有胃鱼类投饵次数通常每天2~3次，无胃鱼类根据鱼种规格及水温确定，2~5次/天。

（2）排污。经常排污可保持鱼池清洁，排污次数，前期每两天排污一次，以后根据鱼的长势而定。若水温偏高，必须每天排污一次。

（3）巡池与测量。坚持每天巡池，观察鱼的摄食情况，发现异常应及时采取措施。每天早、中、晚测水温，每半月测量一次鱼的生长速度，并做好养殖日志。

（4）防治鱼病。流水养鱼鱼病以预防为主。在鱼病发生季节，根据往年的常见

鱼病，在饵料中加入鱼药制成药饵，每个月投喂药饵3~6天。鱼池在投放苗种前必须进行消毒清洗。

流水养鱼防鱼病的主要经验归结为“四定四消”。“四定”是：① 定质，保证饵料的质量既新鲜又富有营养；② 定量，根据鱼体大小、季节、摄食情况决定投喂饲料量；③ 定位，固定投喂的位置，以便于观察摄食情况；④ 定时，根据“少吃多餐”的原则决定投喂时间和次数。“四消”是：① 鱼池消毒，用药清池，杀死鱼池中的病原体和生物敌害；② 鱼种消毒，鱼种下池时，用药消毒鱼体，防止病原体带入鱼池；③ 饲料、食场、工具消毒，防止病原体传染；④ 水体消毒，发病季节，定期用药物全池泼洒。

（5）防洪。流水池多在山区，夏秋季山洪暴发常危及鱼池生产安全，因此，在选址时要避免在洪水泛滥区，平时一定要注意进出水口的畅通。流水池在安全适宜的流量范围内，流入水越多，鱼的生活环境越好。

（四）大水面生态渔业技术

湖泊、水库等大水面，是我国内陆渔业水域的重要组成部分。大水面渔业是我国淡水渔业的重要组成部分，在建设水域生态文明、保障优质水产品供给、推动产业融合、促进渔民增收等方面发挥着重要作用。根据大水面生态系统健康和渔业发展需要，通过开展渔业生产调控活动，促进水域生态、生产和生活协调发展。根据渔业布局情况，结合自身实际，突出特色，因地制宜打造生态净水型、绿色养殖型、旅游观光型、休闲娱乐型、餐饮服务型等大水面生态渔业发展模式，着力构建大水面生态渔业特色发展格局。

1. 推进大水面生态渔业发展的总体要求

（1）指导思想。

以习近平新时代中国特色社会主义思想和习近平生态文明思想为指导，全面贯彻党的十九大和十九届二中、三中、四中全会精神，认真落实党中央、国务院决策部署，践行“两山”理论，坚持新发展理念，以实施乡村振兴战略为引领，以满足人民对优美水域生态环境和优质水产品的需求为目标，有效发挥大水面渔业生态功能，加快体制机制创新，强化科技支撑，促进渔业资源合理利用，推动一二三产业融合发展，走出一条水域生态保护和渔业生产相协调的大水面生态渔业高质量绿色发展道路。

（2）基本原则。

① 坚持绿色发展、合理利用。充分发挥渔业的生态功能，科学利用水生生物资源，加强水域环境保护。兼顾大水面在防洪、供水、生态、渔业等多方面的功能，实现“一水多用、多方共赢”，推进水域共享共用共治。

② 坚持因地制宜、分类施策。根据生态环境状况、渔业资源禀赋、水域承载力、产业发展基础和市场需求等情况，科学布局、分类施策，坚持“一水一策”，合理选

择大水面生态渔业发展方式。

③ 坚持科技引领、创新驱动。加强基础理论研究、关键共性技术研发，强化模式提炼，推动成果转化和示范推广。推进管理体制机制创新，充分发挥市场作用，完善生产经营体系，健全利益联结机制。

④ 坚持质量兴渔、三产融合。围绕高质量发展目标，提升水产品品质，实施品牌战略，提高质量效益。发挥大水面渔业优势特点，大力发展精深加工和休闲渔业，推进一二三产业融合发展，不断延伸产业链，提升价值链。

（3）工作重点。

① 以法律法规为依据保障大水面生态渔业发展空间。统筹环境保护与生产发展，对于法律法规明确禁止发展渔业的区域，要严禁发展大水面生态渔业，允许发展大水面生态渔业的区域，要准确把握政策要求，合理发展生态渔业。完善重要养殖水域滩涂保护制度，严格限制养殖水域滩涂占用，严禁擅自改变养殖水域滩涂用途。依法开展水域、滩涂养殖发证登记，依法核发养殖证，保障养殖生产者合法权益。以空间规划为依据，科学合理设置大水面生态渔业必要的设施，统筹协调大水面渔业生产与航运、水生态环境及鱼类生殖洄游等方面功能。

② 以发挥渔业生态功能为导向开展增殖渔业。增殖渔业要按照水域承载力确定适宜的放养种类、放养量、放养比例、捕捞时间和捕捞量。增殖渔业的起捕要使用专门的渔具渔法，最大限度减少对非增殖品种的误捕，确保不对非增殖生物资源和生态环境造成损害。要严格区分增殖渔业的起捕活动与传统的对非增殖渔业资源的捕捞生产。原则上禁止在自然保护区的核心区和缓冲区开展增殖渔业；在饮用水水源保护区、自然保护区的实验区，可根据资源调查结果合理投放滤食性、肉食性、草食性的当地土著品种，发挥增殖渔业的生态功能，实现以渔抑藻、以渔净水，修复水域生态环境，维护生物多样性；在水产种质资源保护区，增殖渔业的起捕活动应在特别保护期以外的时间开展。

③ 以严格资源管理为基础发展传统捕捞渔业。传统捕捞生产要严格按照《渔业捕捞许可管理规定》要求，实施船网工具控制指标管理，实行捕捞许可证制度和捕捞限额制度。针对以特定资源利用、科研调查和苗种繁育等为目的的捕捞，要制定专门办法进行专项管理。除自然保护区的原住居民可开展生活必需的传统捕捞活动外，禁止在饮用水水源一级保护区和自然保护区开展捕捞生产。要在明确种群动态、资源补充规律的基础上，探索开展定额、定点、定渔具渔法和定捕捞规格的精细化管理。

④ 以科学合理为前提发展网箱网围养殖。要按照《关于加快推进水产养殖业绿色发展的若干意见》要求，根据水资源水环境承载能力科学布设网箱网围，合理控制养殖规模和密度，加快推进网箱粪污残饵收集等环保设施设备升级改造，减少污染物排放。支持同一水体不同区域采用轮养轮休养殖模式。禁止在饮用水水源一级保护区开展网箱网围养殖，在饮用水水源二级保护区发展要更加注重环境保护，用投喂利

用率高、饵料系数低的高效环保饲料，鼓励发展不投饵的生态养殖，严禁非法使用药物。经营主体应定期开展水质监测分析，防止污染水环境。禁止在自然保护区的核心区和缓冲区开展网箱网围养殖，在自然保护区的实验区内允许原住居民保留生活必需的基本养殖生产，同时要注重环境保护。

⑤ 加强大水面生态环境保护。加强大水面水质保护，生态环境、农业农村等部门要按职责分工加强监测和执法监管，对造成水域污染的行为依法追究责任，维护大水面良好的水域生态环境。加强大水面生物多样性保护，增殖渔业要严格按照《水生生物增殖放流管理规定》对苗种场和放流品种进行监管。用于增殖的亲体、苗种等水生生物应当是本地种，要选择遗传多样性高且来源于放流湖库或临近水体的优质亲本培育苗种，禁止使用外来种、杂交种、转基因种以及其他不符合生态要求的水生生物物种进行增殖，严防种质退化和疫病传播。

2. 大水面生态渔业增养殖技术

（1）大水面鱼类增殖技术。

采用生态养殖模式，在大水面养殖水域采用“人放天养”“轮捕轮放”等生态养殖模式，生产符合市场需求的绿色水产品。通过增加投放量和捕大留小等方式，提高鲢鳙大规格商品鱼生产量。通过轮作养殖、分区养殖等方式提高经济价值较高的水产品生产量。

大水面鱼类增殖技术中的粗放养殖是指仅投放鱼种与结合资源保护和合理捕捞的一种养殖方式，即人放天养。合理放养的生态学管理原则：

① 使放养鱼类种群的摄食强度尽可能符合天然饵料的供饵力。一是根据浮游生物的消长调整放养比例和密度；二是放养底层鱼，全面利用饵料资源；三是重视非放养经济鱼的保护利用。

② 提高放养鱼的成活率，减少在放养期间的天然损失。

③ 确定合理养殖周期，进行合理捕捞。

④ 对放养鱼种随后几年的渔获物进行分析，评价同一年放养鱼种的作用。

⑤ 移植饵料生物和“以青代精”，增加水体中的饵料。

确定大水面鱼类增殖放养对象的原则：水的理化性状适合于该种鱼类的生长；该水体能为放养鱼类提供丰盛的饵料；被放养鱼生长快，肉质美，饵料系数低，经济价值高；被放养鱼鱼种易得；被放养鱼不残食其他经济鱼类，亦不危及其他经济鱼类的生长和繁殖；被放养鱼对养殖设施或有关工程设施无害。

大水面鱼类增殖的主要放养类型：浮游生物食性为主的混养型；底栖动物食性鱼类为主的混养型；杂食性鱼类为主的混养型；草食性鱼类为主的混养型。

适合大水面鱼类增养殖的主要鱼类：主体放养鱼须以浮游生物和有机碎屑为食的鱼类，鲢鳙鱼、鲴亚科鱼类为最佳选择。

搭配品种的选择条件：生态学角度看，尽可能让多种生活习性的鱼类占领不同生态灶，使水体生态系统物种存在时空多样性；在渔业生产上，为了合理地利用水层和饵料资源，必须搭配其他混养经济鱼类。我国主要养殖搭配品种有鲤鱼、鲫鱼、河蟹、青虾。

放养比例：指放养鱼类的种类和数量组成。大水面主养鱼类一般为鲢、鳙，放养比例占总放养量的60%~80%，鲤、鲫鱼占10%~20%，其他鱼（鲴类等）占5%。鱼种放养规格以4寸（1寸=3.33 cm）以上为宜，放养密度以50~100尾/亩为宜。养鱼水面面积可以按正常水位面积的70%计算。养殖周期根据养殖鱼类的生长特点确定，鱼类的生长特点是在性成熟前，鱼的生长速度最快，为快速生长期，养殖鱼类的捕捞规格通常定在鱼类第一次性成熟年龄附近。大水面生态养殖周期通常为2~3年。

大水面鱼类资源的保护与增殖是一个问题的两个方面，相辅相成。鱼类资源保护包括繁殖保护、环境保护、合理渔业等方面内容；鱼类资源增殖包括人工放养和放流、引种驯化、环境改良等方面内容。

鱼类的繁殖保护，一是对鱼类繁殖活动直接进行保护，限制对鱼类资源的破坏；二是防止对水域繁殖条件的破坏并采取有关补救措施。影响和破坏鱼类正常繁殖的现象主要有大量捕杀产卵亲鱼、产卵场受到破坏、产卵及孵化条件恶化、产卵洄游受阻等。在自然繁殖条件遭到破坏的水域，模拟天然繁殖的某些条件，建立半人工或全人工的鱼类产卵场，是补偿自然繁殖条件不足的一种有效办法。

（2）在大水面中利用“三网”进行鱼类养殖技术。

① 网箱养鱼。网箱养鱼是在天然水域条件下，利用合成纤维网片或金属网片装配成一定形状的箱体，设置在水体中，把鱼类高密度地养在箱中，借助箱内外的水不断交换，维持箱内适合鱼类生长的环境，利用天然饵料或人工投饵培育鱼种或饲养商品鱼。

我国大水面网箱养鱼的类型大体可分为四种形式：一是培育大规格鲢、鳙鱼种；二是养殖鲢鳙成鱼；三是主养鲤鱼、罗非鱼、草鱼等吃食鱼；四是网箱养鳜鱼、大口黑鲈等肉食性鱼类和其他名、特、优种类。

网箱培育鱼种。网箱放养2寸至3寸鱼苗，每平方米放养6~10 kg，养到每尾100~200 g，产量50~60 kg/m^2，分箱转入成鱼（商品鱼）养殖。

网箱成鱼养殖。鲤鱼放养公两鱼种，草鱼放养200 g左右鱼种，每平方米水面放养15 kg左右。养殖到商品鱼1~2 kg，产量80~100 kg/m^2。

网箱养鱼的负载力。大量研究表明：水面大的湖泊和水库，200~300亩水面可设一亩网箱；水面小、水交换条件差的水域，300~400亩水面设一亩网箱。对于以发电为主的水库应考虑水的交换情况，适当提高设置网箱的面积。目前网箱养鱼产量最高的鱼种为主养鲤鱼、草鱼、罗非鱼，其产量每平方米在80~100 kg。

② 网围养鱼。网围养鱼是在湖泊、河道、水库等开敞水域，用网片围成一定面积和形状，进行养殖生产的一种技术。这种技术可以充分利用大水面水流畅通、溶氧

充足、天然饵料生物丰富等生态条件的优势，结合半精养措施，实现淡水鱼的鱼种或成鱼配套养殖、轮捕轮放、均衡上市的高效养殖效果。这种技术对水位有一定的要求，平均水深 2~3 m，最大水深不能超过 4 m，水位年变幅 1~2 m，水流平缓，流速变化在 1~3 cm/s 才能进行网围养殖，具体放养密度应以不同的养殖目的灵活掌握。如果是用来培育淡水鱼 1 龄鱼种的，每亩可放 3 cm 长的夏花 1 000~1 500 尾，如果是用来养殖成鱼的，每亩可放养 12~15 cm 的大规格鱼种 400 尾。

③ 围栏养鱼。围栏养鱼是在湖湾港汊、湖边岸滩、库湾、河道等水域中，依据水面地形，用网片、竹箔或金属网拦截一块水体，至少有一边是靠岸的，投放一定数量的鱼种，利用天然和人工饲料、进行养殖生产的一项养鱼技术。

（五）高效循环工厂化养殖技术

工厂化养殖指利用机械、生物、化学和自动控制等现代技术装备起来的车间进行水生动植物集约化养殖的生产方式。循环水指对使用过的养殖水，通过物理、化学、生物等方法，进行无害化处理后，符合无公害健康养殖水质要求，可再用于养殖的水。

1. 养殖车间

养殖车间多为一层结构，长方形，单跨或多跨，每跨间距 9~15 m。车间墙体高度可在 2~2.5 m 之间，车间四周为水泥砖混墙体，外墙厚 24 cm，屋顶采用三角尖顶或拱形结构，目前拱形结构较为普遍，屋顶为钢架，木架或钢木混合架，顶面为石棉瓦、玻璃钢瓦或塑料薄膜覆盖，车间采光可通过屋顶设透明带或墙体开窗。养殖车间应结构牢固，屋顶能够防风与防压。

2. 养殖池

养殖池有混凝土、砖混合玻璃钢结构，形状按水流转动流畅、排污清洁彻底和地面利用率高的原则设计，以圆形和方形去角为宜。养殖池面积 30~50 m^2，深度 60~100 cm，养鱼池池底呈圆锥状，坡度 3%~10%，池中央设置排水口，排水口安装多孔排水管。若养殖游泳性大的鱼类，养殖面积和深度可适当增大。养殖池进水管沿池壁切向进水，将池底残饵、粪便冲起，及时排污。污水通过处理后再进入养殖池。

3. 蓄水池

蓄水池应能完全排干，水容量为总养殖水体的三分之一以上，以方形为宜为养殖池的 40%。

4. 废水池

废水池根据养殖池面积和养殖期间换水量确定，废水池大小，面积为养殖池的 10%~20%。采用曝气、颗粒过滤等技术使养殖废水达到国家无公害排放标准。

5. 水处理设施

（1）颗粒过滤。采用不锈钢制作的微滤机，将残饵、粪便等固体和高浓度的杂物实时分离出去，减轻下一流程的生物处理负荷。微滤机的过滤面积一般为 5 m^2~

20 m^2，过滤精度 6 目～250 目，处理水量 250 m^3/h～500 m^3/h，配备动力为 1.1 kW～4 kW。

（2）筛网过滤。在循环水泵前安装固定式筛网过滤器，筛网一般为尼龙、锦纶、不锈钢等材料制成，网目以 150 目为宜，筛网须定时冲洗或刷洗，以保持水流畅通。

（3）蛋白分离。利用在气泡表面能够吸附混杂在水中的各种颗粒状的污垢以及溶于水中的蛋白质，进行分离或浓缩的过程。蛋白分离器将微滤机无法分离的悬浮物及胶质蛋白等细小杂质分离出去。蛋白质分离器的入水直径一般为 32 mm～160 mm，出水直径为 63 mm～250 mm，流量为 5 m^3/h～130 m^3/h。

（4）生物处理。生物滤池的容水量一般为养殖池的 2～3 倍，多为浸没式，由多级串联而成。生物填料采用阶梯式生物料，比例为 1∶200，数量为 200 m^3，表面积大于养殖系统的生物承载量的 25%左右。生物滤池应在使用前 30 天～40 天加水进行内循环运转，接种活菌制剂或培养野生菌种，使滤料上形成明胶状生物膜。

在生物处理的同时可曝气，驱除水中的二氧化碳和氮气等有害气体。

（5）消毒灭菌。紫外线杀菌采用渠道式装置，其杀菌效果受水体透明度和水深的双重影响，当循环水的可见度很低时，灭菌效率也较低。紫外线杀菌时最有效波长为 240 μm，一般选 240 μm～280 μm 的灯管即可。

同时安装臭氧发生器，产量范围为 2.5 g/h～65 g/h，并辅助添置臭氧流量计，保证臭氧的投入浓度为 0.08 mg/L～0.20 mg/L，治疗浓度为 1.0 mg/L～1.5 mg/L。

（6）沉淀砂滤。采用多介质过滤器/活性炭过滤器进行沉淀过滤。常用规格为 Φ200 mm～3 200 mm，过滤水量为 0.1 t/h～100 t/h；可选材质有玻璃钢、碳钢和不锈钢；控制方式有手动或自动。

6. 配套设施

（1）温控设备。板式换热器最高使用压力 2.5MPa，使用温度为−19℃～250℃，最大处理量液体/气体为 30/300～1 200/12 000，传热系数 K 为 3 000 W/(m^2·℃)～6 000 W/(m^2·℃)；冷水机制冷量为 7.91×10^3 kcal/h～168.5$10^3$ kcal/h，相应的水箱容积为 50 L～700 L，水泵功率为 0.35 kW～7.5 kW，冷却水流量 1.9 m^3/h～40.5 m^3/h。采用比例式数字控温器和电动调节阀来控制冷、热媒的流量。

（2）制氧装置高效溶氧器。常见流量 300 m^3/h～600 m^3/h，常用功率为 2.2 kW～4.4 kW，采用罐装液氧进行循环充氧，将 DO 含量控制在 8 mg/L～12 mg/L，可有效保持养殖鱼类的快速生长。

（3）供水设备。根据用水量确定水泵的功率、数量及输水管道的管径。常用循环泵的流量为 50 m^3/h～100 m^3/h，常见功率为 3.0 kW～5.5 kW。安装材料包括 PVC 管道、阀门和紧固件等。

（4）水质监控系统。可自动监测水温、pH 值、电导率与溶氧等水质指标。

7. 工艺流程

工厂化养鱼系统水处理工艺流程如图 8.2.2 所示。

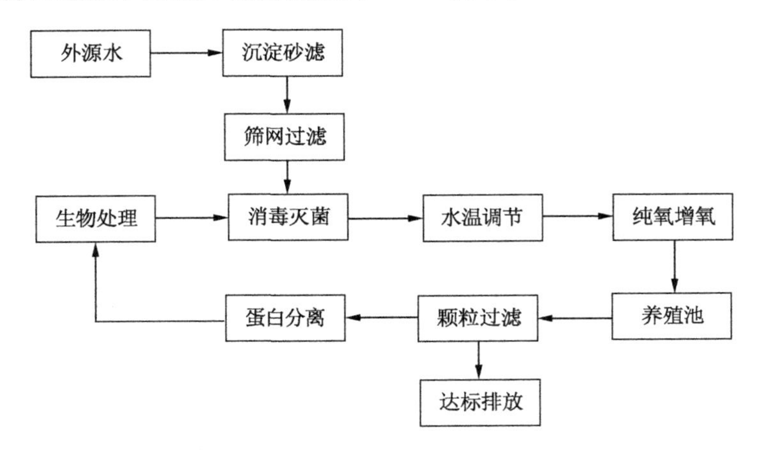

图 8.2.2 水处理工艺流程

8. 养殖管理

（1）苗种放养。选择健康、规格整齐的苗种进行放养，放养密度可参考流水养鱼的计算公式设计。放养前的苗种需经消毒，苗种入池水温和运输水温温差应在 2℃以内，盐度差应在 5 以内。

（2）水质管理。经循环系统处理后的水质指标达到 GB11607（渔业水质标准）要求，进入养殖系统的水质指标如下：DO ≥ 10 mg/L；pH 8.0 ~ 8.2；非离子氨 ≤ 0.02 mg/L；COD_{Cr} ≤ 15 mg/L；SS ≤ 10 mg/L；KH 值控制在 11 ~ 15 之间；池中水保持无异色、无异味、悬浮物少、透明度高；大肠菌群 ≤ 5 000 个/L；粪大肠菌群 ≤ 1 000 个/L。养殖系统控温范围视各养殖鱼类不同，如鲆鲽类，在 16℃ ~ 21℃时，可保证其最适生长。

（3）光照控制。光照强度 500 lx ~ 3 000 lx，光线应均匀、柔和。

（4）饲料投喂。配合饲料的安全卫生指标应符合 NY5072、SC/T 2006 和 SC/T 2031 的规定。

投饲量根据气候、水温及鱼的摄食情况确定，以不出现残饵为原则。配合饲料日投饲量由幼鱼体重的 5% ~ 8% 逐渐减少至成体体重的 1% ~ 2%。投饲次数由养殖初期每日 3 次 ~ 5 次减少至后期每日 2 次。

发现摄食不良时，应查明原因，减少投饲次数及投饲量。

（5）日常管理。水质自动监测装置监测 pH 值、水温、DO 和电导率，监测周期为 1 h，即每小时监测一遍，全部程序由一台 OMRON 程序控制器来完成，可根据需要配置电脑和打印机。

除自动监测指标外，还定期测定盐度、COD、非离子氨、硝酸盐、亚硝酸盐、磷酸盐等水质参数，将各项指标控制在适宜鲆鲽类生长的范围内。经常检查生物膜的微生物组成，统计主要微生物的世代变化周期，确定补充菌种的添加种类和数量。

养殖水深控制在 35 cm~80 cm，日换水量控制在总水量的 10%~15%（即 2 m^3~3 m^3）之间。当水温高于 25℃并无法降温时，换水量要达到 10 次/天以上，并采取加大纯氧供给量的措施，使氧气饱和度达到 100%~150%。

每天投饵完毕，要拔掉排污管，迅速降低水位，并使池水快速旋转，以此彻底改良水质，并带走池底当天的污物和残饵。

（6）病害防治。制定病害防治计划，以预防为主，宜放养免疫鱼苗。维持良好水质，特别注意 DO、水温、pH 值等控制在适宜范围内。在车间门口处建消毒池，人员进出车间时随时消毒。对使用的工具应及时严格消毒，操作宜轻快，避免对养殖对象的机械损伤。发现病害应及时隔离，对病体进行解剖分析、显微镜观察，分析原因并进行针对性治疗。

工厂化循环水养殖使鱼类能常年在适合自身生长繁殖的良好水体环境条件下生长，是目前渔业生产中工业技术应用水平最高的生产方式之一。然而，工厂化循环水养殖模式在应用过程中存在着投资规模大、运行成本高、系统集成水平低等制约应用推广的根本性问题。与发达国家水平相比，我国在高效、节能、集成化程度高的设备研制和系统技术开发方面，还有较大差距。

（六）发展休闲渔业

1. 休闲渔业的内涵与发展

休闲渔业是利用各种形式的渔业资源（渔村资源、渔业生产资源、渔具渔法、渔业产品、渔业自然生物、渔业自然环境及人文资源等），通过资源优化配置，将渔业与休闲娱乐、观赏旅游、生态建设、文化传承、科学普及以及餐饮美食等有机结合，向社会提供满足人们休闲需求的产品和服务，实现一二三产业融合的一种新型渔业产业形态。

发展休闲渔业是推进现代渔业建设的重要内容，是加快渔业转变方式调整结构的重要抓手，是推进渔业供给侧结构性改革的重要方向。积极发展休闲渔业，顺应社会经济的发展趋势，有助于进一步拓展渔业功能、促进渔业增效和渔民增收、满足城乡居民对美好生活的需求，是贯彻落实党的十九大精神、实施乡村振兴战略的重要举措，对全面建成小康社会具有重要意义。

2011 年 6 月，农业部发布《全国渔业发展第十二个五年规划》，首次把休闲渔业列入渔业发展规划，并明确将其列为我国现代渔业的五大产业之一。2017 年全国休闲渔业产值为 708. 42 亿元，占渔业经济总产值的 2. 86%，占渔业第三产业产值的 10. 45%，与 2010 年相比增长 235. 35%，年均增长 18. 87%。休闲渔业接待游客 2. 20 亿人次。2017 年，农业部开展休闲渔业品牌培育“四个一”工程，认定“最美渔村”27 个、“全国精品休闲渔业示范基地（休闲渔业主题公园）”45 家、“国家级示

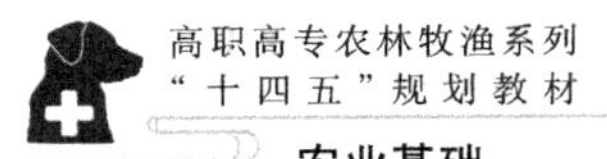

范性渔业文化节庆（会展）”25个、“全国有影响力的休闲渔业赛事”10项。

2. 休闲渔业的形态类型

目前休闲渔业就其表现的形态看可划分为四种类型：

一是生产经营形态。以渔业生产活动为依托，让人们直接参与渔业生产，亲身体验猎渔活动，通过开发具有休闲价值的渔业资源、渔业产品、渔业设备及空间、渔业生态环境，以及与此相关的各种活动，主要是以垂钓、观赏捕鱼等为标志的生产经营形式。

二是饮食服务形态。让人们更加贴近产地，直接品尝美味的水产品佳肴，建立起集鱼类养殖、垂钓、餐饮与旅游度假为一体的新型经营形式，主要表现在都市郊区以渔为依托的农家乐、避暑山庄、都市鱼庄等。

三是游览观光形态。以走进海洋、江河、湖库等自然环境，结合旅游景点、综合开发渔业资源，“住水边、玩水面、食水鲜”，既可垂钓、餐饮，又能游览观景、休闲、度假。

四是科普教育形态。主要是以水产品种、习性等知识性教育和科普为目的的展示形式，如水族馆、海洋博物馆等。

3. 休闲渔业发展对策

一是抓住各地制定乡村振兴战略规划之机遇，搞好顶层设计，实现科学布局。东部地区要结合现代渔村、人工鱼礁建设和滨海旅游开发，展示丰富多彩的海洋文化和海洋景观。中西部地区要依靠江、湖、河、库等资源，打造各具特色的休闲渔业项目。大中城市周边要以现有水产养殖场所为基础，发展垂钓、观赏、娱乐、餐饮、住宿等功能齐全的休闲渔业基地。要结合地域优势和传统特色，积极引导观赏渔业发展，规划建设一批现代化的观赏鱼、水族装备生产基地和批发市场。

二是重视渔业生态保护，坚持人与自然和谐共生。鼓励生态类休闲渔业发展，加快掌握野生类观赏水族人工繁育技术，在沿海地区推进人工鱼礁和海洋牧场建设。

三是推动经营体制机制创新，鼓励渔农民以水面（土地）、资金、渔船入股组建专业合作社或者休闲渔业企业，建立利益共享机制，把休闲渔业发展成为带动渔业增效、渔民增收、渔区振兴的创业创新平台。加大财政支持休闲渔业发展力度，拓宽休闲渔业融资渠道，鼓励引导民营资本（社会资本）通过“公司+基地”“公司+合作社+农户”等形式发展休闲渔业，引导渔民参与休闲渔业利益分配，不断提高渔民的资产性、工资性收益。

四是根据休闲渔业的不同类型，研究制定海钓、垂钓、体验式捕鱼、水上餐饮等生产操作规范及服务标准，引导休闲渔业经营主体标准化生产、规范化经营。

五是研究制定休闲渔业、休闲渔船管理等规章制度，对休闲渔业及渔船、渔具等投入品的准入条件、经营范围和安全管理等做出明确规定。

（七）现代渔业园区建设

1. 现代渔业园区的内涵

现代渔业园区是我国近年来具有革命意义的现代渔业发展的创新之举，现代渔业园区建设是引导我国传统渔业向现代化渔业转型的新动力。随着我国农业结构的调整和农村经济的发展，各地出现了一批现代渔业产业园区、工厂化养殖基地、旅游观光渔业园等现代渔业园区。它是以现代科学技术为支撑，运用现代经营管理理念和生产方式，广泛吸收社会资金，对土地等自然资源进行优化配置，对传统渔业结构进行调整和改造，规模经营的新型渔业。

现代渔业园区重视先进渔业生产模式示范、科研成果转化，并以最新科研成果来指导渔业生产过程，实现渔业生产模式、生产工艺、生产理念的改进和优化，构建更加专业化、组织化、社会化的新型渔业经营体系。现代渔业园区建设，可以增强区域渔业产业辐射带动能力，促进渔业产业集群发展；可以推动养殖生产、加工流通、休闲旅游、资源保护等相互融合，促进一二三产业协调发展。

现代渔业园区通过技术创新，实现了产业集聚、资源整合，是产业聚集的功能区、先进科技转化的核心区、生态循环渔业的样板区、体制机制创新的实验区。现代渔业园区通过技术集成，改变分散粗放的生产方式，促进了现代渔业转型升级，增强了渔业发展的综合实力和核心竞争力。

2. 现代渔业园区建设措施

一是设立国家层面的现代渔业示范园区创设工作。开展现代渔业示范园区创建工作，研究建立各种类型的现代渔业示范园区指标体系，树立一批具有规模化、标准化、生态化的园区，探索因地制宜的现代渔业发展模式，促进现代渔业发展。

二是建立现代渔业示范园区政策支持稳定机制。农业农村部协调各部门，设定现代渔业示范园区的政策体系，形成对渔业园区稳定的财政、土地、人才等支持，切实发挥现代渔业园区的示范带动作用。

四是现代渔业园区建设应与农业农村部已开展的休闲渔业示范基地、健康养殖示范场、重要农业文化遗产等评选工作相结合，简化评价流程。

五是注重渔业新技术、新品种的示范推广，重视渔业人才，进而促进现代渔业示范园区的创设工作。现代渔业示范园区在渔业生产中，应大力推广新技术和现代渔业装备，提高渔业生产效率，促进渔业生产提质增效；应加大科技投入，积极开发引进新型高端科技设备，提高生产机械化程度，为园区生产效率的提高提供科学保障。同时，现代渔业示范园区建设需要一支高素质的人才队伍。

六是成立渔业示范园区管理办公室或现代渔业示范园区管理委员会或项目处，完善渔业园区管理体系，将园区的审批、考核、管理、监督等工作的主管部门细化，避免出现多头管理或无人管理的状况。同时，园区的整体规划布局应因地制宜，避免千篇一律。

三、现代渔业发展技术体系建设

（一）资源养护型的负责任捕捞业

构建三个体系：第一，构建渔业资源与环境监测技术体系，建立以资源调查研究为基础的多国（地区）共同管理体系和渔业资源与环境信息服务系统；第二，构建渔业环境修复与资源养护技术体系，强化水域生态系统保护，重建水域生态平衡，提高增汇固碳、环境净化等生态功能；第三，构建远洋渔业发展技术体系，为建立从渔场探查、资源评估、捕捞、加工到销售的完整产业链提供技术支撑。

（二）低碳高效型生态化水产养殖业

构建三个体系：第一，构建水产养殖良种培育技术体系，提高主导养殖对象良种覆盖率；第二，构建高效健康养殖与管理技术体系，提高集约化养殖水平、装备设施节能减排水平、资源要素高效利用水平；第三，构建水产养殖病害监控与预防技术体系，提高水产病害生态型综合防治能力，有效降低化学药品使用率和养殖病害损失率。

（三）引领消费型的高值化水产加工业

构建四个体系：第一，构建水产品循环利用技术体系，实现“资源—产品—废弃物—资源型的循环利用；第二，构建水产品冷链技术体系，建立节能、健康的大宗养殖产品冷链物流；第三，构建功能食品创制技术体系，提高水产加工业的技术含量和附加值；第四，构建水产品质量控制与安全保障技术体系，实现水产品流通过程的品质动态全程监测跟踪与溯源。

（四）现代渔业发展的支撑体系

构建五个体系：第一，渔业经济管理体系；第二，水产品质量安全管理体系；第三，渔业科技创新体系；第四，技术服务与推广体系；第五，渔业信息化工程体系。

【学习任务小结】

现代渔业是以现代科学技术改造渔业，以现代管理方法管理渔业，以现代市场经济体制运作渔业，提高渔业机械作业效率、劳动生产率，使渔业经济效益、生态效益、社会效益同步提高，实现渔业可持续发展。现代渔业与传统渔业相比，具有明显的特征：重视资源环境保护，先进科技广泛应用，功能、目标的多元性，产业体系日趋完善。

现代渔业养殖技术是个系统工程，它涉及生物、工程、气象等多门学科，对养殖的各个环节，如饲料的供应与科学投喂、疾病的防治、水质的管理、饲养方法及一些名优特种水产品的高效养殖技术等都有一定要求。目前，我国有代表性的现代渔业先进技术主要有：池塘高效健康养鱼技术、稻渔综合种养技术、高密度流水养鱼技术、大水面生态渔业技术、高效循环工厂化养殖技术。

利用各种形式的渔业资源，通过资源优化配置，将现代渔业技术与休闲娱乐、观赏旅游、生态建设、文化传承、科学普及，以及餐饮美食等有机结合，发展休闲渔业，建设现代渔业园区。

【复习思考】

一、单项选择题

1. 我国渔业的发展历程中，原始渔业可上溯到1万年前，比较有标志的是2 400多年前的经典著作（　　）。

A.《诗经》　B.《养鱼经》　C.《史记》　D.《广东新语》

2. 从世界看，人均水产品消费最多的国家是（　　）。

A. 日本　B. 葡萄牙　C. 中国香港　D. 冰岛

3. 现代渔业健康养殖的根本是（　　）。

A. 水源　B. 鱼种　C. 饲料　D. 技术

4. 池塘消毒药物首选生石灰。生石灰干法清塘的用量为每亩（　　）。

A. 10 kg　B. 40 kg　C. 100 kg　D. 150 kg

5. 投饲技术的关键是训练鱼集中到水面抢食的习性，掌握（　　）。

A. 五成饱　B. 八成饱　C. 十成饱　D. 都不对

6. 在确定流水养鱼后，选择水温适宜生长的养殖鱼类，当主要生长期水温低于18℃时，选择养殖（　　）。

A. 鲤鱼　B. 草鱼　C. 罗非鱼　D. 虹鳟

7. 利用自然落差的引水方式，流水养鱼最容易推广的是（　　）。

A. 循环用水　B. 借水还水　C. 温流水　D. 常温流水

8. 大量研究网箱养鱼负载力问题表明：水面大的湖泊和水库，（　　）亩水面可设一亩网箱。

A. 50~100　B. 200~300　C. 400~500　D. 500~600

9. 网围养鱼技术对水位有一定的要求，平均水深2~3 m，最大水深不能超过（　　）。

A. 1 m　B. 2 m　C. 3 m　D. 4 m

10. 高效循环工厂化养殖池面积为（　　），深度为60~100 cm，养鱼池池底呈圆锥状，坡度3%~10%。

A. 10~20 m^2　B. 30~50 m^2　C. 60~70 m^2　D. 80~100 m^2

二、多项选择题

1. 世界各国在渔业发展中更加注重资源的保护和生态环境的治理，（　　）渔业正成为全球渔业发展的新理念。

A. 资源节约型　　B. 环境友好型
C. 生产先导型　　D. 掠夺型

2. 现代渔业是以现代科学技术改造渔业，以现代管理方法管理渔业，以现代市场经济体制运作渔业，提高渔业机械作业效率、劳动生产率，使（　　）同步提高，实现渔业可持续发展。

A. 经济效益　　B. 生态效益　　C. 社会效益　　D. 资源效益

3.（　　）是池塘高效健康养殖品种选择的关键影响因子。

A. 水温　　B. 溶氧　　C. 水质　　D. 饲料

4. 稻田养鱼模式有（　　）。

A. 主养杂交鲤类型　　B. 主养革胡子鲶类型
C. 主养泥鳅类型　　D. 主养黄鳝类型

5. 流水养鱼的苗种放养密度通常以最大的（　　）作为确定合理放养密度的标准。

A. 水流量　　B. 载鱼量　　C. 初放养量　　D. 鱼种规格

6. 稻渔综合种养是绿色生态的农渔发展模式，稻渔共生原理的内涵就是（　　）。

A. 以废补缺　　B. 互利助生　　C. 化害为利　　D. 偏利水稻

7. 稻田中（　　）等天然饵料较多，每亩可形成 30~50 kg 的天然鱼产量。

A. 杂草　　B. 昆虫　　C. 浮游生物　　D. 底栖生物

8. 流水养鱼防鱼病的主要经验归结为“四定四消”。“四消”是（　　）。

A. 鱼池消毒　　B. 鱼种消毒
C. 饲料、食场、工具消毒　　D. 水体消毒

9. 根据渔业布局情况，因地制宜打造（　　）等大水面生态渔业发展模式。

A. 生态净水型　　B. 绿色养殖型　　C. 旅游观光型　　D. 休闲娱乐型
E. 餐饮服务型

10. 适合大水面增养殖的主养鱼类须以（　　）为食。

A. 浮游生物　　B. 有机碎屑　　C. 水草　　D. 底栖动物

三、判断题。（正确用“√”，错误用“×”表示）。

1. 对于法律法规明确禁止发展渔业的区域，要严禁发展大水面生态渔业，允许发展大水面生态渔业的区域，要准确把握政策要求，合理发展生态渔业。（　　）

2. 原则上允许原住居民在自然保护区的核心区和缓冲区开展增殖渔业。（　　）

3. 自然保护区的原住居民可开展生活必需的传统捕捞活动。（　　）

4. 在饮用水水源一级保护区和自然保护区可开展传统捕捞生产。（　　）

5. 在自然保护区的实验区内允许原住居民保留生活必需的基本养殖生产，同时要注重环境保护。（　　）

6. 大水面鱼类增殖技术中的粗放养殖是指仅投放鱼种与结合资源保护和合理捕捞的一种养殖方式。 （　　）

7. 在渔业生产上，为了合理地利用水层和饵料资源，必须搭配其他混养经济鱼类。 （　　）

8. 养殖鱼类的生长特点是性成熟前生长最慢。 （　　）

9. 工厂化循环水养殖模式在应用过程中存在着投资规模大、运行成本高、系统集成水平低等制约应用推广的根本性问题。 （　　）

10. 成立国家层面的渔业示范园区管理办公室或现代渔业示范园区管理委员会或项目处，统一渔业园区的整体规划和建设标准。 （　　）

学习任务九 现代农业生物技术

【学习目标】

1. 知识目标：了解现代农业的概念、内涵；了解国内外现代农业发展的概况，以及发展现代农业的意义；了解现代生物技术的概念产生和发展；了解转基因食品的安全性。

2. 能力目标：掌握现代生物技术在农业中的应用。

3. 态度目标：理性认识现代生物技术的应用及转基因食品。

【案例导入】

转基因作物育种

提起转基因技术，人们最先想到的往往是通过转基因育种技术得到的各种转基因食品。其实日常生活中胰岛素、乙肝疫苗、洗衣粉中的蛋白酶等，都是转基因技术的产物。从应用时间上看，转基因作物大规模商业化种植的时间，最早只能追溯到1996年。其实早在1982年，科学家们通过转基因技术得到的“基因重组人胰岛素”便已经进入了市场。

在生产实践中，为了提高粮食产量，常进行育种研究解决生产问题，利用现代生物技术培育的转基因作物是解决粮食问题的一条重要途径，转基因玉米、转基因大豆、转基因水稻相继应用于农业生产中。

【案例分析】

随着生物细胞组织培养、DNA重组和转基因技术等一系列现代生物技术的不断改进和完善，生物技术已经成为当今世界发展最快、最活跃和最具潜力的高新技术领域之一。从我国农业生产的现状和发展趋势来看，仅仅利用传统的常规育种方法已经很难满足我国农业生产对作物新品种的要求，因而借助于农业生物技术与常规育种方法相结合的方式将会创造出更多的新种质，进而培育出更多高产、优质和多抗的新品种。生物育种技术所研究的主要内容涉及在生物体内的细胞组织、染色体和基因等方

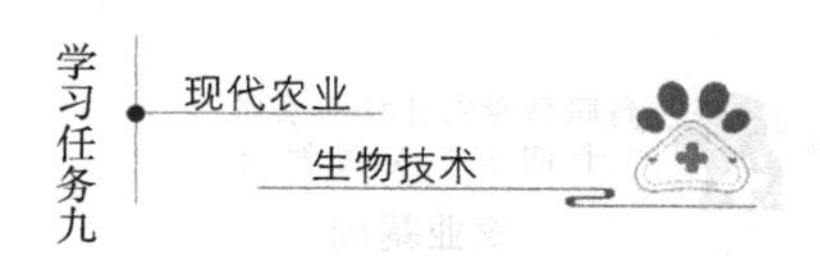

面对其遗传基础进行改造和改良，以便获得具有更大增产潜力的作物新品种。

【学前思考】

1. 什么是现代农业?
2. 什么是现代生物技术?
3. 现代生物技术可应用在农业中哪些方面?

学习内容一　现代生物技术概述

一、现代生物技术的产生

生物技术（biotechnology）这个词最初是由一位匈牙利工程师卡尔·艾瑞克于1917年提出的，其含义为：凡以生物机体为原料，无论其用何种生产方法进行产品生产的技术。实际上生物技术的发展和应用可以追溯到1 000多年以前，而人类有意识地利用酵母进行大规模发酵生产是在19世纪。当时进行大规模生产的发酵产品有乳酸、酒精、柠檬酸和蛋白酶等初级代谢产物。1928年，弗莱明爵士发现了青霉素，从此生物技术产品中增加了一大类新的产品即抗生素。到20世纪40年代，以获取细菌的次生代谢物——抗生素为主要特征的抗生素工业成为生物技术产业的支柱产业。20世纪50年代，氨基酸发酵工业又成为生物技术产业的一个新成员，到20世纪60年代，在生物技术产业中又增加了酶制剂工业这一新成员。鉴于生物技术的迅速发展，1982年国际合作及发展组织对生物技术这一名词的含义进行了重新定义：生物技术是应用自然科学及工程学的原理，依靠微生物、动物、植物体作为反应器将物料进行加工以提供产品来为社会服务的技术。生物技术逐步成为与微生物学、生物化学、化学工程等多学科密切相关的交叉性学科。

DNA重组技术的发展改变了生物技术的性质，基因工程可以直接“创造”一个高产菌种，可以使得一些微生物或真核细胞直接成为生产胰岛素、生长素、干扰素等蛋白质药物的“工厂”，使得动植物成为生产新的或被修饰的基因产物的“生物反应器”。因此，当DNA重组技术与生物技术相结合后，现代生物技术（也称为分子生物技术）便应运而生了。

二、现代生物技术的概念

生物技术又称为生物工程，或称为生物工程技术，是指利用生物的特定功能，通过现代工程技术的设计方法和手段来生产人类需要的各种物质，或直接应用于工业、农业、医药卫生等领域改造生物，赋予生物以新的功能和培育出生物新品种等的工艺性综合技术体系。生物技术包括传统生物技术和现代生物技术两部分。现代生物技术是在传统生物技术的基础上发展起来的，但与传统生物技术有着质的差别。

1953年，沃特森和克里克发现了DNA双螺旋结构，奠定了现代分子生物学的基础，从而给整个生物学乃至整个人类社会带来了一场革命。从那以后，越来越多的科学家投身于分子生物学研究领域，并取得了许多重大的进展。1973年，美国加利福尼亚大学旧金山分校的赫伯特·波依尔教授和斯坦福大学的斯坦利·科恩教授共同完成了一项著名的实验。他们选用了一个仅含有单一EcoR I位点的质粒载体pSC101，并用EcoR I将其切为线性分子，然后将该线性分子与同样具有EcoR I黏性末端的另一质粒DNA片段和DNA连接酶混合，从而获得了具有两个复制起始位点的新的DNA组合。这是人类历史上第一次有目的的基因重组的尝试。虽然这两位科学家在这次实验中没有涉及任何有用的基因，但是他们还是敏感地意识到了这一实验的重大意义，并据此提出了“基因克隆”的策略。这一策略一经提出，世界各国的生物学家们立刻就敏感地认识到了这种对DNA进行重组的技术和基因克隆策略的重大作用和深远意义。于是在很短的时间内研究人员就开发出了大量行之有效的分离、鉴定、克隆基因的方法。

DNA重组技术使得生物技术中生物转化这个环节的优化过程变得更为有效，而且它所提供的方法不仅可以分离到那些高产量的微生物菌株，还可以人工制造高产量的菌株，原核生物细胞和真核细胞都可以作为“生物工厂”来大量生产胰岛素、干扰素、生长激素、病毒抗原等外源蛋白；DNA重组技术还可以简化许多化合物和大分子的生产过程，植物和动物也可以作为天然的生物反应器，用来生产基因产品；另外，DNA重组技术大大简化了新药的开发和检测系统。DNA重组技术在很大程度上得益于分子生物学、细菌遗传学等领域的发展。反过来，DNA重组技术的逐步成熟和发展对生命科学的许多其他领域都产生了革命性的影响。这些领域包括生物行为学、发育生物学、分子进化、细胞生物学和遗传学等，从而使得生命科学日新月异，其进展一日千里，成为20世纪以来发展最快的学科之一。而受DNA重组技术影响最为深刻的生物技术领域，迅速完成了从传统生物技术向现代生物技术的飞跃转变，从原来的一项鲜为人知的传统产业一跃成为代表着21世纪的发展方向、具有远大发展前景的新兴产业。

学习内容二　现代农业生物技术应用

农业生物技术是中国现代生物技术发展的另一个重要方面，中国在这一领域中取得了明显的进展，大大缩短了与发达国家的差距，使得现代生物技术得到了很大程度的普及，转基因水稻、大豆、小麦、棉花、番茄、烟草等多种转基因植物已培育成功。目前中国的转基因植物种植面积排在全世界第4位，转基因抗虫棉的种植面积已达70万公顷，占棉花种植面积的40%，是转基因植物种植年增长率最高的国家。在动物体细胞克隆和转基因动物方面，中国已跻身于国际先进行列，成功地获得了几例核移植克隆牛和转基因体细胞克隆奶山羊。我国科学家还成功地研制了幼畜腹泻基因工程疫苗、口蹄疫基因工程疫苗、马立克氏病毒疫苗、鸡传染性喉支气管炎病毒痘病毒活载体疫苗、禽流感痘病毒活载体疫苗以及猪伪狂犬病基因缺失疫苗等。

近20年现代生物技术的发展取得了世人瞩目的成就，在农业生产领域展示了广阔的发展前景。目前，世界正面临着人口剧增和食品短缺的严重危机，农业生产受到的压力也日益增强，发展和应用现代生物技术，是解决当前世界所面临的粮食、人口、污染等重大问题，发展现代化农业的必由之路。

一、现代生物技术在农业生产中的应用

（一）植物育种与繁殖

随着生物技术的发展，人们已经可以把一个品种、品系的理想遗传性状转入另一品种、品系，以提高植物的价值、产量和质量。在番茄中导入编码EFE酶的反义基因，使得EFE酶活性降至正常的5%以下，成功限制了乙烯的生成，果实生理成熟后长期保持坚硬，仓储一个月以上不会软化、不会腐烂，很大程度上提高了番茄的耐热性能和经济效益。将大豆中分离出来的热休克蛋白基因导入烟草中，当把这种烟草放在42℃条件下时，大豆的热休克蛋白基因就在烟草中表达，并起保护作用。总的来说，获得的优良的新的植物品种或品系具有更好的植物抗逆性、抗虫性、抗病性、抗机械损伤性等，这比通过传统育种技术，如品种杂交技术，更省时、更具效益。

（二）动物育种和繁殖

现代生物技术在动物养殖业中的应用主要包括动物分子育种、动物繁殖和畜禽基因工程疫苗等方面。动物分子育种是指基因技术、胚胎工程技术、动物克隆技术及其他以DNA重组技术为基础的各种技术。近年来，通过有关各种现代生物技术的综合运用，结合传统的育种方法，科学家们可以把单个有功能的基因簇插入到高等生物的基因组中去，并使其表达，再通过有关的分子生物技术、DNA试剂盒诊断和检测加以选择，目前已有转基因鱼、鸡、牛、马等多种动物。人工授精也成为现代畜牧产业的重要技术之一。近年来已逐步扩展到特种动物、鱼类及昆虫等养殖业中，显示了其发展潜力。它能最大限度地发挥公畜的种用价值，提高了公畜的配种效能，加速育种步伐，降低生产和提高受胚率，为开展远缘种间的杂交试验工作提供了有效的技术手段。此外，胚胎移植可以迅速提高家畜的遗传素质，加强防疫和克服不孕，还可以在世界范围内运输种质、保种，同时运输胚胎代替运输活畜还可以降低成本，野生动物资源也可以利用这种方式长期保存，以防某些物种灭绝。

（三）生物固氮

农业生产中常需要施用大量化学氮肥来调节土壤和作物间的氮素供需矛盾，化学氮肥的大量生产需要消耗大量能量，同时也会造成严重的土壤污染。而生物固氮不仅

消耗能源，而且还会对环境造成威胁。但迄今为止所发现的固氮微生物均不可以在粮食作物上固氮，如水稻、小麦、玉米以及多种果树、蔬菜。即使少数可以，其固氮量也很少。所以这些农作物的高产不得不采用化学氮肥。多年来，科学研究人员一直致力于生物固氮的研究，近10年来，固氮基因工程得到飞速发展，基因组学和功能基因组学的建立赋予了生物固氮研究新的内涵和研究策略，为实现固氮研究的目标增添了新的动力。

（四）生物农药

20世纪90年代以来，生物农药开发利用极为迅速。尽管长期以来，化学农药在农药生产中仍然占据重要地位，但由于人们对绿色食品的日益青睐，以及生物农药本身具有的对人畜毒性小，只杀害虫，与环境相容性好，以及病虫害相对不易产生抗性等优点，生物农药正日益成为农药产业发展的新趋势。近年来，生物农药在它的主要研究领域——微生物农药、生物化学农药、转基因农药及天敌生物农药等方面都有不同程度的进展，其中微生物杀虫剂的商业性生产研究最为活跃。用于防治作物害虫的主要微生物制剂包括细菌制剂、真菌制剂及病毒制剂等。苏云金芽孢杆菌是当前国内外研究最多、应用最广泛的杀虫细菌，在防治如玉米螟、水稻螟虫、棉铃虫等方面有了突破性进展。

（五）兽医公共卫生

现代生物技术与兽医公共卫生学的关系最为密切，与预防畜禽疫病的关系更是密不可分。目前在预防畜禽疫病方面深入研究有两大技术领域：一是细胞工程技术，包括杂交技术、胚胎分割和移植技术等，前者已在疫病诊断方面发挥积极作用，利用这一技术，可获得抗某一特定抗原决定簇的纯一抗体，即单克隆抗体（简称单抗）。单抗的出现使疫病的诊断水平上了一个新的台阶。基因工程技术包括基因克隆、基因测序、基因扩增、核酸杂交、反义核酸、基因缺失、基因重组、基因转移等技术。二是基因工程技术，又称分子生物学技术。该技术的发展为研制高质、多效价疫苗开辟了一条新的途径。

生物技术在预防畜禽疫病中的应用前景光明而广阔。在疫病诊断方面，除可应用于实验室和现场定性诊断外，更重要的是应用于疫病鉴别诊断，特别是强毒株感染与疫苗株接种的鉴别。随着国际互利合作的不断发展，畜禽及其产品的贸易量越来越大，为了严防疫病或变异强毒进入国境，对强毒株与疫苗株的快速而准确的鉴别，已显得越来越重要。

（六）开发利用新的饲料资源

为保证畜牧业的持续健康发展，可利用现代生物技术开发和研究各种饲料。一是开发代用饲料。充分利用农副产品和部分工业废弃物，经过加工处理后，开发新的饲料和饲料来源，减少废弃物对环境的污染，它的发展将为工农业废弃物转化为高营养的饲料资源带来希望。二是发展微生物饲料。微生物饲料是将微生物菌体或其相应物质直接饲喂动物，参与动物胃肠道微生物群的生态平衡及维护胃肠道的正常功能，从而达到动物保健及提高生产性能的目的。微生物饲料是当今世界新蛋白质饲料资源的发展方向，其不仅蛋白质含量高，而且富含多种维生素。三是培育新的植物性饲料，培育新型农作物和植物饲料，如美国研究的籽粒苋用作饲料具有潜在的经济价值，日本正在培育的赖氨酸含量高的麦类，加拿大培育的低毒油菜新品种等，均可以大大提高饲养效率，降低饲料成本，减少了其他蛋白质饲料的用量。四是探讨浮游生物饲料。目前国内外专家正在研究许多浮游生物作为未来粮食和饲料的可能性，特别是种类繁多的藻类植物，蛋白质含量高，繁殖速度快，产量高，成本低，是一种具有开发前途的动物饲料资源。五是研究新型饲料。如用木质纤维生产饲料、从青绿饲料中榨取液体饲料、牛骨粉做成饲料添加剂、用甲醇生产单细胞蛋白饲料。据报道，英国一位农场主将从青绿饲料中榨取制作好的液汁发酵饲料饲喂奶牛，每天每头奶牛可多产奶2升。日本一家公司将牛骨用特殊方法烧成牛骨灰制成饲料后，猪采食了添加牛骨粉的饲料后生长速度可提高10%。

（七）开发新型畜禽品种

一是利用基因序列分析加快畜禽品种的选育。科学家利用基因工程通过一定方法把人工重组的外源DNA导入性细胞或受体动物胚胎细胞的基因组中，或把受体基闪组中的一段DNA切除，从而使受体动物的遗传信息发生人为改变，生产出带有外源DNA片段的动物，并且这种改变能遗传给后代。它打破种的界限，使育种工作可以充分利用所有遗传变异，有目的、有计划和有预见地改变动物遗传物质的组成，生产出优良品种的动物，并且不受时间、性别、环境等因素的影响，大大加快了良种畜禽的培育工作。

二是利用胚胎生物技术加快良种的繁殖速度。胚胎工程技术的发展和应用，加速了良种畜禽繁殖速度，可在较短的时间内获得大量的可用于生产的良种胚胎，从而加速良种畜禽核心群的建立和良种畜禽的推广，这对提高畜产品产量和质量具有重大的理论意义和经济价值。现已发展成熟的胚胎生物技术主要有体外受精、胚胎冷冻、胚胎分割、胚胎性别鉴定和控制、胚胎细胞核移植、胚胎融合以及外源基因导入等。

三是利用分子克隆技术进行动物的无性繁殖。克隆技术是通过无性繁殖后代的技术，其后代具有与亲代完全相同的遗传性状。这项技术由1997年英国科学家通过克隆绵羊而成功实现。如果将这项技术在动物繁殖上运用，可以将世界上各种生产性能最好的动物在短时间内成批克隆出来，以替代生产性能差的动物，再就是控制后代的性别比例可增加选种强度，加速育种进程。通过控制胚胎性别还可克服牛胚胎移植中出现的异性孪生不育现象，以及排除伴性有害基因的危害。四是利用转基因技术生产特异性动物。基因工程研究最突出的技术进步，便是转基因动物及其发展。在畜牧业中，利用转基因手段可以达到改善动物生产性能的目的。如导入牛生长激素的转基因猪的生长速度比对照组快10%~15%，饲料报酬提高16%~18%，胴体中脂肪下降

80%。把生长激素或促生长因子基因导入家畜基因组中，加快生长速度，提高饲料报酬。1985年，科学家第一次将人的生长激素基因导入猪的受精卵获得成功，转基因猪与同窝非转基因猪比较，生长速度和饲料利用率显著提高，胴体脂肪率也明显降低。

（八）治理畜牧业环境污染

为了避免或减少发展畜牧业对环境的污染，可以采取提高饲料中蛋白质、氨基酸的利用效率以间接减少氮的排出量；通过添加植酸酶等酶制剂提高磷的利用效率，以减少磷在水中的容积；通过除臭剂、生物制剂等减少对环境空气的污染；运用微生物工程技术处理畜禽粪便及畜禽生产用污水对环境造成的污染等。如近两年来，流行的发酵床养猪模式，其原理就是在养猪圈舍内利用一些高效有益微生物与垫料建造发酵床，猪将排泄物直接排在发酵床上。利用生猪的拱掘习性，加上人工辅助翻肥，使猪粪、尿和垫料充分混合，通过有益发酵微生物菌落的分解发酵，使猪粪、尿有机物质得到充分的分解和转化。

二、现代农业生物技术应用的风险

现代生物技术由一组新技术组成，包括基因组学、组织培养、微观繁殖、遗传标记辅助育种、基因移接和转基因，还包括分子生物学、生物信息学等。围绕现代农业生物技术的风险讨论主要集中于转基因作物的环境释放、遗传控制育种所带来的对环境的影响和人类健康的影响。转基因鱼、畜禽动物基因工程研究因为处于试验研究阶段，尚未有其产品引入自然界和人类的食物链中，公众的关注主要集中在伦理方面。

（一）转基因及其产品的环境安全性

转基因作物种植可能带来的某些环境外部性，由于具有不可逆转性，引起人们极大的关注。转基因作物在自然环境种植释放，因为自然生态系统的复杂性与开放性，即非实验条件下的不可控性，环境影响必然存在。但是我们不可能确切知道新生物体与那些自然生态系统中的已有生物体是否会发生相互作用，以及作用的后果又是什么，因此，对环境构成的风险非常难以评估。人们非常关注转基因作物在自然环境种植释放，是否会发生水平基因转移使标记基因漂移到非目标物种、与近缘物种异型杂交变成杂草，转基因植物的抗病毒基因是否会导致新的病原菌产生等影响问题。

水平基因转移（Horizoatal Gene Transfer，简称 HGT）是指遗传物质在两个不具有亲和性的有机体（供体与受体）之间转移。转基因作物发生 HGT 的可能性及造成的影响并不需要过多忧虑，除非有充分的证据证明从植物到其他生物体的 HGT 造成了严重影响。事实上，自然生长的植物中遗传基因的流动是普遍存在的。所有的农作物在某些地区都有自己的亲缘植物，而如果两个物种的生长数量非常接近，则基因流动的现象就会普遍发生。目前被批准商业化生产的转基因植物中，大部分是以抗病、抗虫、抗除草剂、抗逆境为目标，这些具有特别遗传特性的转基因植物在特定环境下的生存能力明显强于普通植物，因而具有转化为不可控制杂草的能力。但是，遗传修饰作物与栽培种一样，转变成杂草的可能性都非常小。

“终结性技术”即遗传应用的限制技术（GURTs）选育的不育种子，不会污染基因库，因为这种特征不能传递，但是，不育种子的外源基因可能漂移污染其他植物，因为植物中遗传基因的流动是普遍存在的。农民如果留存不育种子繁殖的第二代种子来年种植，具体品种的遗传应用限制技术（V-GURTs）限制了第二代种子的繁殖能力，可能对农民造成严重的经济后果。

病菌和害虫能快速适应新的抗性基因，但是没有证据表明转基因植物的种植可以造成新的病原菌和害虫的产生。抗虫作物或那些基因工程药物可能杀死非目标生物体（例如，美洲产的一种褐色的大蝴蝶），甚至是有益的昆虫和真菌。转基因玉米毒死黑脉金斑蝶的幼虫可谓转基因作物短期不良反应的一个实例，据推测，长期不良效应的发现正如六六六、DDT、PPA 等药物的不良效应一样需要一定时间。尽管经调查有人指出，这项实验是有意不模拟自然环境所进行的非选择性实验。一些内生杀虫剂作物，像紫云杆菌（Bacillus thuringiensis，简称 Bt）作物，如 Bt 玉米、Bt 棉花、Bt 大豆、Bt 马铃薯，导入了对杀虫剂进行编码的基因，诸如此类的抗病、抗虫等转基因作物的大量种植极大地减少了杀虫剂的使用量，可增加生物的多样性。转基因作物对生物多样性的危害基本上是假定的，人们因为对食物的需求而将自然生态系统转换成农业生态系统是生物多样性所面临的最大威胁。相对于发达国家对生态环境的过度开采和浪费以及发展中国家人口数量给生态系统造成的巨大压力，转基因作物对生物多样性的影响并未造成严重后果。

（二）农业生物技术及其产品对人类健康的风险

目前的科学技术水平还不可能准确地预测一个转基因作物及其产品中的外源基因在新的生物体中会产生什么样的作用。科学家还不能令人信服地用已知的有关转基因食品的化学成分来预测转基因食品的生化或毒理学效应。一种转基因食品在化学成分上与其自然存在的对应食品相似，并不能够说明人类食用该转基因食品是安全的，因而转基因作物性食品的食用安全性问题受到公众的普遍关注。

公众对转基因作物食品的食用安全性的担心与疑虑主要是转基因植物食品中的外源基因的安全性，如转基因作物中外源基因编码产物的安全性；转基因作物中的外源基因被摄入人体后，与动物或人类的肠道中的微生物群能否发生相互水平基因转移（HGT）。另外公众还担心转基因作物食品中抗生素标志基因编码蛋白是否会使食用者产生抗生素抗药性，以及外源基因、表达产物及其代谢产物的直接毒性、过敏性、抗药性等。

传统科学界的大多数人不认为消费转基因食品对公众构成了潜在的危险。目前来讲，除了转巴西坚果基因大豆有致敏性，转 GNA 基因马铃薯的安全性有争议外，其他许多的转基因食品已被现在的研究结果证明是安全的，但转基因食品的长期效应有待探讨。

三、农业生物技术及其产品的安全管理

随着转基因生物国际贸易的不断发展，转基因生物安全性的管理从一开始就受到世界各国的重视，从事转基因研究和开发的国家各自均有比较完善的、以科学为基础的管理规则，这些制度的建立对转基因的研究和开发的健康而有序地发展起到了很好的作用。

有关生物安全管理事务国际间的协调和国际统一法规也逐渐趋于达成，世界各国及国际组织制定规则的程序来确实保护人类健康与环境安全。联合国环境规划署（UNEP）和《生物多样性公约》秘书处组织制定了国际《生物安全议定书》。2001年1月，包括我国在内的113个国家（地区）在加拿大签署联合国《生物安全议定书》。其中明确规定，消费者有对于转基因食品的知情权，转基因产品越境转移时，进口国可对其实施安全评价与标识管理。

2000年，联合国粮农组织和世界卫生组织（FAO/WHO）发布了转基因食品潜在过敏性评估程序，2001年Inter Governmental Task Force提出了生物技术食品的一个特别法规，后来，联合国粮农组织和世界卫生组织组织专家咨询委员会又整合了Inter Governmental Task Force提出的评估程序，公布了一个新的转基因食品潜在过敏性评估程序。FAO与WHO拟将转基因食品纳入国际食品法典的内容，规范转基因食品的安全管理；联合国工业发展组织（UNIDO）、经济合作与发展组织（OECD）等则主要在生物安全评价和管理的规范程序和技术标准等方面发挥着积极的作用。

世界各国在实验室安全方面，均制定了比较完善的指南和规范，而在转基因产品安全管理方面还没有统一的国际标准，在管理方式上各国间存在明显差异。根据监控原则和管理方式的不同，国际上主要有3种管理模式：以产品为基础的模式——以美国为代表，监控管理的对象应是生物技术产品，而不是生物技术本身；以工艺过程为基础的模式——以欧盟为代表，重组DNA技术有潜在危险，不论是何种基因、何类生物，只要是通过重组技术获得的转基因生物，都要接受安全性评价和监控；中间模式——包括澳大利亚、日本等国和许多发展中国家。

20世纪90年代以来，美国、加拿大、澳大利亚、日本、新西兰、俄罗斯、瑞士、挪威、韩国以及欧盟国家陆续建立起比较完善的生物安全管理体系。发展中国家的生物技术发展和安全管理起步较晚，近年不少发展中国家急起直追，技术研发投入增加，立法管理进程加快。拉美的阿根廷、巴西、墨西哥，亚洲的印度、泰国、马来西亚、菲律宾、印度尼西亚、沙特阿拉伯、斯里兰卡，非洲的南非、埃及、尼日利亚、肯尼亚等，分别颁布了本国的生物基因工程法规。

我国政府十分重视转基因生物安全管理问题。1993年12月，国家科委发布了《基因工程安全管理办法》，提出了转基因的申报、审批、安全控制。1996年7月，农业部发布了《农业生物基因工程安全管理实施办法》，要求对转基因生物要登记、

审查。1999 年，国家环保总局发布了《中国国家生物安全框架》，提出了我国在生物安全方面的政策体系、法规框架，风险评估、风险管理技术准则，国家能力建设。2001 年 5 月 23 日，国务院公布了《农业转基因生物安全管理条例》，在这个条例里面，对农业转基因生物进行了定义，规定了对研究、试验的要求，需要取得的安全证书；生产、加工需要取得生产许可证；经营需要取得经营许可证，要求在中国境内销售列入目录的农业转基因生物要有明显的标志和标识；对贸易也规定了所有出口到中国来的转基因的生物以及加工的原料，都需要中国颁发的转基因生物安全证书，如果不符合要求，要退货或者销毁处理。2002 年 1 月 5 日，农业部颁发了《农业转基因生物安全评价管理办法》《农业转基因生物进口安全管理办法》《农业转基因生物标识管理办法》三个配套规章，加强我国对农业转基因生物实行标识管理。2002 年 4 月，卫生部发布了《转基因食品卫生管理办法》，也是对所有的转基因食品要求标识。这些规章制度保障了我国农业生物安全和食物安全。

2021 年 2 月，农业农村部发布《鼓励农业转基因生物原始创新和规范生物材料转移转让转育的通知》，明确要鼓励原始创新，支持从事新基因、新性状、新技术、新产品等创新性强的农业转基因生物研发活动，新研发的农业转基因生物应比已获批生产应用安全证书的同类有所突破、有所创新、有所进步。该政策明确支持企业转基因研发投入，为历史所罕见。

头脑风暴：现代农业生物技术给我们带来了什么？

课后实训：调查了解你家乡所应用的现代农业生物技术。

学习内容三　转基因食品的安全

一、转基因食品及食品安全的概念

自然界每种生物都有不同的生命特征，基因（DNA）就是保持这些生命特征的物质。转基因食品是利用现代分子生物技术，将某些生物的基因人为地转移到其他物种中去，通过改造生物的遗传物质，改变其生物性状，从而使形状、营养品质、消费品质等方面向人们所需要的目标转变，更好地满足人类需要。以转基因生物为直接食品或为原料加工生产的食品就称之为转基因食品。20 世纪 50 年代后，随着现代分子生物技术的快速发展，研究证实了 DNA 是生物体的遗传物质，生物体的遗传信息可以通过 DNA 的复制、转录及翻译进行传递和表达，这些发现为转基因技术奠定了理论基础。特别是 DNA 限制性内切酶及基因克隆技术的出现为转基因食品的工业化生产提供了技术基础，从而使转基因技术从理论走向实践。第一代转基因食品是以增加农作物抗性和耐贮藏性的转基因植物源食品，其主要特征是转入抗除草剂基因、抗虫基因、延迟成熟基因等，以增加农作物的抗逆性和耐贮藏性。第二代转基因食品是以改善食品品质和增加食品营养为特征。第三代转基因食品是以增加食品中的功能因子和免疫功能为主要特征。

食品安全是指食品本身对消费者的安全性，即食品中有毒有害物质对人体健康的影响。食品安全是人类生存和健康的基础，关系到国计民生，随着经济的发展、生活水平的提高，食品安全一直是社会关注的焦点。联合国世界卫生组织（WHO）在《加强国家级食品安全计划指南》中指出食品安全是对食品按其用途进行制作，并且食用时不会使消费者受害的一种担保。

从20世纪70年代开始，以转基因技术为核心的现代生物技术发展很快，随着生物技术在农产品上的广泛应用，以及我国转基因食品的开发和国外转基因食品的进入，转基因食品已经逐渐走进了人们的生活。转基因食品虽然已普遍存在于人们的日常生活中，但是由于转基因技术对人类健康、生态环境等的不确定影响，人们对转基因食品的安全性存在不同观点。

二、转基因食品的优势

（一）缩短植物育种的年限，实现不同物种间的杂交

通过育种可以改变植物的品种，传统的育种方式周期时间长，杂交出的品种不易控制，目的性差。而转基因技术就不同了，选择相应目的基因，就可得到相应的新品种，减少了筛选时间。传统的育种只能是水稻对水稻，玉米对玉米，进行杂交，不能水稻对玉米，水稻更不能和细菌进行杂交。而转基因技术不但可以把不同植物的基因进行组合，而且还可以把动物的基因，甚至人的基因组合到植物里去。

（二）改良农作物性状，提高抗性

通过转基因技术可培育高产、优质、抗病毒、抗虫、抗寒、抗旱、抗涝、抗盐碱、抗除草剂等特性的作物新品种，以减少对农药化肥和水的依赖，降低农业成本，大幅度地提高单位面积的产量，改善食品的质量，缓解世界粮食短缺的矛盾。

（三）利用转基因技术生产有利于健康和抗疾病的食品

例如，生产榨取有益心脏的食用油的大豆、可用于生产血红蛋白的玉米和大豆以及含疫苗的香蕉和马铃薯等，以此满足不同人群的需求。

（四）摆脱季节、气候对食品生产的影响

转基因食品可以摆脱季节、气候的影响，让人们一年四季都可吃到新鲜的瓜菜。同时，人们还发现转基因作物结出的果实，无论外形还是味道都别具风味。英国的科学家将一种可以破坏叶绿素变异的基因移植到草中，可以使之四季常青，除了具有绿化功能之外，还使畜牧业受益，因青草的营养比干草高，牲畜食用后，其肉的质量也

会提高。

（五）培育高产、优质的畜禽

利用转基因技术，把生长素基因、多产基因、促卵素基因、高泌乳量基因、瘦肉型基因、角蛋白基因、抗寄生虫基因、抗病毒基因等外源基因导入动物的精子、卵细胞或受精卵，可培育出生长周期短、产仔多、生蛋多、泌乳量高，肉质、皮毛品质与加工性能好，并具有抗病性的动物，目前已在牛、羊、猪、鸡、鱼等家养动物中取得一定成果。

三、转基因食品的安全风险

（一）可能产生各种毒素，危害人类健康

有些转基因品食品可能含有有毒物质和过敏源，会对人体健康产生不利影响，甚至可以导致癌症或某些遗传疾病的发生。目前还没有研究报告表明这些改良品种有毒，但研究学者认为，转基因食品加工过程中，由于基因的导入使得病毒蛋白发生过量表达，产生各种毒素，在达到某些人需求的效果的同时，也增加和富集了食物中原有的微量毒素。这种毒素的积累是个相当长的过程，但它确实可能正在进行中，因此目前谁也不能确保这些改良品种没有毒。转基因技术会在生物中产生不能预见的变态反应源，从而可能导致对某一种食物过敏的人会对一种以前他不过敏的食物产生过敏，原因就在于这种食品中含有了过敏原。

（二）减少食物的营养价值或降低食物中重要成分

转基因食物的主要动机是满足某种商品价值，如更高的产量，而忽略了食物中某种成分的改变。有些研究人员认为外来基因会以一种人们目前还不甚了解的方式破坏食物中的营养成分，如美国有报道，在具有抗除草剂基因的大豆中，异黄酮类激素等防癌成分减少了。

（三）外源基因向非转基因植物和野生近缘种逃逸的危害

大量的转基因生物进入自然界后很可能会与野生物种杂交，造成基因污染，从而影响到生物多样性的保护和持续利用，而保持生物多样性是减少遭受疫病侵袭影响的重要方式，这种污染对环境及生态系统造成的危害比其他任何因素对环境造成的污染都难以消除，生态系统是一个有机的整体，任何部分遭到破坏都会危及整个系统。

（四）抗生物胁迫转基因对非靶标生物的影响及危害

有些作物插入抗虫或抗真菌的基因可能对其他非目标生物起到作用，从而杀死了环境中有益的昆虫和真菌。例如，抗虫转基因玉米没有识别益虫和害虫的能力，它在毒杀害虫的同时，也损害了益虫。若大规模地种植抗虫作物可能意味着减少有益昆虫的种群，从而对生态环境造成不利影响。

（五）可能产生抗菌素耐药性细菌，对人类健康存在着潜在的危害

在基因转移过程中大量使用抗生素标记基因来标识转基因化的农作物，这就意味着农作物带有耐抗菌素的基因。转基因作物中的突变基因可能会进入到生物有机体，经过长期积累可能产生严重伤害。突变的基因如跨越种群和转移至细菌，其结果可能会导致新的传染病。

四、转基因食品安全保障

从基因工程的技术程序上看，转基因食品的食用安全性是可以保障的。一方面，转基因技术是把需要的目的基因注射到细胞核中，使之与 DNA 发生融合，但是很难实现，故成功率很低。人们吃的食物中包含了基因表达出来的蛋白，也包含基因的载体 DNA 本身，这些物质会被人体消化分解，即便没有完全分解，这些基因要想自主的进入细胞核，并且完成与 DNA 的融合产生变异则更加困难。另一方面，转移的目的基因都是天然存在的，人们平常吃的东西中就含有这些基因，用转基因技术仅仅是把这种基因转到其他生物体内进行生产后再分离出来。因此，在理论上转基因食品是安全的。

但转基因食品对人体健康也有可能存在潜在的影响，只是就目前科学水平对基因的认识以及基因工程技术的不足带来的问题无法预见，所以要对转基因食品的风险进行预防。首先，要严格控制境外转基因食品进入，对国外转基因食品进入我国必须严格按照相关程序审批，可以在 WTO 框架下采取必要的技术、措施进行限制；同时我国应有所侧重地发展非转基因作物的种植，调整产业结构，增强我国农产品的市场竞争力，打造绿色品牌。其次，要加强国内市场控制，加大转基因食品标识管理力度，虽然我国已发布一系列对转基因食品的管理措施，但我国市场的管理还是较为混乱，所以必须要完善安全法规，严格执法，进一步健全转基因食品的安全管理监控体系。最后，要加强转基因生物的检测技术研究和转基因作物投入商业应用的安全性评价，目前国内有众多机构对转基因生物的检测技术进行研究，但食物加工从原料到成品经过多个加工环节，要严格区分转基因成分存在较大困难，主要的检测方法有检测转基因成分所独有的 DNA 序列、PCR 技术、基因 ID 法等，同时我国政府也要加大转基因技术开发力度，加速推进我国转基因作物产业化进程。

头脑风暴：转基因食品安全吗？如何保障转基因食品的安全性？

课后实训：通过调查，了解我们在日常生活中见到的转基因食品。

【学习任务小结】

现代农业是以现代工业和科学技术为基础，重视加强农业基础设施建设，充分汲取中国传统农业的精华，根据国内外市场需要和WTO规则，建立起采用现代科学技术、运用现代工业装备、推行现代管理理念和方法的农业综合体系。它既包含有水平的综合生产能力，诸如有现代科技、现代装备、集约化、可持续发展等特征，又包含有现代制度，诸如有现代管理、专业化、社会化、商品化、标准化等特征的具有较强竞争能力的产业体系。现代农业是以保障农产品供给、增加农民收入、促进可持续发展为目标，以科学发展理念为指导，以现代科学技术及其应用、现代工业技术及其装备、现代管理理论及其实践、现代农产品加工和流通为基础的，产供销相结合、贸工农一体化的，高效率与高效益相统一的新型农业。

生物技术又称为生物工程，或称为生物工程技术，是指利用生物的特定功能，通过现代工程技术的设计方法和手段来生产人类需要的各种物质，或直接应用于工业、农业、医药卫生等领域改造生物，赋予生物以新的功能和培育出生物新品种等的工艺性综合技术体系。生物技术包括传统生物技术和现代生物技术两部分。现代生物技术是在传统生物技术的基础上发展起来的，但与传统生物技术有着质的差别。

农业生物技术是中国现代生物技术发展的另一个重要方面，中国在这一领域中取得了明显的进展，大大缩短了与发达国家的差距，使得现代生物技术得到了很大程度的普及，转基因水稻、大豆、小麦、棉花、番茄、烟草等多种转基因植物已培育成功。目前中国的转基因植物种植面积排在全世界第4位，转基因抗虫棉的种植面积已达70万公顷，占棉花种植面积的40%，是转基因植物种植年增长率最高的国家。在动物体细胞克隆和转基因动物方面，中国已跻身于国际先进行列，成功地获得了几例核移植克隆牛和转基因体细胞克隆奶山羊。

近20年现代生物技术的发展取得了世人瞩目的成就，在农业生产领域展示了广阔的发展前景。目前，世界正面临着人口剧增和食品短缺的严重危机，农业生产受到的压力也日益增强，发展和应用现代生物技术，是解决当前世界所面临的粮食、人口、污染等重大问题，发展现代化农业的必由之路。

现代生物技术应用在农业生产中的植物育种与繁殖、动物育种和繁殖、生物固氮、生物农药、兽医公共卫生、开发利用新的饲料资源 、开发新型畜禽品种、治理畜牧业环境污染等方面。

以转基因技术为核心的现代生物技术发展很快，随着生物技术在农产品上的广泛应用，以及我国转基因食品的开发和国外转基因食品的进入，转基因食品已经逐渐走进了人们的生活。转基因食品虽然已普遍存在于人们的日常生活中，但是由于转基因技术对人类健康、生态环境等的不确定影响，人们对转基因食品的安全性存在不同观点。

从基因工程的技术程序上看，转基因食品的食用安全性是可以保障的。一方面，转基因技术是把需要的目的基因注射到细胞核中，使之与 DNA 发生融合，但是很难实现，故成功率很低。人们吃的食物中包含了基因表达出来的蛋白，也包含基因的载体 DNA 本身，这些物质会被人体消化分解，即便没有完全分解，这些基因要想自主的进入细胞核，并且完成与 DNA 的融合产生变异则更加困难。另一方面，转移的目的基因都是天然存在的，人们平常吃的东西中就含有这些基因，用转基因技术仅仅是把这种基因转到其他生物体内进行生产后再分离出来。因此，在理论上转基因食品是安全的。

【复习思考】

1. 现代农业生物技术应用的风险有哪些?
2. 谈谈现代生物技术在农业中的应用。
3. 如何保障转基因食品的安全性?

学习任务十 现代农业经营管理

【学习目标】

1. 知识目标：

（1）了解现代农业的基本知识。

（2）掌握农业经营管理的基本理论。

（3）了解农业信息化的概念、特征及内涵，掌握信息技术在农业上应用的实施途径。

（4）掌握新技术在智慧农业的四大典型应用。

（5）了解农业经营的市场风险并掌握农产品市场风险的应对策略。

（6）了解农产品质量管理的含义和影响农产品质量安全的原因，掌握农产品质量管理的措施。

2. 能力目标：

（1）了解未来农业的发展趋势，树立现代农业经营管理新观念。

（2）初步具备现代农业经营管理的能力。

（3）学生自主调查当地农业经营管理的具体情况，进一步了解现代农业管理。

3. 态度目标：具备自主学习、解决问题的能力。

【案例导入】

庄稼汉“慧”种田——33名新农人打理1.56万亩水稻

走进江西省南昌县蒋巷镇大田现代农业基地，科技元素无处不在。植保无人机天上飞，智能旋耕机地里跑，农情监测点田中立，物联大数据掌中握，过去面朝红土背朝天的庄稼汉摇身一变成为田管家。水稻的播种、施肥、浇水、杀虫、收割，全流程实现了智能化。

更令人意想不到的是，这片万亩稻田的掌柜，竟是位种地仅两年多的新手。从小在城里长大，长年经商的基地负责人邹泰晖瞅准了智慧农业的广阔前景。50岁出头的他转型种水稻，自2018年起，先后在蒋巷镇流转了1.56万亩耕地，并进行了高标准农田改造和智能化建设。

从“会”种田到“慧”种田，科技改变了传统农业，也孕育出新农人。49岁的刘士国是蒋巷镇三洞村村民，过去打理自家5亩薄田都累得够呛，如今，智能农机田间自走，刘士国只需拿着手机在一旁遥控驾驶即可。“耕牛”化身“铁牛”，农机上加装了摄像头和传感器，能全程记录农机的作业面积、运行轨迹和土地平整度等数据。只要打开手机App，就能及时了解农机的耕作层有多深、耕作面积多大、是否存在重复耕作和漏耕等情况。脚不沾泥，手不碰水，一眨眼耕好一大片，如今的刘士国不用下田就把田种了。

【案例分析】

智能农机田间走，“耕牛”转身变“铁牛”，脚不沾泥、手不碰水就把田种了，打开手机就能设定耕作深度，查看数据就知道农作物生长状况……智慧农业将现代信息技术与农业生产、经营、管理和服务全产业链融合，为传统农业提质增效提供了现代化解决方案。从“人扛牛拉”到“农机自耕”，从“指望经验”到“依靠数据”，从“看天吃饭”到“科技助力”，现代农业中农业生产方式发生了不一样的改变。

【学前思考】

现代农业如何进行经营管理？

学习内容一　农业经营管理概述

随着我国科技水平的不断提高，信息化已经成为当代各个行业发展的制高点，与大数据、云计算、互联网的融合带来更多的创新成果，不断推进农业生产技术的发展，加快农业产业的效率，逐渐形成具有创新元素和智能化基础的现代农业，有效提高农业的经营管理水平，实现农业产业链环节的顺利发展。

农业是国民经济的基础，农业现代化是国家现代化中不可或缺的重要组成部分。发展现代农业是新时代党和国家的重要战略部署，是破解“三农”问题，补齐农业短板的客观要求，是实施乡村振兴战略的必然选择，对推动农业的转型升级、农村经济持续稳步增长、实现全面建成小康社会的目标具有重要的作用。

一、农业经营管理的概念

一般认为，经营是引导一个组织趋向某一既定目标的活动，含有筹划、谋划、计划、组织、治理、管理等含义，经营一个企业的经济活动包括生产活动、商业活动、财务活动、人事活动、安全活动和管理活动。因此，现代农业经营包括了现代农业生产和管理。在实践中，生产偏重于如何生产符合要求的产品；经营偏重于如何将这些产品变成商品以获取最大利润，侧重于动态谋划发展；管理侧重于正常合理地运转。实际上，无论是在生产中还是经营中均离不开管理。因此，现代农业生产、经营和管理的关系如图 10.1.1 所示。

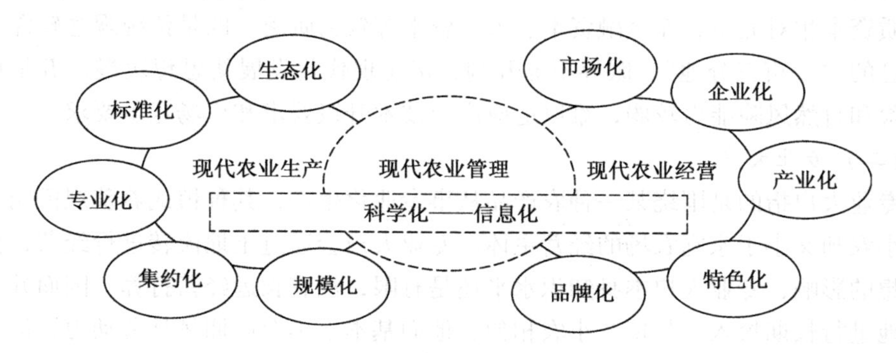

图 10.1.1　现代农业生产、经营和管理的关系

在图 10.1.1 中，现代农业生产应坚持生态化、标准化、专业化、集约化和规模化，现代农业经营应坚持市场化、企业化、产业化、特色化和品牌化，在现代农业生产、经营和管理中应坚持科学化和信息化。

因此，农业经营管理就是对农业整个生产经营活动进行决策，计划、组织、控制、协调，并对农业生产成员进行激励，以实现其任务和目标一系列工作的总称。合理地组织生产力，维护和完善社会主义生产关系，适时调整上层建筑，使供、产、销各个环节相互衔接，密切配合，人、财、物各种要素合理结合，充分利用，以尽量少的劳动消耗和物质消耗，生产出更多的符合社会需要的产品。

二、农业经营的组织形式

随着社会的发展、城镇化水平的提高，农业经营领域也在发生着革命性的变化，农业经营主体结构也在不断演变。从主体的结构上看，农业经营主体分为小农户、专业大户、家庭农场、农民专业合作社、农业企业。与传统的农业经营主体小农户而言，专业大户、家庭农场、农民专业合作社、农业企业等经营主体在规模上、现代化水平等方面有着较大的优势，因此，我们又把专业大户、家庭农场、农民专业合作社、农业企业等经营主体称为新型农业经营主体。

（一）传统小农户

小农户主要是指实行家庭联产承包责任制所产生的承包农民，其主体既是自给自足的小农，也是商品小农。传统小农指的是在自然经济条件下，农民以家庭为基本单位，根据自身需求进行农业生产的小规模自给自足的经营模式。分田到户以来，我国传统小农形成了“人均一亩三分地，户均不过十亩”的家庭经营格局，传统小农仅仅承担着维持家庭生计的基本功能，并不过度地追求剩余价值。

小农户具有以下几个特点：一是农业经营的“规模小”，即“小生产”；二是农产兼业化渐成主流，这与当前的农业现代化过程与城市化、工业化过程紧密相关，农村的优质劳动力向城市转移，小农兼业化明显；三是生计资本水平低，其中自然资本和物质资本相对充足，而金融资本、人力资本等较为匮乏；四是传统观念较深，局限于自己的“一亩三分地”，眼界不够开阔，接受现代化发展新思想缓慢；五是抵御市场风险和自然风险能力较弱，难以适应产业技术升级要求和市场竞争要求。

（二）专业大户

专业大户指的是围绕某一种农产品从事专业化生产，其种植或养殖规模明显高于传统小农却又小于家庭农场的经营主体。专业大户会通过土地流转进行经营，但受传统思想的影响，专业大户本身知识水平还是有限，没有长远经营打算，因而并不愿意对土地进行长期投入。与传统小农相似，他们基本上不会雇佣额外劳动力，但为了增加产出，专业大户一般都会种植经济作物或用套种的方式提高复种指数。换言之，专业大户是一种机械化程度一般、不会额外雇工、管理较为粗放、难以对接市场的劳动力剥削型的适度规模经营模式。

（三）家庭农场

家庭农场指的是以家庭成员为主要劳动力，从事农业商品化、规模化、集约化的生产经营活动，并以农业收入为家庭主要收入来源的新型农业经营主体。目前，家庭农场没有一定的规模标准，从实践来看，家庭农场的土地流转面积一般在50~500亩之间。除自身承包地以外，家庭农场还流转了大量土地，并要求土地集中连片以方便田间管理与农业机械的使用。家庭农场一般情况会在前期投入大量成本用以改善农地条件、购买农用机械等。由此可见，家庭农场是一种机械化程度较高、雇工较少、管理较为规范、更容易对接市场的家庭适度规模经营模式。

（四）农民专业合作社

农民专业合作社是指在农村家庭承包经营基础上，农产品的生产经营者或者农业生产经营服务的提供者、利用者，自愿联合、民主管理的互助性经济组织。

农民专业合作社以其社员为主要服务对象，提供农业生产资料的购买，农产品的销售、加工、运输、贮藏以及与农业生产经营有关的技术、信息等服务。在自愿联合与民主管理的基础上，农民专业合作社能够充分发挥其带动散户、组织大户、对接企业、链接市场的优势，解决传统小农在家庭经营模式下的规模不经济问题，并通过资金、技术等方面的投入，提高农民的组织化程度与集约化水平。总体来看，农民专业合作社具有以下几个特征：一是以家庭承包制为基础；二是以服务社员为目的；三是以效率优先、兼顾公平为原则；四是具有强烈的互助性质。农民专业合作社是带动农户进入市场的基本主体，是联结农户和市场的主要桥梁和纽带。

（五）农业企业

农业企业指的是通过合同或订单的方式与农户建立起利益关联纽带，对农产品进行加工、处理、运输、销售等过程，实现分散农户的产供销和贸工农一体化的新型农业经营主体。农业企业主要从事种植业、畜牧业、水产养殖业等一体化经营，或是一体化经营中的某些中间环节，并通过科学的经营管理方式、先进的生产技术以及雄厚的经济实力，为分散农户提供产前、产中、产后的各类生产性服务。农业企业在流转土地时往往要求土地集中连片，这样不仅可以提高农业机械的使用效率，更能减少相应的管理成本。由于经营规模较大、生产周期和投资链条较长，农业企业容易受自然风险与市场风险的影响，因而具有一定的风险性和不稳定性。

我国当下的农业经营体系呈现出以家庭承包经营为基础，混合型、多样化的农业经营组织形式与多元化农业经营主体并存的格局。除从事传统农业经营的小规模农户之外，多种适度规模经营的家庭农场、农民专业合作社和农业企业等新型农业经营主体不断涌现，尤其是农民专业合作社和家庭农场，是农业先进生产力的代表，在现代农业发展中发挥带动作用。

目前我国现代农业发展水平还比较落后，面临着许多挑战。譬如，农业资源相对贫乏，人多地少，人口密度大；农业基础设施薄弱，水土流失严重，土壤肥力不高，抗灾能力弱；农业科技进步的速度不能满足需要；农户生产规模太小，畜牧养殖规模也很小；农民素质较低的状况在短期内不能根本转变等。

我们必须适应新形势新要求，充分认识加快推进现代农业建设的重要性，切实提高农业综合生产能力，转变农业增长方式，促进农民不断增收，实现农业可持续发展。只有着力推进现代农业建设，才能提高我国农产品国际竞争力，在经济全球化的背景下，确保我国农业处于有利地位。

学习内容二　农业经营管理中信息的利用

当今世界，以计算机多媒体、光纤和通信卫星等技术为主要特征的信息化浪潮正席卷全球。信息技术以其广泛的影响和巨大的生命力成为当今世界发展最为迅猛的科技领域，在信息革命推动下，农业也发生质的改变，它改变了传统农业的耕作方式，调整了农业产业结构。推进农业信息化，是加快农业现代化的重要手段。

一、农业信息化的概念及其特征

（一）农业信息化的概念

农业信息化是在农业生产、经营、管理、服务等各个领域应用计算机技术、网络与通信技术、电子技术等现代化信息技术的过程。农业信息化成功利用大数据、云计算、互联网等现代信息技术，推动互联网与农业生产、经营、管理等深度融合，有效促进农业转型升级。

（二）农业信息化的特征

农业中所应用的信息技术包括：计算机、信息存储和处理、通信、网格、多媒体、人工智能、“3S”技术等，概括起来具有以下三个特征：

1. 网络化

在美国，众多农业公司、专业协会、合作社和农场，已普遍使用计算机及网络技术。伊利诺伊州有67%的农户使用计算机，其中27%农户运用网络技术。政府每年拨款15亿美元建设农业信息网络。美国已建成农业计算机网络系统AGNET，覆盖了美国国内的46个州，加拿大的6个省和美加以外的7个国家，连通美国农业部、15个州的农业署、36所大学和大量的农业企业。用户通过家中的电话、电视或计算机，便可共享网络中的信息资源。这些先进的计算机通信网络使农业生产者更为及时、准确、完整地获得市场信息，有效地减少了农业经营的生产风险。

2. 综合化

农业信息化既有多项信息技术的结合，包括数据库技术、网络技术、计算机模型库和知识库系统、多媒体技术、实时处理与控制等信息技术的结合，又有信息技术和现代科技，尤其是农业科技的结合，如信息技术与生物技术、核技术、激光技术、遥感技术的日益紧密结合。农业信息化使农产品的生产过程和生产方式大大改进，农业现代化经营水平也不断提高。

3. 全程化

信息技术应用不再局限于某一独立的农业生产过程，或单一的经营环节，或某一有限的区域，而是横向和纵向拓展。信息技术企业与农业生产、经营企业联系，科研单位与生产经营单位甚至与用户联合，多学科专家协作的复杂工程越来越多。这些工程全面地改善了农业生产和经营中的薄弱环节，不仅使发达国家农业的原有优势得到充分发挥，而且极大地增强了发达国家农产品在世界市场上的竞争力。

二、农业信息化的应用

广泛应用现代信息技术促进农业和农村经济结构调整，增强农业的市场竞争力，发展农村经济，建设现代农业，增加农民收入，加速农村现代化进程。农业信息化的内涵可以概括为以下四个方面：

（一）农业生产过程的信息化

农业生产过程的信息化包括农业基础设施装备信息化和农业技术操作全面自动化。

1. 农业基础设施装备信息化

农田灌溉工程中，水泵抽水和沟渠灌溉排水的时间、流量全部通过信息自动传输和计算机自动控制。农产品的仓储内部因素变化的监测、调节和控制完全使用计算机信息系统运行。畜禽棚舍饲养环境的测控和动作完全可以实行自控或遥控。

2. 农业技术操作全面自动化

一是农作物栽培管理的自动化。现在国内研制的多媒体小麦管理系统和棉花生产管理系统都可以应用于生产。如农作物施肥，可以在田间设置自动养分测试仪或设置各种探针定时获取数据在室内自动测定，通过计算机分析数据，确定施肥时间、施肥量、施肥方法，使用田间遥控自动施肥机具或与灌溉水结合实现自动施肥。其他耕作管理措施类同。

二是农作物病虫防治信息化和自控。在田间设置监测信息系统，通过信息网发出预测预报，利用计算机模型分析，确定防治时间和方法，采用自控机具或生物防治方法或综合防治方法，对病虫害实行有效的控制。

三是畜禽饲养管理的信息化和自动化。可以通过埋置于家畜体内的微型电脑及时发出家畜新陈代谢状况，通过计算机模拟运算，判断家畜对于饲养条件的要求，及时自动输送饲喂配方饲料，实现科学饲养。

（二）农产品流通过程的信息化

建设新型的农产品批发市场。积极扩大批发市场的信息网络和电子结算等现代交易方式试点。加强对农产品产后加工、贮藏、保鲜技术的开发和推广，大力开发农产品加工技术和农业节本增效技术，发展优质高产高效农业。

通过网络、信息技术将全国乃至全球作为一个统一的大市场，将分散的农户和涉农部门组织起来形成一个大系统。农产品贸易在网上进行，农民在网上洽谈，交易在网上实现，降低了农产品的销售成本；通过网上信息分析和专家的科学预测，农民在网上获得市场行情和发展预测分析，在网上获得农业生产订单，减少了农业生产的盲目性；利用计算机网络技术，农业生产者可以与不同产业结盟，共同经营，共同管理，共同打造品牌，稳定市场占有量，并不断拓展新的市场。

（三）农业经营管理过程的信息化

农业管理信息网络化，一是建立适合农场自身具体情况的计算机决策支持系统，及时进行模拟决策。二是通过进入乡、县、省，全国和全球的信息网络，及时了解市场信息、政策信息，按照市场需求选择生产和合理销售自己的产品，以发挥自己的优势，取得最佳的经济效益。三是通过进入外部的信息网络，广泛获取各种先进的科学技术信息，选择和学习最适用的先进技术，装备自己的农场，不断提高农场土地生产力和劳动生产力，以获取最佳的生产效益。

农业管理服务系统，主要是适应国家信息化发展和电子政务建设要求，实施农业电子政务建设，开发建设网络办公系统，建立开放的农业政务管理数据库，实现农业部门行政审批和市场监督管理等事项的网络化处理，增强政务管理透明度，提高政府部门办事效率。

先进的信息收集、处理和传递技术将有效地克服农业生产的分散化和小型化的行业弱势；强大的计算能力、智能化技术和软件技术，使农业生产中极其复杂和多变的

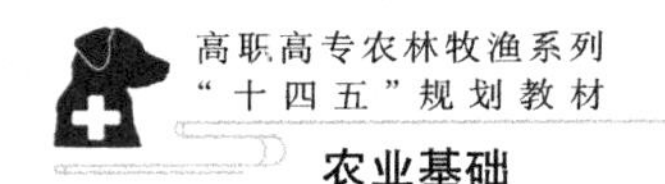

生产要素定量化、规范化和集成化，改善了时空变化大和经验性强的弱点；将信息技术与航空航天遥感技术（RS）、农业地理信息系统技术（AGIS）以及全球定位系统（GPS）等相结合，大大加强了对影响农业资源、生态环境、生产条件、气象、生物灾变和生产状况的宏观监测和预警预报，提高了农业生产的可控性、稳定性和精确性，并能对农业生产过程实行科学、有效的宏观管理。

（四）农村社会服务的信息化

农民生活的改善，正在扩大利用现代信息技术提供的生活消费领域。一些发达地区的文化娱乐媒体，实现电视网、广播网和计算机互联网的三网合一，农民可以利用这些媒体，了解国内外社会、经济和科学技术动态，有条件的地方可以通过互联网，了解国内外农业、农民和农村生活的发展动态，还可以丰富农民的文化娱乐生活，为农村儿童的学习生活提供了广阔的新天地，具有指导农民生活和农村社会活动的作用。

结合当前的形势，将信息化应用于农村社会突发性公共危机预防与处理机制的建立完善，能促进农村改革发展稳定，提高农业的综合生产力和经营管理效率。

我国农业信息化应用系统开发已经成型，已经建成的大型农产品批发市场价格信息系统、农村供求信息全国联播系统、农产品监测分析系统、农业专家系统、农业决策支持系统等平台，提升了“三农”信息服务水平。

三、推动农业信息化建设的方法

（一）加强农业信息化基础设施建设

开展农业信息化基础设施建设工作应该面向实际、求得实效，有步骤、有重点地进行，不仅要完善建设国家、省、市、县四级网络中枢平台，而且要依托国家公共通信设施，快速建立起高效畅通的农业信息传送渠道。

（二）充分发挥政府在推进农业信息化建设中的主导作用

农业信息化建设涉及政府、社会、经济、信息等多个方面，其涉及面之广使任何一方都难以独立进行，需要政府从全局出发，在政策上给予科学引导，相关各方在政府的领导下合力推进，加速信息资源的共享和利用，丰富和发展农业信息化建设理论并用于指导工作实践，全面服务于农业信息化。

（三）完善农村信息服务体系，创新农业信息服务模式

为了解决农村信息传播时效性慢、可靠性差和针对性不强的问题，必须全面普及互联网在农村的应用，吸引电信运营商参与到农业信息化建设中来，依托乡村农业各站，建立乡级农业信息服务站，为基层配备专职岗位从事农业信息化工作，启动农业信息标准化工作，创新农业信息服务模式，适应农业信息化建设的需要。

（四）加强农业信息技术人才培训，强化人才队伍建设

实现农业信息化建设的重要途径之一就是加强对农业信息技术人员进行信息素质培训，培养复合型专业人才。还可以通过建立人才激励机制和人才竞争机制，吸引相

关领域的优秀人才积极投身到我国农业信息化建设的队伍中来，实现农业信息化。

信息化是农业科技发展的新产物，是整个国民经济信息化建设的重要组成部分，对改造传统农业、统筹城乡、实现城乡一体化、建成小康社会具有重要的战略意义。

学习内容三　农业新技术应用与管理

智慧农业作为现代农业发展的高级阶段，是我国农村经济社会发展转型的必由之路。伴随着物联网、大数据、人工智能等新技术的快速发展，智慧农业有望改变现有农业生产方式，驱动农业变革。

一、智慧农业的概念

智慧农业指的是利用物联网、人工智能等现代信息技术与传统农业进行深度融合，实现农业生产全过程的信息感知、精准管理智能控制的一种全新的农业生产方式，可实现农业的可视化诊断、远程控制以及灾害预警等功能。智慧农业发展的基础在于数字农业。

二、新技术在智慧农业中的应用

广义的农业分为农、林、牧、渔以及副业，新技术主要体现在农业的生产环节。当前，新技术着重应用于农业种植和畜牧养殖两个方向上。智慧农业生产环节的四大典型应用，包括无人机应用、数据平台服务、农机自动驾驶以及精细化养殖，如图 10.3.1 所示。

图 10.3.1　智慧农业生产环节的四大典型应用

（一）无人机应用

1. 农田药物喷洒、施肥

相对于传统农药喷洒作业方式，无人机植保可实现农药自动定量、精准控制、低量喷洒作业，作业效率是高架喷雾器作业效率的 8 倍。无人机喷洒药物时旋翼产生的向下气流有助于增加药物对农作物的穿透性，可节省农药 30%～50%，节省 90%的用水量，减少农药对土壤和环境的污染。2017 年 9 月，无人机在新疆“百团大战”，经过 6 周作业，为棉花和辣椒喷洒落叶剂 200 万亩。

2. 农田灌溉、播种

在作物生长过程中，农民必须随时随地地了解掌握和调整保持农作物生长最适宜的土壤湿度。利用多轴无人机放飞在田间上空巡视观察农田土壤不同湿度所呈现的不同颜色变化，即可了解掌握土壤不同湿度墒情的变化情况。这时就需要根据农田土壤的不同湿度所显现的不同颜色，制作一套数字图谱存入数据库中待用，这样也就可以利用多轴无人机空中取样所得的信息和已存入数据库中的信息相识别对照的办法来解决科学合理灌溉用水的问题。另外，还可以利用多轴无人机空中观察农作物因农田缺墒而引起的植株叶片、叶梗和嫩梢发生的凋萎现象来做参考，来判断决定农作物是否需要灌溉浇水，从而达到科学灌溉、节约用水的目的。

无人机播种具有撒播密度均匀、作业范围大、性能稳定等优势，但需要克服前期准备工作烦琐、效率不高等问题。

3. 农田信息监测

无人机农田信息监测主要包括病虫监测、灌溉情况监测及农作物生长情况监测等，是利用以遥感技术为主的空间信息技术通过对大面积农田、土地进行航拍，从航拍的图片、摄像资料中充分、全面地了解农作物的生长环境、周期等各项指标，从灌溉到土壤变异，再到肉眼无法发现的病虫害、细菌侵袭，指出出现问题的区域，从而便于农民更好地进行田间管理。无人机农田信息监测具有范围大、时效强和客观准确的优势，是常规监测手段无法企及的。

4. 农业保险勘察

农作物在生长过程中难免遭受自然灾害的侵袭，使得农民受损。对于拥有小面积农作物的农户来说，受灾区域勘察并非难事，但是当农作物大面积受到自然侵害时，农作物查勘定损工作量极大，其中最难以准确界定的就是损失面积问题。农业保险公司将无人机应用到农业保险赔付中，无人机具有机动快速的响应能力、高分辨率图像和高精度定位数据获取能力、多种任务设备的应用拓展能力、便利的系统维护等技术特点，可以高效地进行受灾定损任务。通过航拍查勘获取数据、对航拍图片进行后期处理与技术分析，并与实地丈量结果进行比较校正，保险公司可以更为准确地测定实际受灾面积，大大提高了勘查工作的速度，节约了大量的人力物力，在提高效率的同时确保了农田赔付勘察的准确性。

5. 森林资源调查、荒漠化监测

利用空中拍摄的森林照片确定地物形状、大小和位置的方法，简称森林航测，主要应用于森林资源调查、荒漠化监测。目前大面积森林资源调查，较多采用卫星照片的遥感系统。卫星遥感系统的成本较高，分辨率却较低，从而导致照片不能精准地反映出地形地貌，并容易受云层的影响，使地形地貌被遮挡而失去利用价值。工作人员需要对一片地域反复拍摄和拼接，才能获得可以利用的照片，致使耗时较长，且成本较高，从而不利于普及应用。应用无人机操作可以有效减少野外作业工作量，工作条件大大改善，同时提高了测图的速度、精度和效率。

6. 森林病虫害监测及防治

森林病虫害因气候及人为因素呈现频率增多、程度增强、面积增加的趋势，以及危险性林业有害生物种类增多的情况，较之以往人工喷洒农药的方式，通过无人机喷洒药物、监测能有效提升林业有害生物监测预警、检疫御灾、防治减灾水平，预防和控制了林业有害生物灾害的发生。

7. 森林火灾监测、管理及救援

无人机应用以森林火情监测为主，将 GPS 技术、数字图像传输技术等高新技术综合应用于森林防火中的高新科技产品。特别是在森林火灾发生时，火场上空能见度极低，即使载人飞机到达火场上空，观察员也无法详细观察到地面火场情况，在这种情况下，飞行存在着较高的安全隐患。而无人机能够克服载人飞机的这一不足，通过搭载摄像设备和影像传输设备，可随时执行火警侦察和火场探测任务，也可以全天候在空中对林区进行勘查，及时发现火情、报告火场位置采取行动，将火灾消灭在初期。无人机还配备彩色 CCD 任务载荷，可按预定航迹对林区进行空中巡查，重点解决在地面巡护无法顾及的偏远地区发生森林火灾的早期发现，以及对重大森林火灾现场的各种动态信息的准确把握和及时了解，同时可以解决飞机巡护无法夜航、烟雾造成能见度下降无法飞行等问题。作为当前林业监测手段的有力补充，无人机展现出其他方式无法比拟的优越性。

8. 人工增雨

无人机有使用简便、机动性好、便于投放、又无人员安全的风险等特点，特别适合森林作业中的人工增雨作业。无人机可携带 10 枚增雨焰条，通过挂架挂载在机腹与起落架中间。飞行中点燃某枚焰条由地面遥控进行控制，并通过遥测信息显示焰条是否已燃状态，每次根据实际情况可同时点燃多根发烟管。根据载人飞机人工降雨业投放碘化银数量与作业区域的关系，10 枚增雨焰条的碘化银含量即可满足 100 km^2的人工降雨作业区域要求。

（二）数据平台服务

搭建大数据平台实现作物的精准管理，需要收集土地土壤数据、天气气候数据、农作物生长数据以及病虫害数据。

1. 加快作物育种

培育优良作物品种的传统过程不仅耗费大量的财力和人力，而且可能需要 10 年或更长时间。大数据加快了这个过程。遗传学的进步已经导致了生物信息的爆炸式增长：首先是模式生物基因组测序的开始，其次是高通量或自动化实验技术的快速应用。

大量的基因信息可以在云端创建和分析。曾经在温室和田间地头进行的生物研究，现在能够先用计算机（经过计算机模拟）来分析数据、设计实验和确定假设条件。在此基础上，只需要在地里试种规模小得多的实验作物进行验证，就可以判断出在大规模环境中种植的效果如何，然后培育者便可以确定哪种杂交作物最适合某个特定的地域。

利用更好的工具，研究成果转化为实际生产力的速度将更快，成本也将更低。设施较少、规模较小的实验室也能完成这个过程，数据库共享能够提供更多的数据供实验人员获取和分析。

2. 驱动耕种方法

数据本身无法创造见解，需要通过分析和咨询服务来帮助农民洞悉数据，以机器学习为核心的软件应用在与数据、设备和人类互动时变得越来越智能化和定制化。大数据能提供以前没有开发过的机遇，帮助人们在农事方面做出更明智的决策。大数据公司能测试各种各样的基因组、作物投入品以及很多不同的农田、土壤和气候条件。还能按照数千亩土地的真实环境进行田间试验，为农民提供在特定田地、特定土壤和特定气候条件下优化种植的信息，甚至细化到每一粒种子。

3. 让农业信息透明化

农业科技公司把收集、汇总和分析众多田地的数据作为自己的主业，目标是向农民提供个性化方案，将每块田地的耕种细化到作物个体。种植者因此将能够以非常精准的方式使用更少的化学品，以更精确的方式使用普通投入品的效果很可能好于名牌投入品的效果，让种植者的投入成本减少大约30%至40%。数据让农户能够不断采用符合自身特定需要的产品，定价策略更加全面完善，能够实现同一领域内更好的性价比。

4. 实现食品追踪溯源

大数据对食品从田间到餐桌的过程进行追踪，可以预防疾病、减少浪费和提高利润。由于全球供应链的延长，追踪和监督农产品变得越来越重要。大数据正在被用来改善各个环节，比如仓库和零售店的库存水平，以及作为食品在整个供应链中“血统记录”的食品温度。食品生产商和运输者使用传感器技术、扫描设备和分析工具来监控收集供应链的相关数据。温度和湿度通过带有 GPS 功能的传感器进行监控，在配送途中需要采取纠正措施时，警报就会响起。如果发生问题或召回，零售商处的销售点扫描让他们可以采取迅速有效的行动，哪怕产品已经售出，他们也能够根据销售数据制定采取最优的解决方式。

此外，通过大数据的应用，加强了消费者与种植者的沟通联系，让传统的供应链得以改变，实现了从农田到餐桌的一站式供应。

（三）农机自动驾驶应用

传统的农机作业以驾驶员控制行车技术水平为主，对驾驶员要求非常高，且难保证精度，夜间作业效果更差。随着农业从事人员的年龄不断增大，有经验的驾驶员在不断流失，年轻的人员大多也不愿从事农业作业，我国又是一个农业大国，对于自动机械化生产愈发强烈。

2019 年，5G 开始商用，全球卫星导航随着北斗三代的全球组网成功、伽利略的卫星数量也飞速增长，全面融合的 GNSS 技术正快速奔来。农业自动驾驶应用环境相对封闭，因此在部分应用场景会优先于汽车道路级自动驾驶，更早一步走向无人化，开启智能农业的新时代。作为农机自动驾驶，农机车辆导航系统是该应用的根本，车联网是实现农机自动驾驶技术的前提，通过农机车辆导航系统实现农机的作业监测、路径规划、决策控制等操作。目前农用车辆导航系统主要应用于拖拉机、收割机、小麦机和青贮机等农用机械上，如图 10.3.2、图 10.3.3 所示。

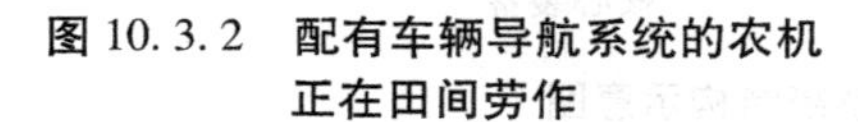

图 10.3.2 配有车辆导航系统的农机正在田间劳作

图 10.3.3 车辆导航系统结构组成示意图

自动导航驾驶技术的应用，将促进农业装备高新技术的推广应用与发展，提高农业生产作业质量，是一项精准农业技术。以农机自动驾驶为起点，运用新技术实现农业的耕种管收各个环节，不断地提高测量耕地范围的精度以及感知避让的解决方案，同时实现变量控制、流量控制以及测土配方等一系列问题，解放劳动人力投入，最终实现农机的无人驾驶。

（四）精细化养殖分析

我国养殖行业存在很多问题，抗生素使用过多、畜禽产品药物残留严重，产品质量较差。精细化养殖指的是利用新的技术、新的理念改变养殖行业普遍存在的问题。目前大型上市养殖企业主要利用环境控制系统、饲料饲喂系统以及信息化管理系统等进行规模化养殖，使用及细化养殖模式能够大大降低成本和死亡率。

养殖行业主要分为四个核心环节：育种、繁育、饲养和疾病防疫等。精细化养殖利用新技术（物联网、人工智能等）、新理念来降低畜禽死亡率、提升产品质量，在饲喂、繁育管理、疾病防害、环境保护等方面完胜传统养殖模式。具体而言，以能够满足畜禽生长、生活和生产管理需要的舍内笼具、圈栏、饲喂、通风、清粪等养殖全程机械化、信息化设备为基础，应用物联网技术全方位实时感知和获取与养殖畜禽群体或个体生态、生理及生产过程相关的数字信息，包括体温、体重、呼吸、活动量、采食量等体况及行为信息，基于构建的畜禽生长模型或生理调控算法，科学预测和实时响应畜禽的健康、发情或繁殖力等，运用闭环工业控制理论，智能化调控畜禽舍内小气候环境，并基于获取的数字化信息实施营养供给、疫病防控等全程全自动生产管理与决策服务。目前精细化养殖多应用于养猪、养牛和养鸡上，如图 10.3.4 所示。

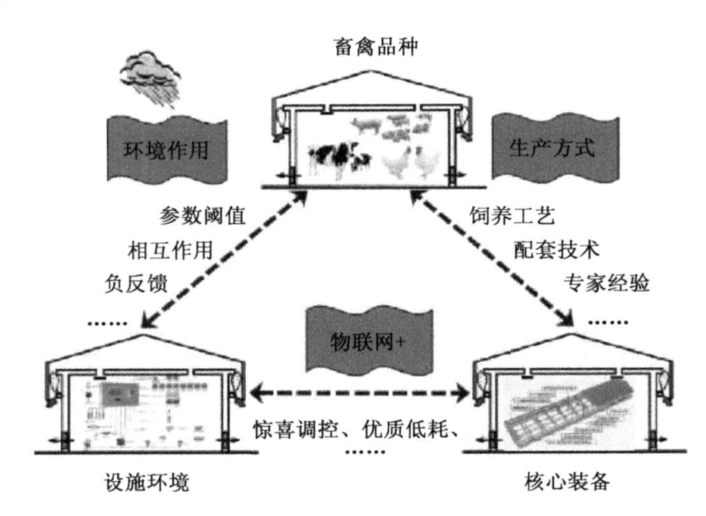

图 10.3.4 畜禽设施养殖系统结构示意图

精细化养殖已成为畜禽养殖业的最新发展趋势。研发以计算机视觉图像识别等主要方式的人工智能技术，实时监测、远程控制，提高养殖业生产效率，以技术代替人力实现精细化养殖，最终实现养殖无人化。

头脑风暴：在你熟悉的专业中可以怎样利用农业新技术？

学习内容四　市场变化与农业经营管理

农业产业作为我国第一产业，在国民经济中占有重要地位，对社会稳定至关重要。近年来，农产品市场供需趋势复杂多变，致使市场竞争越来越严重，进而导致农产品市场风险日益严重。农产品市场风险一方面会削弱农业种植者的积极性，另一方面会影响整个国民经济体系，减缓农业发展速度。

一、农产品市场风险

农产品市场风险主要指的是农产品在产出、销售环节中，由于市场供需变化、国家经济方面政策变化等未知情况引发的实际收益和预期收益不一致的不确定性。

（一）农产品市场风险的特点

1. 周期性

农业产品很大程度上是依赖自然界的外力作用的，自然因素是不以人的意志为转移的，由于自然因素周期性不稳定的变化导致丰年、灾年无规律性出现，农产品市场风险出现了周期性特点。

2. 连续性

农产品生产时限较长，在很短的时间内难以通过宏观调控的手段控制农产品的供需，这导致农产品风险具有连续性。

3. 关联性

农业是我国第一产业，是立国之本，在国民经济中具有举足轻重的地位。通过对物价波动轨迹的调查显示，物价波动与农产品价格的变化息息相关。

（二）农产品市场风险的表现形式

1. 价格风险

价值规律表明，产品的市场价格围绕其价值呈上下波动状态，农产品同样适用。市场价格变动时会影响农产品的市场供给量，供给量又会反作用于产品价格，这样必然会增加农产品市场的价格风险，不可避免地使部分农户遭受损失。

2. 农产品滞销风险

近年来，由于农业市场的供需关系不平衡，导致我国农产品滞销的新闻时常出现，甚至同时呈现几种农产品的滞销。

在以上两种类型的风险中，农产品价格风险是我国农产品面临的主要市场风险。

（三）农产品市场风险的成因

1. 农产品市场供求变动

在完全竞争的农产品市场上，价格对农业产量具有调节作用。在趋利避害心理的推动下，本期农产品的生产量与上期农产品的价格呈正相关关系、与下期农产品的价格呈反比关系，如此反复循环，会使农产品市场的供需始终无法平衡，进而导致农产品市场风险增大。

2. 农业产业特质

自然因素对农业产业影响极大，而且同时面临市场风险和自然风险，这就决定农业具有历史性的弱质型特征。农业进入壁垒较低，供给弹性远远大于需求弹性，极易形成过度竞争的不利局面，引发市场风险，导致农业种植者遭受不利损失。

3. 市场信息不对称，农民知识水平制约

从农业发展来看，小规模、分散的农业生产格局使我国农业长期处于一种粗放型的生产方式，这导致资源浪费，农产品种类差异小，缺乏市场竞争力。市场信息的不对称性导致农民在整个农产品交易环节中，只能充当市场竞争条件的接受者和市场风险的承担者，而且，农民普遍受教育程度不高，在每次的生产经营中难以做出最优的生产决策方案，只能参照当期产品需求和价格做出最终决策，决策十分缺乏科学性，这就导致农产品市场上供需始终不平衡，出现市场风险。

4. 生产规模小，现行生产方式与优质生产方式严重不匹配

目前，我国农业生产仍以小规模大分散的经营为主，散农户与整个市场环境的矛盾尤为突出，信息搜集不完全，销售渠道匮乏，优质生产途径和小规模生产格局不匹

配增加了农产品市场风险。

5. 同类农产品价格波动

我国加入世贸组织后，农产品市场逐渐与国际市场并轨。农产品中，如小麦、玉米、高粱等近几年均为净进口状态，严重依赖国际市场，在一定程度上国际市场价格会影响国内价格波动。当国际市场价格低于国内价格时，该类农产品的进口量会相应加大，进而导致国内农产品供给量的增多，价格下降；当国际市场价格高于国内价格时，致使国内该类农产品价格上升。因此，我国农产品种植者在进行农业生产决策时要同时考虑国内和国际两个市场的价格趋势变化，不确定性因素增加，导致的市场风险相应加大。

二、农产品市场风险应对策略

通过概括归纳农产品市场风险特点、表现形式，分析其成因，借鉴农业发展经验，可从以下五个方面来提升应对农产品市场风险的能力。

（一）建立农产品市场风险预警机制，降低价格无规则波动影响

从政府的角度，对完全竞争的农产品生产市场非常有必要建立风险预警机制。在农产品种植、流通、销售等各个环节进行监控，运用科学的评价分析方法对农产品市场分析进行分析预测，为农产品生产经营者提供及时的预警信息，防止其盲目生产，降低价格无规则波动对农业产量的影响，保证农产品供求关系稳定，有效预防农产品市场风险。

（二）制定合理的农产品保护价格

从国家宏观调控的角度来看，制定完善合理的农产品价格保护机制，一是有助于提高农民生产的积极性，二是有助于提高农民的生活收入水平，间接对社会稳定起到积极作用。目前，欧洲共同体国家已印证了农产品保护价格机制的优越性，因此，我国应快速完善农产品价格保护制度。

（三）推广订单农业生产方式

订单农业是指农业种植者按照客户商价格签订的农产品销售合同进行种植生产的一种科学的“以销定产”的生产方式，避免了生产的盲目性。农产品市场上，要大力推广订单农业生产方式，尽量缩小实际产量与供需均衡产量的差距，通过订单农业生产，可以为农业生产结构进行科学性调整提供参考，有效缓解农产品供需不平衡的问题，降低因不确定性因素带来的农产品市场风险。

（四）建立农业信息网，完善农产品市场信息服务

针对我国农产品市场信息不完全与不对称的问题，政府部门作为信息的掌握者，应加强对农民、客户和市场的信息服务。在农业现代化进程中，政府应大力建设现场信息传播的基础设施，实现线上网络渠道和线下传统渠道的优势互补。对农产品的信息体系建设加大力度，强化农产品市场供求关系和价格趋势分析的科学预测，为农民

科学决策生产经营计划提供有力参考，在农产品生产前尽可能降低农产品市场风险发生的可能性。

（五）打造优质大中型农产品生产销售企业，产品注重差异化

规模小、分散广是我国农业发展的主要特点。政府应因地制宜，加大农业生产投资力度，依据各地优势，大力发展品牌农业，着手于发展农产品区域建设。在农产品结构上，通过改进农业基础设施建设，错开同类农产品上市时间，实现农产品品种多元化、口味差异化等，使产品更加丰富，从而降低市场风险。

我国是农业大国，农产品市场仍处于较为薄弱的发展阶段，农业的发展程度制约着国民经济的发展，关系到社会稳定。因此，对农产品市场风险的关键问题的研究是一个非常具有现实意义和应用价值的课题，增强农产品市场的风险应对能力对保障农民生活水平提高、维护社会稳定至关重要。

学习内容五　农产品质量管理

近年来，随着农产品供求基本平衡，人民生活水平日益提高，农产品国际贸易快速发展，农产品质量安全问题日益突出，已成为农业发展新阶段亟待解决的重要矛盾之一，因此，也自然成为农业企业经营管理的重要内容之一。

从狭义上来讲，农产品质量管理主要是指农业生产经营人员为切实保障及提升农产品质量而进行的调查、计划、控制及监管等一系列活动。其基本任务是制订长效质量计划、构建质量监管体制。

从广义上来讲，农产品质量管理不仅包括狭义管理中的基本任务，更需对农产品质量进行宏观管理，即政府及社会组织为保障农产品质量而制定的明文规定，如农产品产地环境管理、农业投入品管理及农产品生产过程管理等。

一、影响农产品质量安全的原因

一是产地环境污染，影响了农产品质量安全。主要是工业“三废”排放、城市生活垃圾和农村生产生活废水不合理地排入江、河、湖、海，污染了农田、水源和大气，造成农产品产地环境污染，重金属及有害物质在水、土、气中超标，进而在食物中残留、聚积，影响农产品质量，最终影响人体健康。

二是有毒有害农业投入品使用，影响了农产品质量安全。生产、加工过程中，农业投入品使用不合理，对农产品质量安全产生危害。为了争取瓜果、蔬菜早上市，过量使用激素，滥施化学药剂，不但降低农产品品质，还可能含有毒有害成分。

三是农业标准化生产水平低，影响农产品质量安全。由于农村千家万户的生产经营方式，推行农业标准化生产难度较大，种子种苗难统一，肥料、农药使用难统一，栽培技术难统一，采摘、收获、加工难统一，难以从根本上提高农产品质量。特别是

一些地方不按照农兽药安全使用的规定，在未达到安全间隔期（休药期）就收割农产品，以致农药降解不彻底，严重影响农产品质量安全。与发达国家相比，我国在环境保护法规、技术标准、质量认证以及对绿色包装、标志、标签使用和管理方面还存在一定差距。生产者缺乏标准意识，“无标准生产”“无标准上市”现象普遍，农产品质量安全检验检测体系不适应“从土地到餐桌”全程质量控制的要求。

二、农产品质量管理的任务

（一）关于产地环境治理

产地环境管理由政府的环保部门和农业行政管理部门承担，目的是从源头上把好农产品质量关。《无公害农产品认证产地环境检测管理办法》《土壤环境质量标准》《食用农产品产地环境质量评价标准》等法律法规，对农产品产地环境做出了明确规定，包括对大气、灌溉水、土壤等质量的要求。加强对农村地区工业污染和规模化畜禽养殖场（小区）的环境监察和执法，积极向农村推广 12369 环保举报热线，及时发现和查处涉及农村的环境违法案件，解决农村区域性突出环境问题，保障农村地区环境安全。通过积极推行畜禽标准化规模养殖、调整生猪养殖布局、畜禽粪污资源化利用等措施来治理畜禽粪便污染，同时集成推广生物防治、理化诱控、生态调控、统防统治等绿色防控技术，推广低毒低残留生物农药，合理施用有机肥料，减少化肥、农药使用等，减少农业生产对环境造成的污染。

（二）关于完善农产品产地准出、市场准入制度

近年来，国家陆续颁布了《农产品质量安全法》《饲料和饲料添加剂管理条例》《兽药管理条例》《农药管理条例》等法律法规。农产品市场准入和产地准出制度正在积极建设，从而使农业生产用品的使用管理制度和生产经营管理制度日趋完善和规范。在准出制度建设上，强化生产经营者主体责任，建立与市场准入相衔接的合格证制度，推动生产经营者采取一系列质量控制措施，确保其生产经营农产品的质量安全。在准入制度建设上，2016 年 1 月，国家食品药品监管总局发布了《食用农产品市场销售质量安全监督管理办法》，明确要求集中交易市场开办者“查验并留存入场销售者的社会信用代码或者身份证复印件，食用农产品产地证明或者购货凭证、合格证明文件”，建立了食用农产品市场准入制度。

（三）关于加强农产品生产质量安全管理

一是积极推广农业标准化生产。全力推进标准制修订，制定了 6 000 多项食品安全国家标准和 5 000 多项非食品国家和行业标准，制定各类农业生产技术规程近 2 万项，基本上覆盖了我国常见农药兽药品种和主要农产品和食品品种。大力开展标准化实施示范创建，创建标准化的果园茶园菜园和畜禽、水产标准化健康养殖场，创建农业标准化示范县，全国已获得“三品一标”认证的产品近 11 万个，建成绿色食品原料标准化生产基地 600 多个。

二是强化质量抽检。开展质量安全监测，监测范围深入实施农药、兽药、饲料、水产药残4个专项监控计划，组织风险评估实验室，对重点食用农产品开展风险隐患排查，实施监督抽查，落实属地管理责任，确保农产品质量安全执法监管落实到位。

三是开展突出问题治理。围绕突出隐患，持续开展禁限用农药、“瘦肉精”、生鲜乳违禁物质等专项整治行动，始终保持高压严打态势，加大对问题突出产品的监督抽查力度，严厉打击违法犯罪行为。

（四）关于建立农产品质量安全追溯体系

建立农产品质量安全追溯体系，是创新农产品质量安全监管方式的重要举措，对进一步提升农产品质量安全监管能力、落实生产经营主体责任、增强食用农产品消费信心具有重要意义。建设国家农产品质量安全国家追溯平台，推进建立追溯管理制度机制，如苹果、茶叶、生猪、生鲜乳、大菱鲆等几类农产品统一开展追溯试点，推行实施农产品质量安全追溯管理办法，明确追溯要求，健全管理规则，制定农产品质量安全追溯管理扶持政策，提高生产经营主体实施追溯的积极性。

（五）关于增强农民环保意识，提高农户生产水平

加快构建新型职业农民队伍，壮大新型农业生产经营主体，是进一步提升农产品质量安全水平的一个重要环节。

一是强化农产品质量安全知识培训。一方面围绕新型职业农民产业发展需要开展技能培训，另一方面把农产品质量安全等通用知识培训作为重要内容，不断提升生产者质量安全意识，引导转变农业发展方式，推动绿色标准化生产。

二是通过政策引导调动农民参训积极性。为调动农民参训积极性，分工协作，分层次培训：根据各类职业农民的不同特点，以产业为核心确定培育方案，分类型施策；构建公共基础课、专业技能课、能力拓展课和实训操作课等课程模块，分模块培育，进一步提高新型职业农民培育的针对性、规范性、有效性。

三是加强现代农业生产技术研究和推广。科研院校、农业企业开展专项技术开发和技术模式开发，先后建立了水稻商业化分子育种、天敌昆虫、生物农药、谷物收获机械等多个农业科技创新联盟，推动现代农业生产技术研究应用，组织遴选了符合绿色增产、资源节约、生态环保、质量安全等要求的农业主推技术，并向社会推介发布，引导农民运用绿色环保的生产方式从事农业生产。

四是强化农产品质量安全知识培训，加大现代农业生产技术研究与推广力度，培育更多具有社会责任感和绿色健康意识的新型农业经营主体带头人，从生产源头上确保农产品质量安全。

【学习任务小结】

现代农业是应用现代农业科学技术和现代技术装备的农业，是实行现代经营管理方式管理的农业，是一个多元化的产业形态和多功能的产业体系。

农业经营管理就是对农业整个生产经营活动进行决策，计划、组织、控制、协调，并对农业生产成员进行激励，以实现其任务和目标一系列工作的总称。

农业信息化是在农业生产、经营、管理、服务等各个领域应用计算机技术、网络与通信技术、电子技术等现代化信息技术的过程。

农业新技术着重应用于农业种植和畜牧养殖两个方向上，智慧农业生产环节的四大典型应用包括无人机应用、数据平台服务、农机自动驾驶以及精细化养殖。

农产品市场风险主要指的是农产品在产出、销售环节中，由于市场供需变化、国家经济方面政策变化等未知情况引发的实际收益和预期收益不一致的不确定性。

农产品质量安全问题日益突出，具体从产地环境治理；完善农产品产地准出、市场准入制度；加强农产品生产质量安全管理；建立农产品质量安全追溯体系；增强农民环保意识，提高农户生产水平等五个方面实现“从土地到餐桌”全程质量控制。

【复习思考】

一、单项选择题

1. 农产品市场风险的特点：(　　)、连续性、关联性。

A. 系统性　　B. 全局性　　C. 周期性　　D. 定时性

二、多项选择题

1. 从主体的结构上看，农业经营主体分为小农户、(　　)。

A. 专业大户　　B. 家庭农场

C. 农民专业合作社　　D. 农业企业

2. 农业中所应用的信息技术包括：计算机、信息存储和处理、通信、(　　)等。

A. 人工智能

B. “3S”技术（即地理信息系统GIS、全球定位系统GPS、遥感技术RS）

C. 多媒体

D. 网格

三、判断题

1. 在信息革命推动下，农业也发生质的改变，它改变了传统农业的耕作方式，调整了农业产业结构。推进农业信息化，是加快农业现代化的重要手段。(　　)

2. 伴随着物联网、大数据、人工智能等新技术的快速发展，智慧农业有望改变现有农业生产方式，驱动农业变革。(　　)

3. 近年来，随着农产品供求基本平衡，人民生活水平日益提高，农产品国际贸易快速发展，农产品质量安全问题日益突出。(　　)

四、简答题

谈谈农产品市场风险应对策略有哪些？

学习任务十一 有机农业

【学习目标】

1. 知识目标：了解国内外有机农业发展的历史和现状；熟悉有机农业的认证机构。

2. 能力目标：掌握有机农业、有机食品的概念及其与绿色食品、无公害食品的区别；了解有机食品认证的基本要求和认证方法。

3. 态度目标：认识有机农业对经济发展和人民身体健康的意义；联系实际分析未来有机农业的发展前景。

【案例导入】

帝园家庭农场——休闲观光农业的旗帜

2012 年 11 月，帝园家庭农场从 189 户农户手中流转土地 740 亩从事设施农业。主要开展草莓、葡萄种植，产品供客人采摘。种植采用 8×40 m 的标准大棚设施进行精细化、有机方式生产，成熟后的草莓单粒重量达到 30 g，采摘价格 40~90 元/kg；种植的葡萄采摘价格 34~84 元/kg。价格虽然不低，但高品质的草莓、葡萄都被休闲观光客人现场采摘买完。农场同时整理 2 个塘库养殖鱼类，供客人垂钓。为解决休闲观光客人吃饭问题，又兼种水稻、蔬菜，传统方法养殖生猪，加上养殖的水产品，用作食材开展餐饮服务。几年来形成了采摘、垂钓、农事体验、餐饮等集休闲观光农业全部特点于一体综合发展模式，2016 年实现营业收入 1 325 万元。

【案例分析】

休闲农业就是利用田园景观、自然生态及环境资源，结合农林牧渔生产、农业经营活动、农村文化及农业生活，为消费者提供休闲娱乐，开展农业及农村体验为目的的农业经营新型业态。休闲农业是生产、生活、生态“三生一体”的农业，在经营上休闲农业要发展农业产销、农业加工及游憩服务等一二三产业融合发展新模式。休闲农业的形成与发展主要受三大因素影响：一是城市化发展人口集中且收入不断提高，人们需要自然生态的空间来舒解工作压力；二是城市周边土地不能变为非农业用地，必须以农业生产为主，但必须维持城市生活水准；三是城市周边区位好且交通通达性高。休闲农业的发展因距离近、交通便利、安全性高、消费者可随时前往等因素，成为城里人休闲放松的一种方式。休闲农业是一个刚起步发展且十分有发展潜力与前景的新型产业。

【学前思考】

1. 不施用农药、化肥就叫有机农业吗？
2. 有机食品到底好不好？
3. 有机农业有没有前途？

学习内容一　有机农业概述

一、有机农业的概念

“有机农业”一词最早出现在出版于1940年的诺斯伯纳勋爵的著作《Look to the Land》中。通常人们把不使用任何化学合成物质的农业生产叫有机农业。有机产品认证标准给出的有机农业是指遵照一定的有机农业生产标准，在生产中不采用基因工程获得生物及其产物，不使用化学合成的农药、化肥、生长调节剂、饲料添加剂等物质，遵循自然规律和生态学原理，协调种植业和养殖业的平衡，采用一系列可持续发展的农业技术以维持持续稳定的农业生产体系的一种农业生产方式。

有机农业在可能的范围内，尽量依靠轮作、作物秸秆、家畜粪尿、绿肥、外来的有机废弃物、机械中耕、含有无机养分的矿石及生物防治等方法，保持土壤的肥力和易耕性，供给作物养分，防治病虫杂草危害。

在有机农业生产中，禁止使用化学合成的农药、化肥、生长调节剂、饲料添加剂等物质，也禁止采用基因工程获得的生物及其产物以及离子辐射技术。提倡建立包括豆科植物在内的作物轮作体系，利用秸秆还田、种植绿肥和利用动物粪便等措施培肥土壤，保持养分循环；要求选用抗性作物品种，采取物理的和生物的措施防治病虫草害；鼓励采用合理的耕作措施，保护生态环境，防止水土流失，保持生产体系及周围环境的生物多样性和基因多样性等。

有机农业在哲学上强调“与自然秩序相和谐”“天人合一，物土不二”，强调适应自然而不干预自然；在手段上主要依靠自然的土壤和自然的生物循环；在目标上追求生态的协调性、资源利用的有效性、营养供应的充分性。因此，有机农业是产生于一定社会、历史和文化背景下，吸收了传统农业精华，运用生物学、生态学和农业科学原理和技术发展起来的农业可持续发展类型。有机农业的核心是建立和恢复农业生态系统的生物多样性和良性循环，以促进农业的可持续发展。

事实上，有机农业是最古老的农业形式。在第二次世界大战结束之前，农民还没有从石油中提炼化学制剂（合成的肥料与杀虫剂），因此开展有机农业别无选择。后来人们发现战争期间发明出来的技术对农业生产颇有帮助。例如，被作为炸药使用的化学药品硝酸铵摇身一变，作为肥料派上了用场，而被用作神经毒气的有机磷化合物后来被用作杀虫剂。人们开始使用化肥和农药提高农产品产量。

二、有机农产品相关概念

（一）有机食品和有机产品

有机食品是目前国标上对无污染天然食品比较统一的提法。这里所说的“有机”不是化学上的概念。有机食品通常来自有机农业生产体系，它是按照国际有机食品生产要求进行生产，并通过独立的认证机构认证的一切农副产品，包括粮食、蔬菜、水果、奶制品、畜禽产品、蜂蜜、水产品等。随着有机食品业的发展，其范围已不仅限于食品，而发展为“有机产品”，如有机化妆品、林产品、纺织品、中药材、家具等。

根据《有机食品认证管理办法》第二条的规定，有机农作物产品是指符合以下三个条件的农产品：

（1）符合国家食品卫生标准和有机食品技术规范的要求。

（2）在原料生产中不使用农药、化肥、生长激素，不使用基因工程技术。

（3）通过《有机食品认证管理办法》规定的有机食品认证机构认证，并使用有机食品标志。

有机农作物产品最显著的一个特点就是来自生态良好的有机农业生产体系，在生产和加工过程中不使用化学农药、化肥、化学防腐剂等化学合成物，也不允许使用基因工程生物及其产物。

有机农业的核心是建立良好的农业生态体系，而有机农业生产体系的建立需要有一个过渡或有机转换过程。

（二）有机转换期

土壤培肥和有机生产管理体系的建立需要有一段过渡时间，即转换期。从有机管理开始至作物或畜禽产品获得有机认证之间的时期，称之为有机转换期。

（三）自然（天然）产品

生长地域界限明确、未受任何污染的产品，只有通过正常认证检查合格才能成为有机产品。

（四）禁止使用

禁止使用是指某物质或方法不允许在颁证的有机生产过程中使用。使用过任何禁止使用的物质的土地，必须经过两年以上的转换期，才可能被重新认证为有机生产土地。

三、有机食品和无公害食品、绿色食品的区别

有机食品（农产品）、无公害食品（农产品）和绿色食品都是以环保、安全、健康为目标的食品（农产品），都重视农业的可持续发展，代表着未来食品（农产品）发展的方向。三者从基地到生产，从加工到上市都有着严格的标准要求，都依法实行标志管理，都是安全农产品的重要组成部分。绿色食品具有有机食品和无公害食品的特征，AA 级绿色食品相当于有机食品，而 A 级绿色食品则为 AA 级绿色食品的过渡产品。不论是 AA 级绿色食品生产还是有机食品生产，均禁止使用基因工程技术。无公害农产品的质量水平和生产要求相当于 A 级绿色食品，可以看作是绿色食品的过渡产品。三者的区别主要表现在发展目标、质量水平、标准内容、生产资料使用要求、生产环境要求、病虫草害防治手段、标识与运作方式等方面。

（一）发展动机和目标不同

无公害农产品的发展动机是立足于全面解决“餐桌污染”问题，建立放心基地，扶持放心企业，为消费者提供放心产品，解决农产品质量中的最基本安全问题，满足的是大众消费。绿色食品最初的发展动机是出口与内销兼顾，目标是提高生产水平，满足更高需求，增强市场竞争力；绿色食品的市场份额主要在大中城市部分高收入人群，同时也有一部分出口的市场份额。我国有机农产品最初是应国外贸易商的要求而生产的，其开发都严格与国外有机食品接轨，有的是与国外相关机构合作的，产品主要面向国际市场。有机是一个理性概念，注重保持良好生态环境，强调人与自然的和谐共生。

（二）标准内容和要求水平不同

有机农产品标准具有国际性，要求比较高。无公害农产品标准要求比较低，更适合我国当前的农业生产发展水平，对于多数生产者来说，比较容易达到，也是农产品安全质量的基本要求。绿色食品比无公害农产品标准涉及的内容更丰富，标准要求更高些，例如，无公害农产品环境标准只对大气、土壤、灌溉水的污染指标做了规定，而绿色食品标准还对土壤肥力做了要求，对灌溉水中的大肠杆菌菌群数量也做了规定。

（三）对生产资料和产品的要求内容不同

有机农产品更加注重生产过程，在其生产和加工中绝对禁止使用农药、化肥、激素、转基因等人工合成物质；无公害农产品和绿色食品（A 级）允许有限制地使用限定的农药、化肥等人工合成的物质。

绿色食品和无公害农产品对终产品都有明确的质量与安全要求，有机农产品没有明确给出，只要求在检测时参照相关的卫生标准执行。绿色食品还特别强调产品的优质和营养的问题，有机农产品和无公害农产品未涉及这些。

（四）对地块和土壤肥力来源的要求不同

有机农产品要求种植地块要明确、产量要确定，并严格规定了土地生产转型期，土地从生产常规农产品到生产有机农产品需要 2～3 年的转换期，有机生产系统与非有机生产系统之间要有界限明显的过渡地带（主要是考虑到某些物质在环境中会残留相当一段时间），绿色食品和无公害农产品生产没有这些要求。

有机农产品要求土壤肥力主要来源于有机生产系统内的有机物质和有机肥料，包括没有污染的绿肥和作物残体、泥炭、秸秆、海草和其他类似物质，以及经过堆积处理的食物和林业副产品等，还包括经过高温发酵的人粪尿和畜禽粪便等，系统外的有机肥料必须经过检验和认可。AA 级绿色食品生产中的土壤肥力来源与有机食品相似，在尚不能满足需要的情况下，允许使用符合国家规定的商品肥料；A 级绿色食品生产还允许使用有机氮与无机氮之比不超过 1∶1 的掺合肥。在无公害农产品生产中，土壤肥力主要来源于包括上述有机农产品、绿色食品生产允许使用的肥料种类，以及允许使用的其他肥料（包括化学肥料），但禁止使用未经国家或省级农业部门登记的化学或生物肥料。

（五）对病虫草害的防治手段要求不同

有机农产品生产中病虫草害的主要防治手段包括作物轮作以及各种物理、生物和生态措施，如人工诱杀害虫、自然天敌平衡、田园清理、生物防治、促进生物多样性等。绿色食品生产中病虫草害的主要防治手段是在生产过程中不使用或限量使用限定的化学合成农药（强调安全间隔期），积极采用物理方法、生物防治技术及产品与栽培技术措施等。无公害农产品生产中病虫草害的主要防治手段是除有机农产品、绿色食品生产中病虫草害的防治措施外，提倡生物防治和使用生物生化农药防治，允许使用高效、低毒、低残留农药，但每种有机合成农药在一种作物的生长期内要避免重复使用。

（六）产品标识与认证方式不同

有机农产品标识因国家和认证机构的不同而不同，每一个国家和认证机构都有一个自己的有机农产品标识。但为便于消费者对获证有机产品身份的识别，国家质量监督检验检疫总局在 2010 年修订的《有机产品认证管理办法》中规定，按照国家《有机产品》标准认证的获证产品上，禁止使用除国家统一有机认证标志外的任何有机产品认证标志。绿色食品标识在我国是统一的，也是唯一的，它是由中国绿色食品发展中心制定并在国家工商局注册的质量认证商标。无公害农产品采用由农业部和国家认证认可监督管理委员会联合制定的全国统一的标志，全国统一监督管理，县级以上地方主管部门分工负责。

无公害农产品由政府运作，实行公益性认证；认证标志、程序和产品目录等由政府统一发布；产地认定与产品认证相结合。绿色食品采取政府推动、市场运作，质量认证与商标转让相结合的方式。无公害农产品和绿色食品均是检查检测并重，注重产品质量。有机认证主要是按照国际通行的做法，实行检查员制度，国外通常只进行检查；国内一般以检查为主，检测为辅，注重生产方式和过程；有机认证是社会化的经营性认证行为，因地制宜，按照市场规则运作。绿色食品对每个（类）产品都要进行认证，有机农产品只要农场或生产基地通过有机认证，该地块生产出来的所有产品都可被认作有机农产品。

总的来说，有机食品与我国的其他食品（包括无公害食品、绿色食品等）之间存在着明显的区别，主要包括：

（1）有机食品在其生产和加工过程中绝对禁止使用农药、化肥、激素等人工合成物质，而其他优质食品则允许有限制地使用这些物质。

（2）有机食品的生产和加工要比其他食品难得多，管理要求要比其他食品严格得多，有机食品在生产中，必须发展替代常规农业生产和食品加工的技术和方法，建立严格的生产、质量控制和管理体系。

（3）与其他食品相比，有机食品在整个生产、加工和消费过程中更强调环境的安全性，突出人类自然和社会的持续和协调发展。

四、发展有机农业与有机农产品的意义

有机农业的核心是建立良好的农业生态体系，它能在很大程度上解决常规农业生产的环境、生态、经济甚至社会问题，实现经济效益、生态效益、环境效益、景观效益和社会效益的有机结合，世界不少国家政府决策层都逐渐认识到发展有机农业的必要性和紧迫性。

有机农业既对产前的环境有所要求，又对生产中的农产品投入品有所限制，还对产后的加工、包装等方面进行监测，通过这些要求以保证生产出来的农产品的质量和口感。有机农业的发展非常注重对环境的保护，生产出来的是优质、无污染的农产品，注重人与自然和谐发展，因此有机农业的发展可以帮助解决现代农业带来的一系列问题，如严重的土壤侵蚀和土地质量下降，农药和化肥大量使用对环境造成污染和能源的消耗，物种多样性的减少等。

由于我国目前从事农业生产的人口较多，而人均耕地面积较小，加上大部分的农业生产都是分散的，资源相对较少。要想增加农业产量，最好的途径便是提高资源利用效率。而有机农业模式将生产和保护相结合、合理开发和有效利用相结合，集生产的发展、生态环境保护、能源再生利用、经济效益为一体，可以有效促进现代农业的健康发展。有机农业与目前农业相比较，有以下特点：

1. 可以减轻现代农业造成的环境污染，有利恢复生态平衡

目前化肥农药的利用率很低，一般氮肥只有20%~40%，农药在作物上附着率不超过10%~30%，其余大量流入环境造成污染。如化肥大量进入江湖中造成水体富营养化，影响鱼类生存。农药在杀病菌害虫的同时，也增加了病虫的抗性，杀死了有益

生物及一些中性生物，结果引起病虫再猖獗，使农药用量愈来愈大，施用的次数愈来愈多，进入恶性循环。有机农业生产不使用化学合成的农药和化肥，减少了对环境的污染并节省了能源；提倡农业废弃物的循环利用，提高了资源利用率并减少了资源浪费；提倡物种多样性，并采取多种方法来保持水土，避免了水土流失和土壤沙化。这些都有利于农业的可持续发展。

2. 有助于增加劳动就业率和农民收入，提高农业生产水平

有机农业是一种劳动知识密集型产业，是一项系统工程，需要大量的劳动力投入，有助于解决农村富余劳动力的就业问题。有机农业还需要大量的知识技术和全新观念的投入，提高农业生产水平，促进农村可持续发展。有机农业食品在国际市场上的价格通常比普遍产品高出20%~50%，有的高出一倍以上，比普通的农产品更具有增值的潜力。因此发展有机农业可以增加农民收入，更好地发展农村经济。

3. 提供优质、美味、营养、安全的食品，有利于人民身体健康，减少疾病发生

化肥农药的大量施用，在大幅度提高农产品产量的同时，不可避免地对农产品造成污染，给人类生存和生活留下隐患。目前人类疾病的大幅度增加，尤以各类癌症的大幅度上升，无不与化肥农药的污染密切相关。随着人们生活水平的提高和对食品安全的重视，消费高质量的安全食品是一种必然趋势。而科学、完善的有机生产体系则能有效地保证其产品的营养、安全、卫生等优良品质。

4. 有利于提高我国农产品在国际上的竞争力，增加外汇收入

随着我国加入世贸组织，面对国外政府设置的非关税壁垒，农产品进行国际贸易受关税调控的作用愈来愈小，但对农产品的生产环境、种植方式和内在质量控制愈来愈大（即所谓非关税贸易壁垒），只有高质量的产品，提高我国农产品在国际市场上的竞争力，才可能打破“绿色壁垒”。有机农产品是一种国际公认的高品质、无污染的环保产品，因此我们要大力发展有机农业，提高我国农产品在国际市场上的竞争力，增加外汇收入。

学习内容二　有机产品标准、基本要求和特点

一、有机产品标准

我国有机产品标准采用中华人民共和国国家质量监督检验检疫总局和中国国家标准化管理委员会发布的GB/T 19630. 1~19630. 4—2005文件。

（一）有机产品生产标准

1. 范围

GB/T 19630. 1—2005的本部分规定了农作物、食用菌、野生植物、畜禽、水产、蜜蜂及其未加工产品的有机生产通用规范和要求。

本部分适用于有机生产的全过程，主要包括：作物种植、食用菌栽培、野生植物采集、畜禽养殖、水产养殖、蜜蜂养殖及其产品的运输、贮藏和包装。

2. 规范性引用文件

下列文件中的条款通过 GB/T 19630—2005 的本部分的引用而成为本部分的条款。凡是注日期的引用文件，其随后所有的修改单（不包括勘误的内容）或修订版均不适用于本部分，然而，鼓励根据本部分达成协议的各方研究是否可使用这些文件的最新版本。凡是不注日期的引用文件，其最新版本适用于本部分。

GB3095—1996 环境空气质量标准

GB5084 农田灌溉水环境质量标准

GB5749 生活饮用水卫生标准

GB9137 保护农作物的大气污染物最高允许浓度

GB11607 渔业水质标准

GB15618—1995 土壤环境质量标准

GB18596 畜禽养殖业污染物排放标准

（二）有机产品加工标准

1. 范围

GB/T19630. 2—2005 的本部分规定了有机加工的通用规范和要求。它适用于 GB/T19630. 1 生产的未加工产品为原料进行加工及包装、贮藏和运输的全过程，本部分有机纺织品的适用范围为棉花或蚕丝纤维材料的制品。

2. 规范性引用文件

下列文件中的条款通过 GB/T19630—2005 的本部分的引用而成为本部分的条款。凡是注日期的引用文件，其随后所有的修改单（不包括勘误的内容）或修订版均不适用于本部分，然而，鼓励根据本标准达成协议的各方研究是否可使用这些文件的最新版本。凡是不注日期的引用文件，其最新版本适用于本部分。

GB2760 食品添加剂使用卫生标准

GB4287 纺织染整工业水污染物排放标准

GB5749 生活饮用水卫生标准

GB14881—1994 食品企业通用卫生规范

GB/T18885—2002 生态纺织品技术要求

GB/T19630. 1—2005 有机产品 第 1 部分：生产

（三）有机产品标识和销售标准

1. 范围

GB/T 19630. 3 的本部分规定了有机产品标识和销售的通用规范及要求，适用于按 GB/T 19630. 1、GB/T 19630. 2 生产或加工并获得认证的产品的标识和销售。

2. 规范性引用文件

下列文件中的条款通过 GB/T 19630 的本部分的引用而成为本部分的条款。凡是注日期的引用文件，其随后所有的修改单（不包括勘误的内容）或修订版均不适用于本部分，然而，鼓励根据本部分达成协议的各方研究是否可使用这些文件的最新版本。凡是不注日期的引用文件，其最新版本适用于本部分。

GB/T 19630.1 有机产品第 1 部分：生产

GB/T 19630.2 有机产品第 2 部分：加工

GB/T 19630.4 有机产品第 4 部分：管理体系

（四）有机产品管理体系

1. 范围

GB/T 19630 的本部分规定了有机产品生产、加工、经营过程中必须建立和维护的管理体系的通用规范和要求。

本部分适用于有机产品的生产者、加工者、经营者及相关的供应环节。

2. 规范性引用文件

下列文件中的条款通过 GB/T 19630 的本部分的引用而成为本部分的条款。凡是注日期的引用文件，其随后所有的修改单（不包括勘误的内容）或修订版均不适用于本部分，然而，鼓励根据本部分达成协议的各方研究是否可使用这些文件的最新版本。凡是不注日期的引用文件，其最新版本适用于本部分。

GB/T 19630.1 有机产品第 1 部分：生产

GB/T 19630.2 有机产品第 2 部分：加工

GB/T 19630.3 有机产品第 3 部分：标识与销售

二、有机食品的基本要求

根据国际有机农业生产要求和相应的标准生产加工的，并通过独立的专门的认证机构认证的一切农副产品。参照欧共体的做法，要求有机食品必须具备以下条件，才能以有机食品的名称销售：

第一、原料必须是来自已经建立或正在建立的有机农业生产体系，或采用有机方式采集的野生天然产品。

第二、产品在整个生产过程中必须严格遵循有机食品的加工、包装、贮藏、运输等要求。

第三、生产者在有机食品的生产和流通过程中，有完善的跟踪审查体系和完整的生产销售档案记录。

第四、必须通过独立的有机食品认证机构的认证审查。

符合以上几个条件，并严格按照有机食品的加工、包装、贮藏和运输、销售与贸易程序进行，同时对环境危害小，能获得较好的社会效益、经济效益和生态效益，才是真正来自自然、富营养、高品质的健康食品。

三、有机食品的特点

有机食品可概括以下几个特点：

第一，来自生态良好的有机农业生产体系，不等于无污染食品。

第二，在生产和加工中不使用化学农药、化肥、化学防腐剂等合成物质，也不用基因工程生物及其产物。

第三，具有安全性，在生产、收获、加工、贮藏、包装运输的过程中，采用无公害生产技术，实现从“土地到餐桌”的全程质量控制，保证产品无污染的安全性。

第四，产地环境要求无污染，生产技术要有利于保护环境，发展要有利于我国农业结构的战略性调整。

学习内容三　有机食品认证的基本要求和认证方法

一、有机食品认证的基本要求

有机食品认证的基本要求：建立完善的质量管理体系、建立生产过程控制体系、建立追踪体系。

（一）质量管理体系的基本要求

申请有机食品认证企业（单位），须按《有机食品认证技术准则》的要求，建立并完善涵盖如下内容的管理体系。

1. 质量管理手册

质量管理手册是阐述企业质量管理方针目标、质量体系和质量活动的纲领指导性文件，对质量管理体系做出了恰当的描述，是质量体系建立和实施中所应用的主要文件，即是质量管理体系运行中长期遵循的文件。质量管理手册的主要内容包括：

（1）企业概况。

（2）开始有机食品生产的原因、生产管理措施。

（3）企业的质量方针。

（4）企业的目标质量计划。

（5）为了有机农业的可持续发展，促进土地管理的措施。

（6）生产过程管理人员、内部检查员以及其他相关人员的责任和权限。

（7）组织机构图、企业章程等。

2. 操作规程

所有的操作规程都是为了将质量管理手册具体化的程序和方法的文件，必须经过企业内部的共同讨论通过并切实地实行。

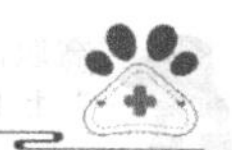

（1）作物栽培部分。

① 作物栽培部分操作规程：

Ⅰ种子和种苗的选定及处理方法；

Ⅱ田地的准备方法；

Ⅲ播种及育苗方法；

Ⅳ基肥和追肥的制作方法；

Ⅴ基肥和追肥的施肥管理方法；

Ⅵ病、虫、草害防除的方法；

Ⅶ包括豆科作物在内的轮作制度；

Ⅷ对来自水源及周边的污染的防范和处理方法；

Ⅸ异常和办理发生时的处理或报告方法；

Ⅹ收获的方法（包括防止与普通农产品混合的措施和不合格产品的处理）。

② 原料收获的管理规程：

Ⅰ收获方法；

Ⅱ有机原料识别批次号编号方法；

Ⅲ从收获到出货的各道工序的批次号编号管理方法。

③ 收获后的各道工序的规程：

Ⅰ从田地到加工厂的运送方法；

Ⅱ加工厂的接货检查程序；

Ⅲ筛选、加工、清洗的作业程序；

Ⅳ临时保管方法（与普通农产品的区分方法、有机标志等）；

Ⅴ包装程序；

Ⅵ不合格产品的处理方法。

④ 出货规程：

Ⅰ保管方法；

Ⅱ出货的程序（与普通农产品的区分方法）；

Ⅲ不合格产品的处理。

⑤ 机械设备的维修、清扫规程：

Ⅰ使用前的清洗方法；

Ⅱ维修方法；

Ⅲ灭菌消毒方法。

⑥ 客户投诉的处理：

Ⅰ投诉的处理方法；

Ⅱ投诉处理记录的完成方法；

Ⅲ投诉原因的调查、改正及预防措施。

⑦ 给认证机构的报告及接受检查规程：

Ⅰ认证机构的检查计划；

Ⅱ年度栽培计划、实际栽培结果、收获累计、生产损耗及不合格产品的数量、分客户的销售业绩。

⑧ 记录管理规程：

Ⅰ完成和修订各种规程及文本数据的方法；

Ⅱ完成、修订后的新文本的使用方法。

⑨ 内部检查规程：

Ⅰ内部检查的实施计划；

Ⅱ内部检查的责任和权限；

Ⅲ发现问题时的纠正措施；

Ⅳ改正措施效果的验证方法；

Ⅴ生产过程的检查实施程序。

⑩ 教育、培训规程：

Ⅰ必要的教育、培训的内容和目的；

Ⅱ认证机构举办的培训班的参加情况。

（2）生产加工部分。

① 有机食品的年度生产计划：

Ⅰ有机食品的年生产计划的制定（何时、何地、何人、怎样决定了什么计划）；

Ⅱ计划变更的程序。

② 原材料的入库及保管：

Ⅰ原料入库时确认内容；

Ⅱ品质检查的方法及合格与否的判断标准；

Ⅲ不合格原料的处理；

Ⅳ合格原料的识别及保管方法；

Ⅴ记录的名称和方法。

③ 机械设备的维修及清洗：

Ⅰ使用前后的清扫、清洗方法；

Ⅱ机械和器具的维修方法；

Ⅲ消毒方法及消毒后处理、对其效果的确认；

Ⅳ使用药剂的清单；

Ⅴ记录的名称和方法。

④ 批号管理：

Ⅰ有机识别用的货物的批次号编号方法；

Ⅱ从原料到产品出货的各道工序的货物批次号编号管理方法。

⑤ 出货：

Ⅰ产品的检查方法及标准；

Ⅱ不合格产品的处理；

Ⅲ合格产品的保管方法；

Ⅳ出货程序（与普通农产品的区分、向运输人员的交货）；

Ⅴ记录的名称及方法。

⑥ 卫生管理：

Ⅰ工厂内外及相关设施的防虫、防鼠方法；

Ⅱ对外委托单位的选择标准；

Ⅲ使用药剂的清单；

Ⅳ记录的名称和方法。

⑦ 投诉的处理：

Ⅰ接到投诉时的对策；

Ⅱ投诉原因的调查、改正及预防措施；

Ⅲ记录的名称及方法。

⑧ 给认证机构的报告：

Ⅰ同意接受注册认证机构的检查；

Ⅱ年度栽培计划、实际栽培结果、收获累计、生产损耗及不合格产品的数量、分客户的销售业绩。

⑨ 记录管理：

Ⅰ各种规程及文本数据的完成、修改方法；

Ⅱ完成、修改后的新版文本的使用方法；

Ⅲ记录名称。

⑩ 内部检查：

Ⅰ内部检查的实施计划；

Ⅱ内部检查员的责任和权限；

Ⅲ发现问题时的改正措施；

Ⅳ改正措施效果的验证；

Ⅴ记录的名称。

⑪ 合同内容的确认：

Ⅰ合同及订货要求事项的确认方法；

Ⅱ要求事项的传达及通知事项；

Ⅲ合同内容及订货要求发生变化时的措施；

Ⅳ记录的名称。

⑫ 教育、培训：

Ⅰ必要的教育、培训内容和目的；

Ⅱ认证机构举办的培训班的参加情况。

3. 记录的完成和保存

文本及数据、数据类文件的管理规程（保存时间 3 年以上）。

4. 内部检查

（1）内部检查监督方法规程。

（2）对操作规程进行定期重新审阅、修订的规程。

（3）对生产进行检查和确认并提出改进意见的规程。

（4）对各类记录进行确认、签字认可规程。

5. 合同内容的确认

为了确认和履行合同及订单要求的规程。

6. 教育和培训

对本企业参与有机生产经营活动的所有成员进行的必要的教育和培训规程。

（二）生产过程控制体系的基本要求

遵循《有机食品认证技术准则》的要求，建立并完善企业生产过程控制体系。

（1）产品必须来自已建立的或正在建立的有机农业生产体系，或采用有机方式采集的野生天然产品。

（2）加工产品所用原料必须来自已建立的或正在建立的有机农业生产体系，或采用有机方式采集的野生天然产品。

（3）在整个生产过程中必须严格遵循有机食品生产、采集、加工、包装、贮藏、运输标准。

① 有机食品在其生产加工过程中绝对禁止使用化学合成的农药、化肥、激素、抗生素、食品添加剂等，而普通食品则允许有限制地使用这些物质。

② 有机食品的生产和加工过程中禁止使用基因工程技术的产物及其衍生物。

③ 有机食品的生产和加工必须建立严格的质量跟踪管理体系，因此一般需要有一个转换期。

（4）有机食品在整个生产、加工和消费过程中更强调环境的安全性，突出人类、自然和社会的协调和可持续发展，在整个生产过程采用积极、有效的生产措施的手段，使生产活动对环境造成的污染和破坏减少到最低限度。

（三）追踪体系的基本要求

1. 追踪体系的概念

追踪体系是食品质量安全管理的重要手段。可追踪系统的定义表述为“食品生产、加工、贸易各个阶段的信息流的连续性保障体系”。可追踪系统能够从生产到销售的各个环节追踪检查产品，有利于监测任何对人类健康和环境的影响，通俗地说，该系统就是利用现代化信息管理技术给每件商品标上号码并保存相关的管理记录，是可以进行追踪的系统。

有机食品的可追踪是指对从最终产品到原材料以及从原料到产品的整个过程，根据生产日期、生产及加工记录、原料到货记录、仓库保管记录、出货记录等各种记录和票据必须是可以追踪调查的。

（1）追踪体系是一个记录保存系统，可以跟踪生产、加工、运输、贮藏、销售全过程。

（2）追踪体系是有机生产的证据。

（3）追踪体系是检查员检查评估是否符合有机标准的重要依据。

（4）追踪体系是生产者提高管理水平的重要依据。

2. 追踪体系的好处

追踪体系的确立能带来如下的好处：

（1）最终产品出现违反准则的情况时，能方便对违规事项的原因查找。

（2）原因找到后，使需要回收货物的量最小。

（3）削减回收费用。

（4）因为能清楚地掌握原材料的出处，所以能分析、辨别所用原材料的风险度。

（5）能在记录上使最终产品的品质保证成为可能。

（6）符合 ISO9001 系列及 HACCP 的要求。

反之，如果产品未确立追踪体系时，一旦其最终产品发生问题就会遭受很大的损失。

3. 追踪体系的要素（种植业部分）

（1）地块分布图、地块图。

清楚地显示出地块的大小和方位、边界、缓冲区及相邻土地的状况，显示作物、建筑、树木、溪流、捧灌系统及明显标示等。

（2）产地历史记录。

① 产地历史记录能详细列举过去的作物种植和投入物的使用。通常包含地块号、面积、有机种植或常规种植，作物品种和每年的投入物，投入物使用的数量和日期。

② 新购买或租借土地的生产者应要求得到原所有者签署的记录以前种植过程的陈述文件（3 年内）。

③ 有机种植者全部名单。

（3）农事活动记录。

农事活动记录是实际生产过程发生事件的详细记录，如施肥、除草、防治病虫害、收获的日期的形式、投入物记录、天气条件、遇到的问题和其他事项。

（4）投入物记录。

① 投入物记录详细记录了外来投入物的购买情况，包括种类、来源、数量、使

用量、日期和地块号的信息。

② 这些信息可记录在上面所说的产地历史记录和农事活动记录中，也可记在专用的投放物记录表上。

③ 记录应和地块号相关联，可以从收据和标签上加以区别。

（5）收获记录。

① 收获记录应显示地块号、收获日期、数量、等级等。

② 收获记录可以包含在农事活动记录中，也可单独记录。

（6）贮藏记录。

① 贮藏记录包括贮藏场地、方法、数量及地块号。

② 批次号可以在贮藏时产生。

③ 贮藏记录应反映贮藏场清洁卫生条件。

（7）销售记录。

① 销售记录包括发票、收据、订单等。显示销售日期、等级、批次、数量和购买者。

② 销售记录应指示哪些产品是经过有机认证的，以及证书号和销售者的地址。

（8）批次号。

① 次号是与生产地联系起来的代码。

② 批次号在有机食品的鉴别中起着重要作用。

③ 批次号的确定没有特定的标准，但一经确定就应连续使用。

④ 批次号应指明地块号、收获日期等要素。

（9）经认证的投入物。

所有在产地中使用的投入物，必须经认证中心认可或得到相关认证机构的认证。

4. 追踪体系的要素（加工部分）

（1）有机原料的收购、运输和储存。

（2）加工过程。

① 是否和其他原料混合。

② 必须熟悉从原料到产品的整个加工过程。工艺流程包括原料来源、处理加工方法和包装。

③ 加工者和申请者要递交工艺流程图，检查员就通过流程图核实产品的相关信息以及批次号。

④ 包装。

（3）仓储。

（4）产品的销售。

（5）批次号。

① 批次号在有机食品认证加工中起着重要作用，加工者把批次号作为质量控制

（QC）的目的。一旦发生了质量问题，制造者就能把发生问题的产品分离出来，以便管理。

② 批次号一般由生产的日期等要素组成。加工者的批次号编号可以采用不同的方式，但应建立统一的批次号编号规则。

③ 批次重新组合，就应分配新的批次号，并和前一次的批次号一起记入记录文件中，以便保证跟踪的完整性。

（6）装箱单（B/L）。

装箱单是产品从一处转运到另一处的文件，包括了装载日期、原地点、目的地（接受者的姓名、地址）、产品描述、数量、批次号、运输工具、装卸者姓名，并在装箱单上注明是经过“有机认证”的。

5. 有害物质控制及卫生管理

（1）加工常规产品的加工者在进行有害物质控制和卫生管理时，应以文件的形式记录应采取的附加措施，以保证有机产品在存储和加工时不会受到污染。

（2）在检查生产记录时，应同时检查与同一生产进程相关的有害物控制卫生管理文件，以确认跟踪记录与有机食品认证成品的一致性。

有些组织的文件可能还会有程序文件的补充，这个要根据组织情况来决定。其实整个文件类的模式跟 ISO9001 认证是非常类似的，只是内容和步骤不太相同。

二、有机食品的认证方法

（一）认证程序

《中华人民共和国认证认可条例》规定，认证是指由认证机构证明产品、服务、管理体系符合相关技术规范的强制性要求或者标准的合格评定活动。认证流程如图 11.3.1 所示，具体认证程序如下：

1. 申请

（1）申请人向分中心提出正式申请，领取“有机食品认证申请表”和交纳申请费。

（2）申请人填写“有机食品认证申请表”，同时领取“有机食品认证调查表”和“有机食品认证书面资料清单”等材料。

（3）分中心要求申请人按本标准的要求，建立本企业的质量管理体系、质量保证体系的技术措施和质量信息追踪及处理体系。

2. 预审并制定初步的检查计划

（1）分中心对申请人预审。预审合格，分中心将有关材料拷贝给认证中心。

（2）认证中心根据分中心提供的项目情况，估算检查时间（一般需要 2 次检查：生产过程一次、加工一次）。

（3）认证中心根据检查时间和认证收费管理细则，制定初步检查计划和估算认证费用。

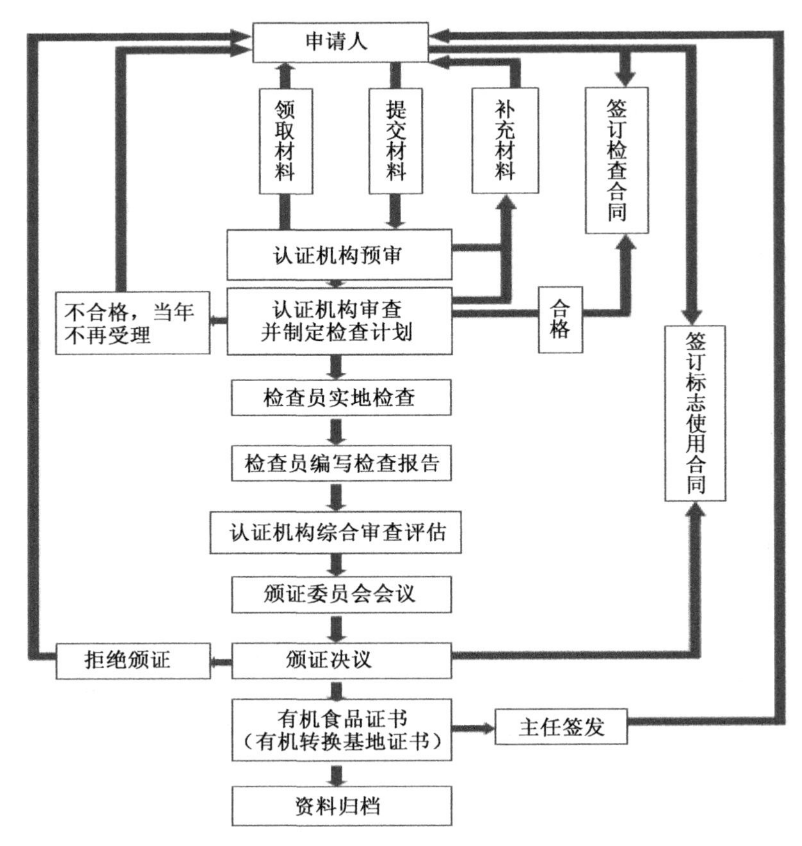

图 11.3.1　有机食品的认证流程

（4）认证中心向企业寄发“受理通知书”“有机食品认证检查合同”（简称“检查合同”）并同时通知分中心。

3. 签订有机食品认证检查合同

（1）申请人确认“受理通知书”后，与认证中心签订“检查合同”。

（2）根据“检查合同”的要求，申请人交纳相关费用的 50%，以保证认证前期工作的正常开展。

（3）申请人委派内部检查员（生产、加工各 1 人）配合认证工作，并进一步准备相关材料。

（4）所有材料均使用书面文件和电子文件各一份，拷贝给分中心。

4. 初审

（1）分中心对申请者材料进行初审，对申请者进行综合审查。

（2）分中心将审核意见和申请人的全部材料拷贝给认证中心。

（3）认证中心审查并做出“何时”进行检查的决定。

（4）当审查不合格，认证中心通知申请人且当年不再受理其申请。

5. 实地检查评估

认证中心在确认申请者交纳颁证所需的各项费用后，进行实地检查评估。

（1）全部材料审查合格以后，认证中心派出有资质的检查员。

（2）检查员应从认证中心或分中心处取得申请人相关资料，依据《有机食品认证技术准则》的要求，对申请人的质量管理体系、生产过程控制体系、追踪体系以及产地、生产、加工、仓储、运输、贸易等进行实地检查评估。

（3）必要时，检查员需对土壤、产品抽样，由申请人将样品送指定的质检机构检测。

6. 编写检查报告

（1）检查员完成检查后，按认证中心要求编写检查报告。

（2）检查员在检查完成后两周内将检查报告送达认证中心。

7. 综合审查评估意见

（1）认证中心根据申请人提供的申请表、调查表等相关材料以及检查员的检查报告和样品检验报告等进行综合审查评估，编制颁证评估表。

（2）提出评估意见并报技术委员会审议。

8. 认证决定人员/技术委员会决议

认证决定人员对申请人的基本情况调查表、检查员的检查报告和认证中心的评估意见等材料进行全面审查，做出同意颁证、有条件颁证、有机转换颁证或拒绝颁证的决定。证书有效期为一年。

当申请项目较为复杂（如养殖、渔业、加工等）时，或在一段时间内（如6个月）召开技术委员会工作会议，对相应项目做出认证决定。

如认证决定人员/技术委员会成员与申请人有直接或间接经济利益关系的应回避。

（1）同意颁证。申请内容完全符合有机食品标准，颁发有机食品证书。

（2）有条件颁证。申请内容基本符合有机食品标准，但某些方面尚需改进，在申请人书面承诺按要求进行改进以后，也可颁发有机食品证书。

（3）有机转换颁证。申请人的基地进入转换期一年以上，并继续实施有机转换计划，颁发有机转换基地证书。从有机转换基地收获的产品，按照有机方式加工，可作为有机转换产品，即“转换期有机食品”销售。

（4）拒绝颁证。申请内容达不到有机食品标准要求，技术委员会拒绝颁证，并说明理由。

（二）认证标准

迄今为止，还没有一个世界通行的有机标准，这就意味着选择何种标准取决于产品的市场和消费者对该产品的要求。目前，有机市场由一些最重要的有机产品进口国和越来越多的有机产品生产国进行规范，也就是说，一个产品必须获得相应标准的认证才能作为“有机”产品销售。这就要求根据有机产品的最终市场选择最合适的有机认证标准。目前我国有机食品认证标准的有：国家环保总局发布的《OFDC 有机认证标准》，中国认证机构国家认可委员会发布的《有机产品生产与加工认证技术规范》，以及各认证机构各自的认证标准。

在国外，有机食品认证标准也分为政府规章性标准、私人有机标识标准和国际性标准等多种。政府规章性标准对有机产品的生产和标识进行规范，规定了有机产品及其生产过程所要达到的标准中最小要求的法律底线，如欧盟（EEC）N°2092/91 法规、美国 NOP 标准、日本 JAS 标准等。私人有机标识标准通常先于框架性标准产生，并在很多方面超过了这些规章的要求，其主要目的是为市场服务，也就是说，产品经认可，带有私人组织标识将更有利于其在市场上的销售，因为消费者通常会把有机质量与其信赖的私人组织标识联系起来，如 Naturland、Bio Suisse、KRAV、24AG 有机小农认证标准等。国际性标准是通过私人组织有机标准或政府间框架标准提供一个统一的世界有机标准框架来协调不同的有机标准。它们不能直接用于认证，如 IFOAM 国际基本标准或 Codex Alimentarius 标准。

（三）认证机构

1. 国内认证机构

中国有机食品的发展源于国外有机食品认证机构在中国开展的认证活动。2003 年 8 月 20 日，国务院第 18 次常务会议通过了中华人民共和国国务院令（第 390 号）《中华人民共和国认证认可条例》，并于同年 11 月 1 日正式施行。条例确立了在国务院认证认可监督管理部门统一管理、监督和综合协调下，各有关方面共同实施的认证认可工作机制，在制度上把统一的认证认可监督管理体制固定了下来，比较科学、合理地解决了认证认可工作政出多门、标准不一和交叉管理的问题。

目前，国内有三条有机食品认证主渠道：一是农业部中国绿色食品发展中心组建的北京中绿华夏有机食品认证中心（COFCC）；二是国家环保总局系统南京环保所组建的国环有机产品认证中（OFDC）；三是其他认证机构（可通过 food. cnca. cn 网站查询），如中国质量认证中心（CQC）、方圆标志认证集团（CQM）、上海质量体系审核中心（SAC）、广东中鉴认证有限责任公司（GZCC）、浙江公信认证有限公司（GAC）、杭州万泰认证有限公司（WIT）、北京中安质环认证中心（ZAZH）、中环联合（北京）认证中心有限公司（CEC）、北京陆桥质检认证中心有限公司（BQC）、杭州中农质量认证中心（OTRDC）、北京五洲恒通认证有限公司（CHTC）、辽宁方园有机食品认证有限公司（FOFCC）、黑龙江绿环有机食品认证有限公司（HLJOFCC）、北京五岳华夏管理技术中心（CHC）、大连市环境科学研究院、西北农林科技大学认证中心（YLOFCC）、新疆生产建设兵团环境保护科学研究所认证中心等。

2. 国外认证机构

在中国认证业务开展的同时，很多国外的认证机构也进入到中国市场，通过各种方式在华开展业务，如美国国际有机作物改良协会（OCIA）、法国（欧盟）国际生态认证中心（ECOCERT）、新西兰有机协会 VERYTRUST 有机认证、德国天然有机认证（BDIH）、瑞士生态市场研究所（IMO）等。这些国际的认证机构可以受理美国、欧盟、日本等国家标准的认证。以下是国外主要的有机认证机构：

（1）ECOCERT 认证。

法国国际生态认证中心（ECOCERTSA）成立于 1991 年，是国际上最大的有机认证机构之一。其在国际上享有良好的声誉，其认证标志得到消费者和有机行业的普遍认可。由于 ECOCERT 获得了欧盟权威机构、美国农业部 NOP（首批获得美国农业部认可的 4 个国外认证机构之一）、日本农林水产省 JAS 及中国认证认可监督管理委员会（CNCA）的认可，而且还可以按照英国土壤学会 SoilAssociation、瑞士有机标准 BioSuisse 等标准进行认证，因此可以说 ECOCERT 认证证书是中国有机产品进入世界几乎所有有机市场的保证。同时，ECOCERT 也是中国唯一一个被认监委批准的可以做中国有机产品认证和中国 GAP 认证的中外合资企业，是国外有机产品进入中国有机市场的绿色通道。ECOCERT 机构严苛的质量考核和认证程序，使任何贴有 ECOCERT 认证标志的产品都成为一种高品质和高信誉度的保证，为追求环保有机的全球人士所认可和推崇。

（2）USDA（美国农业部）认证。

USDA 有机认证是美国最高级别的有机认证，认证机构为美国农业部，它从原材料到生产均严格把关，保证其产品没有任何危害人体的成分，对人体 100% 有益。美国依据农业部“美国国家有机管理标准法”所订定之管理法规（NOP）为依循标准，在 2002 年 10 月开始，全面强制执行，以确保美国公民在市场上能买到有保障的真品有机品。所有在美国国内流通的有机商品（含国外进口有机商品）必须经申请美国有机国家认证标章通过，才能标示以有机商品销售并必须在外包装上印有清晰的该认证标章。

（3）BCS 认证。

BCS 是一个对有机食品项目进行检查和认证的专门机构，总部设在德国。BCS 根据欧洲 2092/91 号有机法规条例及其附属规则，对欧盟境内及非欧洲国家在内的有机食品项目进行检查和认证，认证的范围是农业生产（包括种植、养殖、野生资源的采集）、加工和贸易。BCS 在中国、日本、多米尼加共和国、哥斯达黎加、厄瓜多尔、土耳其、埃及和智利成立了 8 个分支机构。BCS 认证的项目遍及欧洲、非洲、美洲和亚洲等 40 多个国家。迄今为止，通过直接或间接的方式，BCS 已成功地将 700 多家生产和贸易企业引入了有机行列之中，每年有 3 万多家有机食品生产企业和近千家有机食品加工、贸易企业长年接受 BCS 的考察认证。

（四）认证标志

有机食品标志，采用国际通行的圆形构图，它以手掌和叶片为创意元素，包含两种景象：一是一只手向上持着一片绿叶，寓意人类对自然和生命的渴望；二是两只手一上一下握在一起，将绿叶拟人化为自然的手，寓意人类的生存离不开大自然的呵护，人与自然需要和谐美好的生存关系。图形外围绿色圆环上标明中英文“有机食品”。

图 11.3.2　有机食品图标和有机产品图标

有机产品标志由两个同心圆、图案以及中英文文字组成。内圆表示太阳，泛指自然界的动植物，外圆表示地球。整个图案采用绿色，象征着有机产品是真正无污染、符合健康要求的产品以及有机农业给人类带来了优美、清洁的生态环境。

有机食品图标和有机产品图标如图 11.3.2 所示。

【学习任务小结】

本章介绍了有机农业、有机食品和有机产品的概念，有机食品和无公害食品、绿色食品的区别，发展有机农业与有机农产品的意义，有机产品的标准、基本要求以及有机食品的特点，有机食品认证的基本要求、程序和国内外认证机构等内容。通过本章的学习，学生能充分认识到有机农业对经济发展和人民身体健康的重要意义，在今后的生活与工作中担负起发展经济和保护资源的双重责任。

【复习思考】

1. 有机农作物产品应符合哪些条件？
2. 有机食品和无公害食品、绿色食品有哪些区别？
3. 发展有机农业与有机农产品有哪些重要意义？
4. 有机食品的基本要求是什么？
5. 有机食品有哪些特点？

学习任务十二 “互联网+”下的现代农业

【学习目标】

1. 知识目标：了解“互联网+”的背景与本质、“互联网+”的特征以及“互联网+”现代农业的概念。

2. 能力目标：掌握产业融合的类型和特点及“互联网+”现代农业的主要内容。

3. 态度目标：理性认识互联网+大环境下现代农业的发展方向。

【案例导入】

打“处女座”葡萄招牌，走讲故事亲情路线

一个是大学商学院的博士，一个是广告公司的高级客户经理。按说这两人应该只是葡萄的消费者，但就在刚刚过去的这个葡萄成熟季里，他们俩不约而同地通过微信朋友圈试水了一把“O2O”生鲜电商。

不经意间的玩票

董驰是西北大学国际商学院的博士，同时担负着该校电商操盘手项目。在课堂上，董驰负责向诸多前来求学的商界人士讲述从淘宝到三只松鼠的各种电子商务成功典型。在这个互联网全面来袭的时代，这样的课程自然吸引了众多企业家的关注。但董驰讲述的诸多案例和营销手段，难免给这些在商海中搏杀多年的企业家有种“纸上得来终觉浅”的隔靴搔痒感。于是便有学员问董驰：“董老师，你什么时候也实际操盘一把啊！”

2020 年 8 月 11 日的下午 2 点，董驰在自己的微信朋友圈里发出了关于此次活动的第一条消息：谁想吃真正的“户太八号”葡萄？结果仅仅两个小时后，通过留言“葡萄”已经预订出去 200 kg，这时候的董驰才真的觉得这是一件应该认真来做的事情。

与董驰的不经意有异曲同工之妙的是，在西安一家广告公司担任高级客户经理的渭南小伙史亭的这次“玩票”也是在不经意间开始的。“国庆回到渭南农村的家里，我才真正看到今年的阴雨给果农带来了多大的损失。”于是原本只打算回家休假的

他，开始想着能不能帮乡里乡亲卖卖葡萄。从未做过此类生意的他在10月4日发出了第一条微信朋友圈：7号我从老家返回西安，可以捎些红提，每箱4 kg，售价39元。同样让他没想到的是，仅仅一天他的葡萄便被预订一空。

O2O电商时代的新玩法

当决定认真当回事来做的董驰，这时才发现他连要销售的葡萄在哪里都不知道，该卖多少钱也不知道。于是带着两个人赶紧开车奔赴户县，在走访了多个园子之后，他选定了一家第一年开园的园子。这时同去的团队成员中有人开玩笑地说，这不就是“处女葡萄”吗？正是这不经意的玩笑，让董驰找准了此次O2O销售的最主要的环节。

“8月底上市，9月底基本结束的‘户太八号’葡萄，正好处在处女座时期。而现在大家都喜欢在网络上‘黑’（恶搞、玩笑）处女座。这正好给我们提供了一个很好的思路。”董驰在整理了思路之后，他们三人团队定下了“处女座”葡萄这个思路，“首年开园，称为处女葡萄肯定没错，而且现在大家赋予处女座‘挑剔、傲娇’的印象，正好体现我们所选的‘不是最好的葡萄我不吃’的品质。”

于是在定下主基调后，他们找来两位美院的学生，为他们绘制包装盒上的手绘漫画。“户县果农大部分的包装盒都特别土气，既然我们定下了这么高大上的基调，自然要设计我们自己的包装盒。”董驰说。虽然在包装盒上画满各种“黑”处女座的设计方案，让专业人士嗤之以鼻，但因为与“玩法”的高度配合，一经推出后，便受到了市场的欢迎。在准备工作做好之后，董驰开始与“掌上西安”等粉丝众多的本地大V联系，协商互动推广。

经过将近10天的准备，董驰和他团队的“处女座”葡萄终于上市了，仅仅通过微信推广，在7天时间里，3 kg装售价58元的“处女座”葡萄便销售出去了3 000箱。

与董驰找玩法不同的是，史亭讲的是故事，“农民种一年果子不容易，一场秋雨就让大家损失惨重。我希望通过这样真实的故事，吸引大家对果农、对果子的关注。”于是他将自己的方案定义为“西安第一次水果真人秀”，这场真人秀秀的不是他，而是这批葡萄的种植户徐阿姨。史亭不仅在朋友圈里发送了徐阿姨在园中摘葡萄的照片，还讲述了她通过种葡萄养育两个儿子的故事。这场主打亲情牌的真人秀为史亭卖葡萄积累了大量人气和订单。“7号回到西安后，我一直送到半夜12点多才把葡萄送完。”

【案例分析】

回顾这轮微信营销，董驰将其总结为O2O时代社区化营销的“氢弹传播理论”：单点触发、链式裂变、结点聚合、次级核爆、持久辐射。“通过葡萄这样一个产品去触发受众的关注；通过大家的转发、评论来推动传播，甚至变种；而将这些关注聚合

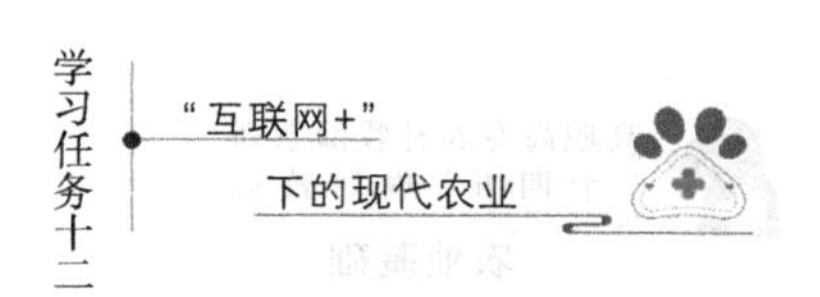

在一个重要结点上，在我们这个项目中自然便是我的微信朋友圈；再通过已有的传播效果引起大V对此的关注，以形成传播更加广泛的次级核爆效果，让更多的大V们的粉丝因此刷屏，以形成持久辐射的效果。”他总结说。

董驰说这也是O2O时代诸如雕爷牛腩、黄太吉煎饼等诸多成功品牌的复盘经验。但作为并非果农和水果商这条产业链上一环的两位“玩票者”依然有着诸多不可复制的经验。其中最重要的一环，董驰已达到微信好友上限的5 000粉丝和史亭的1 800多微信好友，为两人的此次成功奠定了庞大的粉丝群，而且因为教学和工作的关系，两人的微信朋友中不乏大量购买能力强的企业家和都市白领。而这样数量和质量的粉丝群显然不是果农们的微信所能企及的。

对此，董驰认为庞大的微信好友确实功不可没，但这并非果农不可逾越的瓶颈，“因为除了社交网络，整场策划中更重要的是找准目标消费者的兴趣。”他举例说，果农可以通过对生产环节的不断曝光，让城中的居民体验到可以看到的“绿色”“无公害”，这样自然能培养起数量不少的对果品品质追求的粉丝。

“互联网+”就像一股苍劲有力的飓风，重构着经济版图，让顺势而为者扶摇直上，也让漠然无视者抱憾出局。新入行者不期而至地加入，不按套路地出牌，打破了固有的竞争格局，模糊了传统的产业边界。急剧变化的市场形势，激发着创业者的热情，吸引着投资者的目光，也逼得传统企业主动拥抱互联网，从头开始建立从内容到平台、到服务的新模式。我国是传统的农业大国，在新的形势下，如何由传统农业向“互联网+”现代农业发展成为摆在我们面前的首要问题。

【学前思考】

1. 你了解过“互联网+”吗？
2. “互联网+”产业融合包括那些方面？
3. “高级”的互联网能和“一产”农业融合吗？
4. “互联网+”现代农业可以怎么做？

学习内容一 “互联网+”产业融合

2012年11月14日，易观国际于扬首次提出“互联网+”概念。“互联网+”是对创新2.0时代，新一代信息技术与创新2.0相互作用，共同演化推进经济社会发展新形态的高度概括。

2015年2月腾讯创始人马化腾首次向人大递交“互联网+”提案。马化腾说，“互联网+”战略是利用互联网的平台，利用信息通信技术，把互联网和包括传统行业在内的各行各业结合起来，在新的领域创造一种新的生态。

2015年3月5日，李克强在政府工作报告谈到：制定“互联网+”行动计划，推动移动互联网、云计算、大数据、物联网等与现代制造业结合，促进电子商务、工业互联网和互联网金融健康发展，引导互联网企业拓展国际市场。

2015 年 7 月 4 日，国务院印发《关于积极推进“互联网+”行动的指导意见》（以下简称《指导意见》），这是推动互联网由消费领域向生产领域拓展，加速提升产业发展水平，增强各行业创新能力，构筑经济社会发展新优势和新动能的重要举措。

2015 年 12 月 16 日，第二届世界互联网大会在浙江乌镇开幕。在举行“互联网+”的论坛上，中国互联网发展基金会联合百度、阿里巴巴、腾讯共同发起倡议，成立“中国互联网+”联盟。

“互联网+”简单地说就是“互联网+传统行业”。随着科学技术的发展，利用信息和互联网平台，使得互联网与传统行业进行融合，利用互联网具备的优势特点，创造新的发展机会。“互联网+”通过其自身的优势，对传统行业进行优化和升级转型，使得传统行业能够适应当下的新发展，从而最终推动社会不断地向前发展。“互联网+”的本质就是传统业务的数据化和在线化。

“互联网+”有六大特征：一是跨界融合。“+”就是跨界，就是变革，就是开放，就是重塑融合。敢于跨界了，创新的基础就更坚实；融合协同了，群体智能才会实现，从研发到产业化的路径才会更垂直。融合本身也指代身份的融合，客户消费转化为投资、伙伴参与创新等。二是创新驱动。中国粗放的资源驱动型增长方式早就难以为继，必须转变到创新驱动这条正确的道路上来。这正是互联网的特质，用所谓的互联网思维来求变、自我革命，也更能发挥创新的力量。三是重塑结构。信息革命、全球化、互联网业已打破了原有的社会结构、经济结构、地缘结构和文化结构，权力、议事规则、话语权不断在发生变化。四是尊重人性。人性的光辉是推动科技进步、经济增长、社会进步、文化繁荣的最根本的力量，互联网力量之强大最根本的是来源于对人性最大限度的尊重、对人体验的敬畏、对人创造性发挥的重视，如卷入式营销、分享经济等。五是开放生态。关于“互联网+”，生态是非常重要的特征，而生态的本身就是开放的。我们推进“互联网+”，其中一个重要的方向就是要把过去制约创新的环节化解掉，把孤岛式创新连接起来，让研发由人性决定的市场驱动，让创业并努力者有机会实现价值。六是连接一切。连接是有层次的，可连接性是有差异的，连接的价值是相差很大的，但连接一切是“互联网+”的目标。

1994 年 4 月 20 日，中科院一条 64K 国际专线正式连接国际互联网，揭开了中国互联网时代。2020 年 4 月，中国互联网络信息中心（CNNIC）发布第 45 次中国互联网络发展状况统计报告。报告显示，截至 2020 年 3 月，中国网民规模为 9. 04 亿人，其中手机网民规模达 8. 97 亿人，互联网普及率达 64. 5%。

一、"互联网+"的源动力

"互联网+"的源动力包括：新基础设施、新生产要素和新分工体系三部分。新技术设施包括："云、网、端"。"云"代表的是云计算、大数据，"网"代表的是互联网，"端"代表的是智能终端、App 。"互联网+"的新生产要素指的是大数据，信息技术上的不断突破，其本质都是在松绑数据的依附，最大程度地释放数据的流动和使用，并最终提升经济社会运行的效率。"互联网+"的新分工体系指的就是大规模社会化协同，其中包含了共享经济、网络协同和众包合作三个方面。新的分工体系对传统的企业边界生产组织体系，以及劳务雇佣关系产生了巨大的冲击作用。

二、"互联网+"商业

"互联网+"商业就是指以互联网为媒介，整合传统商业类型，连接各种商业渠道，具有高创新、高价值、高盈利、高风险的全新商业运作和组织构架模式，包括传统的移动互联网商业模式和新型互联网商业模式。

有数据表明，自 2006 年至 2014 年期间，中国网络零售呈现爆发式增长，网络零售交易额 7 年增长了 105 倍，由 2006 年的 263 亿增长到 2014 年的 2. 78 万亿，社零总额的占比由 2006 年的 0. 3%提升到 2014 年的 10. 6%，提升了 27 倍。

相比美国，网络交易只是传统商业的补充，而我国的网络交易正在成为商业的主流。在世界排名前 100 位的零售商中，中国有 8 家互联网公司入围，其销售额占前 100 位总销售额的 39. 3%；在美国，只有 3 家互联网公司进入前 100 位，总销售额只占到了 3. 7%。中国网络零售规模在 2013 年超过美国成为世界第一；阿里巴巴零售平台交易规模在 2016 年超越沃尔玛成为全球第一。

三、"互联网+"外贸

国务院常务会议指出，促进跨境电子商务健康快速发展，"互联网+"外贸可以实现优进优出，有利于扩大消费、推动开放型经济升级、打造新的经济增长点。

传统外贸流通环节，商品由工厂生产出来，经由进口商送到批发商，在经过零售商才能到消费者手中。"互联网+"外贸模式下的跨境电商把生产出来的商品，直接送到消费者手中，其中流通环节越来越少，毛利润不断提高。

跨境电商凸显中国制造优势。传统外贸生产模式以大批量、少频次为主，跨境电商以小批量、高频次为主；传统外贸销售模式以产品展会、多级多分销为主，跨境电商则以"线上撮合+B2C"为主；传统外贸以大批量、长时间为主，企业形式大多数为大企业、代工厂，而跨境电商则具有小而精，研、产、销相结合的优势。

四、“互联网+”制造业

“互联网+”制造业的内涵，即传统制造业企业采用互联网、移动互联网、云计算、大数据、物联网等信息通信技术，优化研发与设计、生产与制造、营销与服务各个环节。

（一）“互联网+”制造业的不断发展，催生C2B商业模式

C2B商业模式特点一：中间商服务化。一方面，信息透明使原来依靠信息不对称赚取差价的传统中间商逐步让位于拥有更强信息能力的服务商。另一方面，互联网上容易产生信息冗余，创造信息增值的服务商则涌现而出。

C2B商业模式特点二：生产商柔性化。原有以规模效应和资金为主的竞争逐步让位于信息利用和灵活协同。互联网为小生产商（品牌商）赋能，体现在：（1）聚集长尾需求；（2）消费者需求实时反馈；（3）柔性化。

C2B商业模式特点三：消费者主导市场。移动互联网、社交网络“无时无刻地连接”使消费者从孤陋寡闻变得见多识广，从分散孤立到相互连接，从消极被动到积极参与，最终扭转了产销格局，占据了主导地位，不断参与各个商业环节中。

（二）“互联网+”倒逼制造业升级

“互联网+”制造业的特点是：多品种、小批量、快翻新已逐渐成为趋势，大部分企业生产端的设备、工艺、流程、制度、理念都为大生产而准备。个性化定制成为发展方向。

个性化定制也给企业带来很多挑战。品质保障难：每件产品的数据更多，疏忽一个细节就会导致品质偏差，同时对工人的要求更高，要会操作多种机器，不再是单一工种。工期控制难：客户从网络下单相对更零散、无计划性，给供应链备货、工期节奏安排带来新挑战。成本控制难：个性化定制要求面料品种多，但单批的量不多，很难形成面料采购规模化效益，导致成本攀升。

因此，“互联网+”倒逼制造业升级、换代成为产业发展的内趋力。

（三）“互联网+”促使传统企业系统性的变化

“互联网+”促使传统企业发生系统性的变化：一是生产模式的改变，由传统的大批量、低成本向小批量、多品种、快速反应转变；二是销售模式的改变，由工厂—分销商—用户模式，简化为工厂—用户模式；三是库存模式的改变，改变大量库存的实现，使零库存成为可能；四是广告模式的改变，由传统模式的狂轰滥炸，改变成为精确制导、口碑传递；五是管理模式改变，由传统的模拟化管理提升为数字化管理、在线化管理。

五、“互联网+”金融

“互联网+”金融是指用技术打破信息壁垒，以数据跟踪信用记录，借互联网技

术优势冲破金融领域的种种信息壁垒，用互联网思维改写金融业竞争的格局。"互联网+"金融的实践，正在让越来越多的企业和百姓享受更高效的金融服务。2015 年 3 月 22 日，央视新闻联播头条介绍"互联网+"金融典型模式，主要有以下两种：一是新型的网络金融服务公司，利用大数据搜索技术，让上百家银行的金融产品可以直观地呈现在用户面前。二是传统银行用融资服务吸引商户，再通过对商户的资金流、商品流、信息流等大数据分析，为这些中小企业提供灵活的线上融资服务，在提高用户黏度的同时，也节约了银行自身的运营成本。

2004 年 12 月，阿里成立第三方支付平台，从支付到担保支付，实现了非金融体系的制度创新，孕育了互联网金融，诞生了支付宝，打开了在线交易的大门。担保支付，解决了电子商务交易信任问题，成为中国新经济、新金融的制度创新范例。

2018 年，中国第三方移动支付交易规模达 190. 5 万亿元，同比增速 58. 4%。人们在日常生活中使用移动支付的习惯已经养成，第三方移动支付渗透率达到较高水平，市场成倍增长的时代结束。预计人脸支付等新支付技术对原有支付方式的替代将成为今后的行业看点。

六、"互联网+" 物流

2010—2019 年，我国快递行业收入保持逐年增长的趋势，且增长速度呈上升趋势，2019 年，我国快递业业务收入累计完成 7 497. 8 亿元，同比增长 24. 2%，虽然增速较往年有所放缓，但仍然保持较快增速，如图 12. 1. 1 所示。

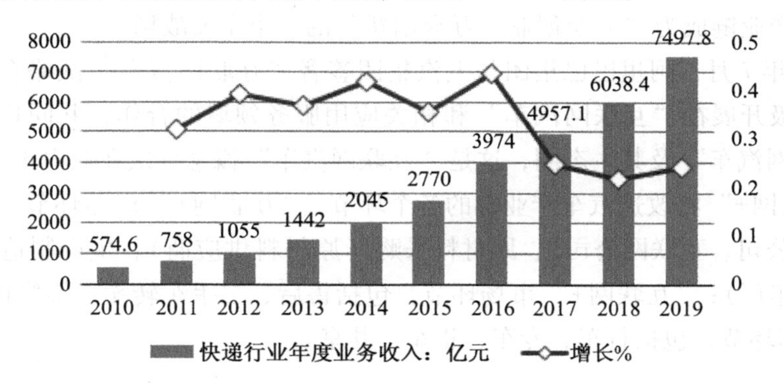

图 12. 1. 1　2010—2019 年快递行业年度业务收入及增速情况

电子商务迫使传统物流模式改变。电子商务开创了一种新的商业模式，交易双方可能地理位置相隔极远，信息流与资金流均可通过信息化解决，唯独物流不行，因此需要一套与电商商业模式相适应的物流系统。互联网对电商物流效率的改变，主要表现在建立物流大数据平台。大数据具有使用电子运单，加快发货效率；打通数据链，减少过度运输；库存前置，本质提高时效；货物不动数据动，减少物流成本等特点。

互联网推动了流通体系的改变。收货端的变化主要有：一是物流覆盖度扩大，电子商务突破了空间限制，农村等传统商贸基础设施不足的地区也可以无差别消费；二是电商新型城镇化，新型产业集聚的辐射周边区域，带动支撑、衍生服务业和其他行业，形成新型城镇化。发货端的变化主要有：一是产业布局变化，C2B 模式的发展，个性化制造成为发展趋势，不再唯规模化生产一种途径；二是新型产业集聚，电商形成新的产业集聚，全国涌现的 200 多个淘宝村，是新型产业集聚的雏形。“互联网+”时代下，社会化物流与智慧物流是必然发展趋势。

七、“互联网+”地产

传统地产商的重资产运营模式，是地产商依托自有资金投入支持商用物业开发，占用较大现金流。重资产的模式受房地产的周期影响较大，在房地产市场火爆时，现金回款很快，一旦房地产进入紧缩期，单靠重资产模式，已经很难盈利及扩大开发规模，因此地产商寻求新的突破，也就是强调向轻资产模式转型。

“互联网+”地产正在改变这一传统格局，大多地产商乃至整个行业正在向轻资产的方向转型，房地产企业更多地专注于自身的优势以及核心盈利点，互联网带给地产行业的创新及转变，也提出了地产行业发展的新思路。

八、“互联网+”汽车

在汽车及相关领域，伴随着“互联网+”的春风，创业、创新汇聚成越来越强大的变革力量，从产业链下游的交通出行，逐步向上游的研发、制造、采购渗透、推进。汽车产业链成为“大众创业、万众创新”的一个主要战场。

2014 年 7 月，阿里巴巴集团与上汽集团签署“互联网汽车”战略合作协议，并表示将积极开展在“互联网汽车”和相关应用服务领域的合作，共同打造面向未来的“互联网汽车”及其生态圈，这是“互联网汽车”概念首次在业内正式提出。

“互联网+”将改造汽车产业链的各个环节。“互联网+”产品环节，包括设计研发（汽车公司、互联网公司）、原材料采购（原材料供应商）、生产制造（零部件供应商、整车厂）；“互联网+”市场环节，包括售后、二手车转卖、维修保养；“互联网+”用车环节，包括打车、专车，租车、共享。

学习内容二　“互联网+”现代农业

党的十八大报告提出：坚持走中国特色新型工业化、信息化、城市化、农业现代化道路，推动信息化和工业化深度融合，工业化和城市化良性互动，城镇化与农业现代化相互协调，促进工业化、信息化、城市化、农业现代化同步发展。2015 年 7 月，国务院下达《关于积极推进“互联网+”行动的指导意见》，其中对“互联网+”现代农业的指导意见特别指出：利用互联网提升农业生产、经营、管理和服务水平，培育一批网络化、智能化、精细化的现代种养+生态农业新模式，形成示范带动效应，加快完善新型农业生产经营体系，培育多样化农业互联网管理服务模式，逐步建立农副产品，农资质量安全追溯体系，促进农业现代化水平明显提升。2016 年，农业部联合其他 7 家部委联合下发关于《“互联网+”现代农业三年运行实施方案》。方案中提出 11 项主要任务，任务包括：“互联网+”现代种植业、“互联网+”现代林业、“互联网+”现代畜牧业、“互联网+”现代渔业、“互联网+”农产品质量安全、“互联网+”农业电子商务、“互联网+”美丽乡村、“互联网+”农业农村大数据、“互联网+”农业信息服务、“互联网+”基础设施、“互联网+”新型农业经营主体。

“互联网+”农村经济已成为中国“互联网+”经济蓝图的重要组成部分。首先，因为互联网技术应用于农村经济促进了传统产业转型升级为现代生产，提高了农村生产力和效率。其次，互联网技术颠覆了传统的时间和空间概念，使空间距离更小，时间长度更短，信息更对称。这有助于提供关于农业生产的快速、实时和可靠的信息，并促进了高质量农产品在当地和全球的销售。第三，互联网技术为农村创业创新提供了新的机遇，激发了年轻人积极参与农村电子商务创业的积极性。最后，“互联网+”通过电子信息将小农户与现代经济体系连接起来，为他们提供了更经济、更有效的农产品销售渠道，促进了农户收入的增加，有利于农户脱贫致富。

一、“互联网+”现代农业的概念

“互联网+”现代农业是一种生产方式、产业模式与经营手段的创新，通过便利化、实时化、物联化、智能化等手段，对农业的生产、经营、管理、服务等产业链环节产生了深远影响，为农业现代化发展提供了新动力。以“互联网+”现代农业为驱动，有助于发展智慧农业、精细农业、高效农业、绿色农业，提高农业质量效益和竞争力，实现由传统农业向现代农业转型。

“互联网+”现代农业就是依托互联网的信息技术和通信平台，使农业摆脱传统行业中消息闭塞、流通受限、分散经营、服务体系滞后等难点，使现代农业坐上互联网的快车，实现中国农业集体经济规模经营。“互联网+”现代农业是一种生产方式、生产模式与经营手段的创新，通过物联网、智能化等手段，对农业生产经营管理服务等产业环节产生影响，为农业现代化发展提供了新的动力。“互联网+”给农产品安全提供新的保障，为农村创业带来了新的机遇，为农村品牌建立提供了可能，为农业可持续发展提供了新的思路。

我国是农业大国，目前正是工业化、信息化、城市化、农业现代化同步推进的关键时期，互联网与农业融合发展的空间广、潜力巨大，实施“互联网+”现代农业是推动农业现代化促进农业转型升级的关键时刻。

二、“互联网+”现代农业的11项任务

(一)“互联网+”现代种植业

目前我国已经在包括玉米、小麦、水稻、棉花等大田种植作物及蔬菜、果树等园艺作物上建立了农业物联网应用模式，包括农田信息快速获取、精准农业农作物病虫害监测预警、农产品质量安全监控与追溯、水肥一体化、智能节水灌溉、测土配方施肥等技术手段，达到降低农业生产成本的效果，提高了农民的收入水平。

1. 精准农业

精准农业又称为精确农业或精细农作，是以信息技术为支撑，根据空间变异，定位、定时、定量地实施一整套现代化农事操作与管理的系统，是信息技术与农业生产全面结合的一种新型农业。精准农业是近年来出现的专门用于大田作物种植的综合集成的高科技农业应用系统。

2. 农作物病虫害监测预警

农作物病虫害监测预警，就是利用手持移动数据终端采集农作物发病部位的图片、视频，然后利用构建好的农作物病虫害数据库，判断该作物发病的种类和发病程度，并给出具体的防治措施。

3. 农产品质量安全监控与追溯平台

农产品质量安全涉及的生产及经营管理环节众多，且因素复杂，很难找出农产品质量安全问题真正的原因。农产品质量安全监测及追溯系统，不仅能保证了农产品整个生产环节的质量安全，同时也提高了农产品的竞争力，促进农业健康持续发展。

4. 水肥一体化

水肥一体化技术，指灌溉与施肥融为一体的农业新技术。水肥一体化是借助微灌技术，将肥料按土壤养分含量和作物种类的需肥规律和特点，配兑成肥液与灌溉水一起，通过可控管道系统供水、供肥，使水肥相融后，均匀、定时、定量浸润作物根系发育生长区域，同时根据不同的作物的需肥特点、土壤环境和养分含量状况、作物不同生长期需水肥规律情况进行不同生育期的需求设计，把水分、养分定时定量，按比例直接提供给作物，提高水肥利用率。

5. 智能节水灌溉

智能节水灌溉是利用计算机技术、气象数据监测技术以及智能技术，根据农作物的需水特点、土壤的含水量以及空气湿度等状况，利用计算机技术自动控制灌溉时间及水量，实现精准灌溉、精准施肥，真正达到节水、增效、增产的目的，大力提升农业节水灌溉的科学管理水平。

6. 航空施药

航空施药系统是从空中向地面目标喷施农药的系统，由飞机、喷洒设备、导航设施等组成，是适用大面积农田、森林、草原以及传统机械难以作业的植被，是高效、

高速地防治病虫害的方法。目前航空施药作业分三种：固定翼轻型飞机、直升机和无人机。

7. 智能农机设备

智能农机设备可以部分或全部代替人类完成某些复杂的农业任务。包括激光平地机、精准播种监控系统、处方图精准施肥机、小麦联合收获与智能测产系统、喷干式变量施药机和播种 GPS 自动导航系统等。

8. 植物工厂

植物工厂是通过设施内高精度环境控制，实现农作物周年连续生产的高效农业系统，是利用智能计算机和电子传感系统对植物生长的温度、湿度、光照、二氧化碳浓度以及营养液等环境条件进行自动控制，使设施内植物的生长发育不受或少受自然条件制约的省力型生产方式。

植物工厂是现代设施农业发展的高级阶段，是一种高投入、高技术、精装备的生产体系，集生物技术、工程技术和系统管理于一体，使农业生产从自然生态束缚中脱离出来。按计划、周年性进行植物产品生产的工厂化农业系统，是农业产业化进程中吸收应用高新技术成果最具活力和潜力的领域之一，代表着未来农业的发展方向。

（二）"互联网+"现代林业

互联网技术在林业中的应用，大大推动了林业的发展。互联网与林业的结合，是实现林业现代化建设的基础和手段，主要表现在林业生产、经营和管理等方面。互联网技术实现了林业的管理自动化，提升了林业管理精度，优化了森林资源规划。

1. 林产品电子商务平台

为推动林产品销售的公平、规范、透明、快捷，建立了林产品电子商务平台。平台以林产品为交易对象，吸引国内外林产品各个环节的企业包括林产品生产、销售、采购、加工以及下游产品企业参与进来，有助于建立林产品市场的诚信体系，减少流通环节，形成规范的林产品交易秩序，促进林业可持续发展，提高我国林产品的国际竞争力。林产品电子商务平台的优越性主要有信息公开、公平交易、操作方便、统一标准四个方面。

2. 林地测土配方系统

林地测土配方根据土壤的类型、土壤结构、土壤肥力，结合造林树种，提供科学的施肥方案，从而提高生产效率，达到科学造林的目的。

林地测土配方系统，通过构建土壤数据库，分析林木种类和分布数据，根据林地特点和树种生长发育规律，筛选合理的树种系统，从而达到提高造林成活率、林地效益的目的，大大提升了林木生产管理效率。该系统显著提高了林木生产管理效率，主要体现在以下两个方面：为制定林业中、长期规划提供了科学依据；最大限度地发掘林地效益，指导林农合理造林，提高林农收入。

3. 林业碳汇交易平台

林业碳汇交易是指发达国家出钱向发展中国家购买碳排放指标，这是通过市场机制实现森林生态价值补偿的一种有效途径。这种交易是一些国家通过减少排放或者吸收二氧化碳，将多余的碳排放指标转卖给需要的国家，以抵消这些国家的减排任务，并非真正把空气打包运到国外。

利用互联网技术搭建林业碳汇交易平台，借用市场手段，对二氧化碳排放权进行合理配置。通过林业碳汇交易平台，不但能减少大气中二氧化碳的含量，而且还能较好地保护林业资源，减少水土流失，有效地促进社会和经济的协调、可持续发展。

4. 信息技术在林业生态补偿中的作用

利用 GIS、GPS、遥感技术等信息化技术，结合生态服务价值测算方法，能够便捷地掌握森林生物量、森林覆盖率、森林面积等变化状况。这样不但能实现森林信息化管理，还可以为合理分配林业生态补偿提供有效的数据支持。

（三）“互联网+”现代畜牧业

“互联网+”与现代畜牧业的结合，有利于传统畜牧业的转型。互联网与现代畜牧业的结合主要有以下几个优点：一、互联网打破了畜牧业行业交流线界限，通过网络使业内的交流更加畅通无阻；二、互联网增加了畜牧业产业链上的透明度，提升从业人员素质；三、代替传统纸媒成为畜牧业饲料行业行情分析的重要信息源，有利于畜牧业原料产品的流通，使产地与消费地价格差变得更趋于合理。

1. 养殖场环境智能监控系统

养殖场环境智能监控系统贯穿整个养殖的生产和管理全部环节，它利用物联网技术，通过智能传感器将采集到的养殖场空气湿度、空气温度、氨气、二氧化碳、硫化氢、光照度、PM2.5 等环境信息上传系统，同时对养殖环境控制设备、饲料投喂控制设备进行集中管理，从而实现智能生产和科学化管理。养殖场环境智能监控系统实现了对养殖场智能监测、科学管理、节能减排的目的。近几年来，养殖场环境智能监控系统得到越来越多的推广，自动化、智能化和无人化是未来畜牧业发展的必然趋势。

2. 耳标

耳标，即牲畜的电子身份证，多植入在牲畜的耳部。耳标主要记录牲畜的标识以及疫病可追溯系统的基本信息，从牲畜的出生、屠宰、防疫、检疫、监督等环节，可以实现畜产品生产有记录、信息可查询、流向可追踪、质量可追溯。耳标主要有二维码耳标和电子耳标两种。

耳标的应用显著地提高了畜牧企业生产管理效率及动物疫病防治水平。利用耳标实现对整个生产消费过程的监控，有利于加强动物疫病的预防控制，提高畜牧企业的现代化管理水平，加强国家和相关部门对畜牧业生产的安全监督和管理，确保食品安全。

3. 兽药产品查询与追溯系统

兽药产品查询和追溯系统指的是在整个兽药产品的加工过程、供应链及流通使用中进行全过程监控，利用产品信息追踪码，跟踪兽药产品，记录产品特性，最终利用互联网技术进行信息化管理的系统。

兽药产品查询及追溯信息系统的应用，能有效加强对兽药质量的监督，加大对售假制假的惩治力度，推动整个兽药行业的健康发展，从而提高监管部门对兽药行业监管的监管力度及工作效率。

4. 挤奶机器人

挤奶机器人是通过传感器确定奶牛奶头位置，由计算机控制发出作业命令，从而进行自动采奶的智能设备。通过在线品质检测系统实现对采集的牛奶进行品质分析，将数据提供给企业，决定产品是储藏还是放弃。使用挤奶机器人可以明显地减少劳动投入，提高作业效率；与传统人工作业方式相比，可以明显降低奶牛肾上腺素的分泌；也可以针对奶牛的健康指标提示预警信息，提高管理效率，减少养殖成本。

(四)"互联网+"现代渔业

随着互联网发展，水产养殖业也面临着新的机遇和挑战，传统的水产品流通从养殖到餐桌，由于信息的不对称，产品的来源不可追溯，加大了消费者对水产品安全性的顾虑。"互联网+"现代渔业以物联网大数据、云计算等技术推动传统渔业向现代化的智慧渔业转型。通过科学的养殖方式改善和控制水质的条件，既能提高养殖效率，又能保证鱼类的健康成长，推动我国水产养殖的质变，对传统行业与互联网的融合同样具有借鉴意义.

1. 渔船定位系统

渔船定位系统是集监控、管理、卫星定位于一身的平台系统，通过互联网、GPS技术，使各级渔业主管部门有效地、科学地对出海渔船进行规范化管理。另外，渔船定位系统还可以使农民获得天气、海浪、鱼汛、渔市价格等增值信息，提高渔民收入。

2. 养殖水环境智能调控系统

养殖水环境智能调控系统能在水质发生变化时，检测到数据异常并实时预警，以短信或者语音的形式，发送给用户，用户可以通过手机互联网、App 等终端控制相应设备，包括水泵、增氧、喂料机，完成自动换水、自动增氧、精准投喂等功能。

3. 智能网箱养殖

网箱养殖起源于 19 世纪末柬埔寨等东南亚国家，后传往世界各地。20 世纪 70 年代，我国开始了网箱养殖。智能网箱养殖利用物联网技术，以详细的各种数据为基础，利用智能化的监控系统代替人工操作，大大降低了人工成本，实现水产养殖的科学化管理。智能网箱远程监控系统包括养殖区域终端、陆地中控室、智能移动控制终端；养殖区域终端主要有水下机器人、水下摄影、增氧泵、投料机、控制台及无线发射设备；陆地中控室包括控制台、无线收发设备、服务器及监视器等；智能移动控制端包括电脑、平板电脑、手机等。智能网箱可以利用海洋发电进行储能，在饲料充足的情况下，可以实现无人值守的投喂工作。

（五）“互联网+”农产品质量安全

农产品质量安全追溯是“互联网+”农业应用中最早最为成熟的一项工作，主要集中在农产品生产、加工、运输、储藏、销售等环节。基于互联网技术，利用条形码技术、二维码技术、电子数据交换技术、射频识别技术等实现物品的自动识别与出入库、数据录入与传输。利用无线传感器网络对储藏车间以及物流配送车辆进行实时监控，从而实现了主要农产品来源追溯、去向可追踪的目标。

农产品质量安全追溯系统，包含整个智慧农业的全流程跟踪管理，涉及生产企业、合作社、农户、农资供销商、产品销售商、政府和消费者，贯穿了农产品生产基地管理、种植养殖过程管理、采摘收割、加工、储藏、运输、上市销售、政府监管的各个环节。

国质检食监〔2007〕284 号文规定：食品生产加工小作坊的产品销售最多不得超出县级行政区域，严格限制食品生产加工小作坊的产品进入商场、超市等单位。然而，农产品质量安全追溯体系缺乏商业应用的动力。由于国家法律法规不要求提供可追溯标签，使得消费者目前对可追溯系统的需求不强，同时在农产品上添加可追溯标签对其当前的价格影响不大，另外建立可追溯系统需要大量投资，涉及生产、加工、存储、贸易、交付等环节，因此，大多数企业没有动力去购买或应用这个系统。只有少数得到政府支持的试点企业会采用。出于同样的原因，也只有少数企业建立了自己的可追溯系统。

（六）“互联网+”农业电子商务

农业电子商务是互联网条件下，进行农产品销售流通服务的新型商业方式。通过电子商务，降低了交易成本，减少了库存，缩短了生产周期，增加了商业机会，能有效地克服农业产业化经营中的不利因素，对我国农业产业化进程具有重大的促进作用。

农业电子商务四要素包括：平台、消费者、农产品、物流。发展农业电子商务的基础环境包括：政策与法律环境、经济环境、网络环境、物流环境；除此之外，还应完善农业电子商务发展基础，同时加强农产品初加工、农产品包装、冷链运输、储藏等基础设施建设，推动农产品等级划分、产品包装、管理等标准化体系建设。

在中国“互联网+”农村经济模式的应用中，农村电子商务最为活跃，通过新的销售渠道促进农产品销售，降低交易成本，简化交易流程。农村电子商务产业链涵盖了从农产品生产、加工、仓储、销售到发货、售后服务等一系列活动。

据商务部统计，2016 年全国农产品电子商务贸易额比 2015 年增长 46.2%，是 2013 年总量的 4 倍。

（七）"互联网+"美丽乡村

利用互联网技术与美丽乡村战略相融合，加强农村资源、生态、环境的监测与保护，促进了农业发展方式转变，加强了农业环境及资源保护，实现了农业的可持续发展。

1. 建立农村集体"三资"监督平台

农村"三资"指的是农村集体资金、农村集体资产和农村集体资源。农村集体"三资"监督平台是利用互联网技术，加强村民对村所有财产等工作的监督，提高了村民的知情权、参与权和监督权，实现民主化管理，推动传统农业向现代农业转型。"三资"监督管理平台主要有四部分组成：资金管理、资产管理、资源管理、合同管理。

2. 建立农村公共服务平台

农村公共服务一般都包括社会保障、义务教育、基本医疗卫生、公共文化体育、就业等方面。利用互联网技术，建立农村公共服务平台，主要实现了以下四个方面的功能：（1）提供农业生产信息服务；（2）提供农业市场信息服务；（3）提高农村社会综合管理信息化水平；（4）解决"三农"问题。

3. 建立农村远程医疗

农村远程医疗是指通过互联网技术、遥感技术、遥测技术，充分发挥大医院或专科医院的技术和设备优势，对农村人员进行远程的咨询、诊断、治疗等活动。农村远程医疗的主要特点：一是大大降低了农村人员看病的成本和时间；二是提高了偏远地区的医护工作者的专业水平；三是缓解了我国医疗卫生资源不平衡的现状。

（八）"互联网+"农村农业大数据

农业大数据是融合了农业地域性、季节性、多样性、周期性等自身特征后产生的来源广泛、类型多样、结构复杂、具有潜在价值并难以应用通常方法处理和分析的数据集合。农业大数据是大数据理念、技术和方法在农业上的实践。农业大数据涉及耕地、播种、施肥、杀虫、收割、存储、育种等各环节，是跨行业、跨专业、跨业务的数据分析与挖掘及数据可视化。农业大数据主要集中在农业资源与环境、农业生产、农业市场和农业管理等领域。农业资源与环境数据主要包括水资源、力资源、生物资源和灾害等数据。农业生产数据包括养殖业生产数据和种植业生产数据。农业市场数据包括市场供求信息、价格信息、生产资料市场信息及流动市场和国际市场信息。

目前建立的大数据应用主要有以下几个方面：粮食和重要农产品大数据应用，动物疫病和农作物病虫害预防大数据应用，重要农业生产资料大数据应用，农业资源环境大数据应用，农业经营管理大数据应用，农业技术推广培训大数据应用，现代农作物种植业大数据应用，农机应用管理大数据应用，渔业管理大数据应用等方面。

（九）"互联网+"农业信息服务

信息服务是以信息为内容的服务业务，服务对象主要是对服务具有客观需求的社会主体，一般称为用户。信息服务有明显的目的性和指向性，一般情况下，开展信息服务的主体应该是社会性比较强的部门。

农业信息服务是指对农业的生产经营管理提供信息支持的一种活动，是指信息服务机构以用户的涉农信息需求为中心，开展的信息搜集、生产、加工、传播等服务工作。农业信息服务是一种公共服务，主要包括农业市场供求、信息分析、农业科技服务和农业信息咨询服务等。

农业信息服务与互联网相融合，建立农业信息服务平台，有效地整合了科技、市场、人力等资源，将潜在的科技成果转化为现实生产力，提高农业的科技含量和技术含量，促进农业企业生产水平、管理水平和创新能力的提高。

目前建立的比较有成效的信息服务平台有："益农信息社"，2014 年，农业部开展信息进村入户试点工作，已经在全国试点县建成一批益农信息社；"12316"农业综合信息服务平台，作为一个中央级的农业综合信息服务平台，已覆盖全国 31 个省份，年均受理咨询电话 2 000 多万人次，帮助农民增收及挽回直接经济损失 100 亿元。

（十）"互联网+"基础设施

"互联网+"是一次重大的技术革命和创新。但由于农村基础设施落后，互联网普及率较低，"最后一公里"问题成为制约农村电商发展的巨大障碍，信息的不对称、信息的搜索与发布无法及时到位，使得互联网技术的应用与普及出现滞后性，更进一步阻碍了信息化转化为现实生产力。

加强互联网基础设备建设，不仅是建设传统意义上的网络，而是要发展"网络+云资源+公共平台"的综合体，充分利用新一代互联网技术，建立农田基础建设信息化、农田气象监测站、土壤墒情检测站等信息应用综合服务平台。

（十一）"互联网+"新型农业经营主体

我国农业由传统农业向现代农业转型，突破约束、转变发展方式是根本出路；加快互联网与农业现代化相融合是提高农民收入和核心竞争力的主要办法。加大对农业经营主体信息化方面的培训势在必行，充分利用互联网技术，进行智能化控制、精准化运行、科学化管理，将农业资源、生产要素、市场信息的应用提升到更高水平。实现"互联网+"新型农业经营主体深度融合的主要途径有：加强农业互联网思维；提高新型农业经营主体信息化水平；开展新型职业农民智能手机应用技能培训；培育农业电子商务主体；推进科技特派员制度，壮大农村科技创新创业队伍。

头脑风暴：假如你是一名农村电子商务创业者，你的经营方向和策略是什么？

【学习任务小结】

"互联网+"通过其自身的优势，对传统行业进行优化升级转型，使得传统行业能够适应当下的新发展，从而最终推动社会不断地向前发展。"互联网+"的本质就是传统业务的数据化和在线化。"互联网+"产业融合主要表现在："互联网+"商业、

“互联网+”外贸、“互联网+”制造业、“互联网+”金融、“互联网+”物流、“互联网+”地产、“互联网+”汽车等方面。

“互联网+”现代农业具体任务有:“互联网+”现代种植业、“互联网+”现代林业、“互联网+”现代畜牧业、“互联网+”现代渔业、“互联网+”农产品质量安全、“互联网+”农业电子商务、“互联网+”美丽乡村、“互联网+”农业农村大数据、“互联网+”农业信息服务、“互联网+”基础设施、“互联网+”新型农业经营主体。

【复习思考】

一、多项选择题

1. “互联网+”有六大特征分别是(　　)。

A. 跨界融合　　B. 创新驱动　　C. 重塑结构　　D. 尊重人性

E. 开放生态　　F. 连接一切

2. “互联网+”的本质就是传统业务的(　　)和(　　)。

A. 数据化　　B. 虚拟化　　C. 在线化　　D. 实体化

二、判断题

1. 2012年11月14日,易观国际于扬首次提出“互联网+”概念。(　　)

2. 2015年2月腾讯创始人马化腾首次向人大递交“互联网+”提案。(　　)

3. 以“互联网+”现代农业为驱动,有利于发展智慧农业、精细农业、高效农业、绿色农业,提高农业质量效益和竞争力。(　　)

4. 以“互联网+”现代农业为驱动,有利于实现由传统农业向现代农业转型。(　　)

学习任务十三 未来农业的探索

【学习目标】

1. 知识目标：了解我国农业产业化中存在的问题及对策；了解现代农业发展的十大转变和现代农业发展的十大模式。

2. 能力目标：能用所学知识解决实际问题。

3. 态度目标：培养学生养成关注农业发展趋势、自觉维护生态环境的意识。

【案例导入】

辽宁大连普兰店市皮口镇养殖海参大量添加抗生素

2014 年 9 月，央视曝光辽宁大连普兰店市皮口镇海参养殖区，由于养殖户大量添加抗生素等药物，导致近海物种几乎灭绝。记者调查发现，每当海参圈放水的时候，周边就会有死鱼，对于近海的候鸟来说充满威胁。据一位海参养殖场老板介绍，他们清理海参粪便或污渍，使用的都是次氯酸钠和医用双氧水。最终，这些养殖废水都被排到海里。不仅仅是大连庄河，整个渤海湾的辽东半岛至山东半岛一带，生态系统已经处于亚健康状态，水体呈严重富营养化，氮磷比重已严重失衡。针对央视曝光“大连养殖户大量使用抗生素等药物养海参”事件，2014 年 9 月 16 日，辽宁省海洋水产养殖协会组织专家召开发布会回应称，报道以偏概全，已对当地海参产业造成冲击；与会专家强调大连海参养殖“工艺已经非常成熟”，仅在育苗期用药，上市时已降解；国家对养殖业使用抗生素有严格的规定，正确使用抗生素是安全的。也有观点认为水产养殖中不应使用抗生素。在水产养殖中滥用抗生素这种做法十分有害，不仅会加重养殖业者的经济负担，还会造成药品的浪费，更重要的是会因抗生素的过滥使用而造成水产养殖动物产生耐药菌和正常菌群失调的结果，从而影响机体健康。

【案例分析】

随着生活水平的提高，人们对农产品的质量也越来越重视，新时期农业发展的目标和任务都发生了重大变化，由“量的安全”转向“质的安全”，从农业生产的源头保障农产品质量安全，已经成为新时期农业发展面临的重大课题和新的挑战。在农业生产中，滥用抗生素、滥用添加剂、滥用农药等造成土壤环境恶化、生态环境破坏等现象屡禁不止，严重制约农业生产的可持续发展，影响生命健康。

【学前思考】

发展现代农业，质量安全是其必然，现代农业的建设进程也是农产品质量安全的建设进程。那么发展高产、优质、高效、生态、安全的现代农业，必须怎样做呢？未来农业是什么样的呢？

学习内容一　未来农业发展趋势

一、“平面式”到“立体式”

利用各类作物的“空间差”和“时间差”，进行错落组合，综合搭配，构成多层次、多功能、多途径的高效生产系统。比如：长短套种、高矮间作、喜阴与喜光共生、林下经济等。

长短套种：生长期长和生长期短的作物合理搭配。瓜类和茄果类的蔬菜生长期长，可以在它的生长中期套种一些生长期短的蔬菜，如小白菜、小萝卜、苋菜等，这些蔬菜在短期内即可收获，而且不会影响到瓜类和茄果类蔬菜生长。另外，生菜和豌豆、小白菜和大蒜、生菜和大白菜都可以很好地套种。

高矮套种：高秆和矮秆作物合理搭配，如图 13.1.1 所示。例如，玉米套种和黄豆套种，春玉米间种南瓜、晚玉米间种冬瓜等。玉米往上长，南瓜、冬瓜横爬秧，互不影响，且南瓜花蜜能引诱玉米螟的天敌黑卵蜂寄生，可有效地减轻玉米螟危害。

图 13.1.1　高矮套种

林下经济：主要是指以林地资源和森林生态环境为依托，发展起来的林下种植业、养殖业、采集业和森林旅游业，既包括林下产业，也包括林中产业，还包括林上产业。林下经济是在集体林权制度改革后，集体林地承包到户，农民充分利用林地，实现不砍树也能致富，科学经营林地，是在农业生产领域涌现的新生事物。它是充分利用林下土地资源和林荫优势，从事林下种植、养殖等立体复合生产经营，从而使农林牧各业实现资源共享、优势互补、循环相生、协调发展的生态农业模式。

二、“自然式”到“车间式”

农业生产一般在露天进行，经常遭受自然灾害的袭击。为免受损失，必须发展设施农业，即用现代化保护设施武装农业，打破依赖自然条件，靠天吃饭的传统，避开遭受自然灾害的袭击与自然变化的干扰。农业生产在“车间”中进行，由现代化保护设施来武装。农作物由田间移到温室，再由温室转移到具有自控功能的环境室，实现农业全年播种、全年收获，如无土栽培、植物工厂、气候与灌溉自动测量装备等。

无土栽培：无土栽培是指以水、草炭或森林腐叶土、蛭石等介质作植株根系的基质固定植株，植物根系能直接接触营养液的栽培方法，如图 13. 1. 2 所示。无土栽培中营养液成分易于控制，且可随时调节。在光照、温度适宜而没有土壤的地方，如沙漠、海滩、荒岛，只要有一定量的淡水供应，便可进行。

图 13. 1. 2　无土栽培

植物工厂：植物工厂是通过设施内高精度环境控制实现农作物周年连续生产的高效农业系统，是利用计算机对植物生育的温度、湿度、光照、二氧化碳浓度以及营养液等环境条件进行自动控制，使设施内植物生育不受或很少受自然条件制约的省力型生产。

三、“固定型”到“移动型”

在发达国家中出现一种被称为移动农业的“手提箱和人行道农业”的农业经营方式，形成农民居住地与耕地相分离的格局。农民分别在几个地方拥有土地，在耕作和收获季节在一处干完了活，提上手提箱，开着车再到另一处去干，以期最大限度地提高农具使用率而不耽误农时。

四、“石油型”（“耗能型”）到“生态型”

石油型农业是近现代农业的主要生产方式，整个生产过程投入了大量化工产品（肥料、农药、除草剂），从种到收各个环节都离不开机器（石油或电带动）。

生态农业是以生态学基本原理为指导，根据生态系统内物质循环和能量转化规律，建立起来的一个综合型生产结构。它能利用系统内物质和能量作为动力，尽可能少利用系统外输入的物质和能量。

由“石油型”向“生态型”发展，即根据生态系统内物质循环和能量转化规律建立起来的一个复合型生产结构。作物通过利用光能转变为化学能，收获物为人类提供粮食、蔬菜，秸秆作为牛、羊、猪和鸡饲料，畜禽粪便则倾入沼气池，沼气和太阳能又作为农业生产的动力，沼气池的废弃物又可作为肥料返回农田。如此循环实现生态系统内物质和能量的循环转化。如匈牙利最大的“生态农业工厂”是一座玻璃屋顶的庞大建筑物，地上的作物郁郁葱葱，收获的产品被送进车间加工，其废渣转入饲料车间加工后再送到周围的牛栏、羊舍、猪圈和鸡棚，畜禽粪便则倾入沼气池。这家工厂的全部动力都来自沼气和太阳能，它可为10万城镇人口提供所需要的粮、禽、蛋、奶及蔬菜。如图13.1.3所示，日本爱东町农业循环经济模式展示了一个以油菜生产为起点，再切入油菜加工业、养殖业以及有机肥料和生物燃料等产业的农业循环经济模式。

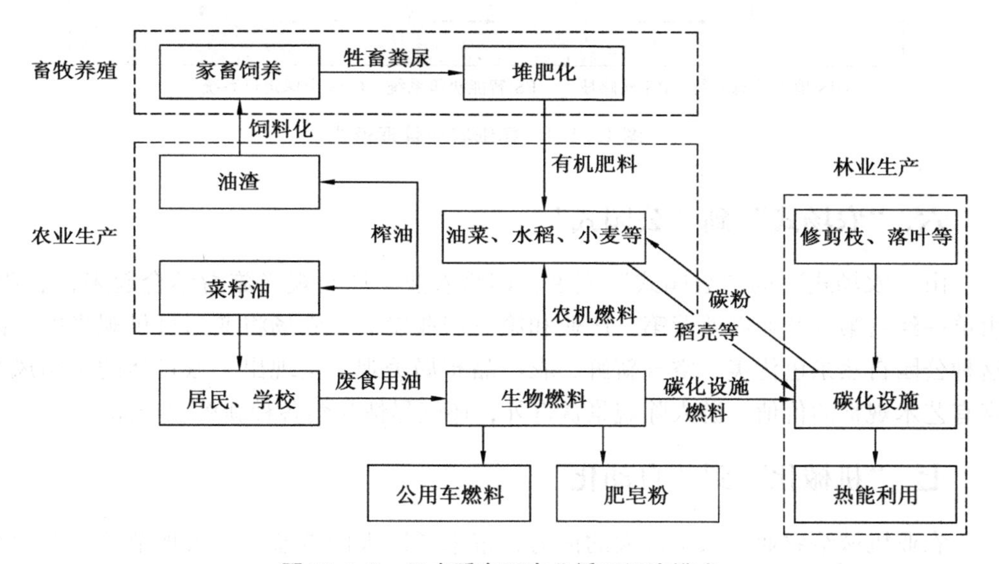

图13.1.3　日本爱东町农业循环经济模式

五、“粗放型”到“精细型”

粗放农业是农业中的一种经营方式，是把一定量的劳动力、生产资料分散投入较多的土地上，采用粗放简作的经营方式进行生产的农业。它在一定面积的土地上投入较少的生产资料和劳动，实行广种薄收。

精细农业是将遥感、地理信息系统、全球定位系统、计算机技术、通信和网络技术、自动化技术等高科技与地理学、农学、生态学、植物生理学、土壤学等基础学科有机地结合起来，实现在农业生产全过程中对农作物、土地、土壤，从宏观到微观的实时监测，以便对农作物生长、发育、病虫害、水肥等状况以及相应的环境状况进行定期信息获取和动态分析，通过诊断和决策，制定实施计划，并在GPS与GIS集成系统支持下进行田间作业。以甘蔗种植为例，精细农业的一套管理模式如图13.1.4所示。

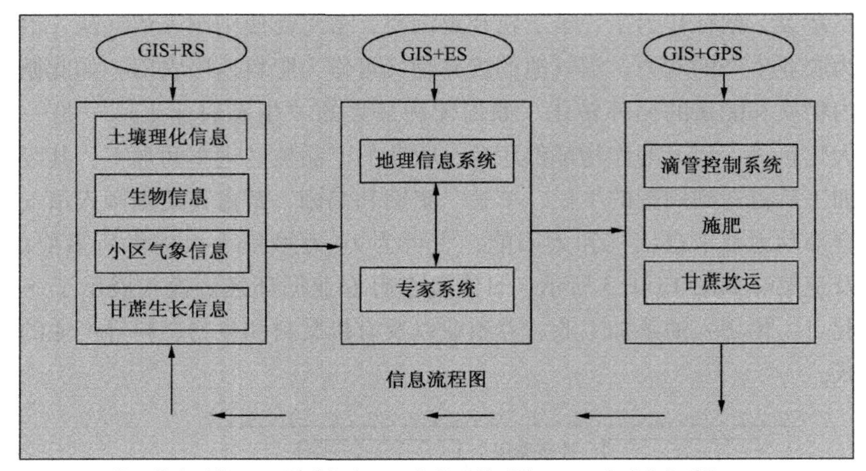

GIS:地理信息系统　RS:遥感技术　ES:智能决策系统　GPS:全球定位系统

图 13.1.4　精细农业管理模式

六、“农场式”到“公园式”

由“农场式”向“公园式”发展，即将农业生产与观光旅游结合起来，农业将由单一经营第一产业向兼营第二产业和第三产业发展。农场将变为可供观光的公园，这种公园自然景色优美、空气新鲜、农产品布局美观，呈现出一派自然的田园风光，富有艺术观赏的价值。游人除观景赏奇外，还能尽情品尝各种新鲜农产品。

七、“机械化”到“自动化”

农业机械给农业注入了极大的活力，带来了巨大的效益，大大地节约了劳动力，促进了城市化进程，也促进了第二、第三产业的发展。

图 13.1.5　植保无人机

随着计算机技术的发展和广泛应用，农业将由“机械化”向“自动化”发展。我国农业自动化已在设施农业中的温室自动化制约、排灌机械自动化、部分农业机械装置自动化等方面取得一定的进展，尤其是精准农业的进展越来越得到重视。随着智能化技术的发展，人工智能将是世纪农业工程发展的重点，继续推动和实现农业自动化是技术工作者所面对的长远课题和挑战。如图 13.1.5 所示是植保无人机正在田间进行喷洒作业。

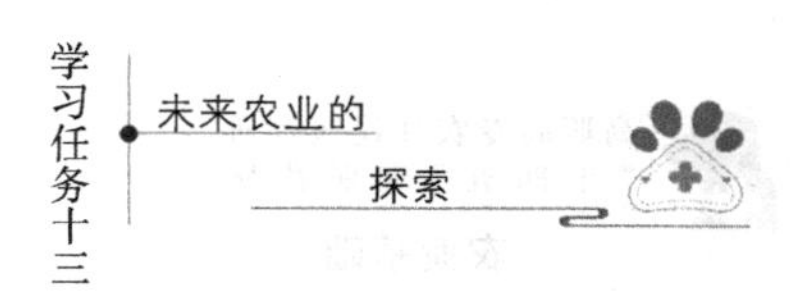

八、“陆运式”到“空运式”

所谓空运农业，就是利用飞机将各种蔬菜、水果、花卉等从原产地源源不断地空运到大工业城市，满足市民的需求。如日本在机场附近建起“空运农业园地”，集中栽种并将产品空运到大城市出售。目前日本空运货物中有30%是蔬菜、水果、花卉等农产品，如小葱、芦笋、草莓、鲜蘑菇、西红柿、葡萄、枇杷、菊花、郁金香等。

九、“化学化”到“生物化”

目前农业处在化学为主的时代，普遍使用化肥、农药、除草剂。农业生产必须减少农药、激素的使用，转变为依赖生物化，依赖生物自身的性能进行调节，使农业生产处于良性生物循环的过程，使人与自然在遵循自然规律的前提下协调发展。

农业生物技术发展迅速，成为经济发展新的制高点，对科学、技术、方法、理念、产业、社会与伦理产生一系列的革命性影响。现代分子育种学与传统动植物育种技术的结合，促进了新兴分子育种技术的发展。近年来由于转基因生物对生态环境和人类健康影响尚存在一些科学意义上的不确定性，科技界纷纷把研究重点转向动、植物分子标记辅助选择技术，该技术具有高效、安全的突出优点，已经展示出部分常规育种技术无法比拟的优越性。以转基因为核心的现代生物技术产业成为当今世界发展最快、最活跃的农业高技术产业领域之一。农业生物药物技术研究取得了一批重大突破，成为农业高技术研究领域角逐的重点领域。

目前以基因重组技术为代表的生物技术是农业生物药物研究的核心技术。生物技术在理论和技术上不断取得突破，为现代农业高技术的孕育、成熟、发展创造了条件。随着基因工程等生物技术的发展，生物农业将以不可阻挡之势发展，取代目前的化学农业。

十、“单向性”到“综合性”

“石油农业”“生态农业”都属于单向性发展的农业，是极端农业类型的代表。未来农业可能朝介于两者之间或者取两者优点的综合性农业方向发展。如有机肥、绿肥和无机态氮、磷、钾肥相结合施用；在病虫害防治方面靠化学手段和生物手段相结合的方法来解决。农业动植物超级品种的培育，微生物发酵工程、基因工程、生物反应器等技术及联合运用将使得动植物疫苗、生物肥料、生物农药、生物饲料、动植物生长调节剂等农业生物制剂产业化，并形成一些新的农业高技术企业。

学习内容二　未来农业发展的十大模式

一、生态农业

生态农业是针对现代农业投资大、能耗高、污染严重、破坏生态环境等问题，总结各种农业方式的成功经验，运用生态学与经济学原理以及系统工程方法，因地制宜利用现代科学技术并与传统农业相结合，合理组织生产，实现高产、优质、高效与持续发展，达到经济、生态、社会三大效益统一。

生态村是运用生态经济学原理和系统工程的方法，从当地自然环境和资源条件实际出发，按生态规律进行生态农业的总体设计，合理安排农林牧渔与工、商、服务等各业的比例，促进社会、经济、环境效益协调发展而建设和形成的一种高产、优质、低耗、结构合理、综合效益最佳的村级社会或新型的农村居民点。生态村的特点是：有完整村落结构，以农业生产为主，开展观光旅游活动。观光的对象为农业生产活动及农业景观，具体内容为：农田、菜地、果园、林地、水产养殖场、畜牧养殖场，花卉、药用植物等生产场地，以及村寨、风景、传统文化等自然和人文景观。

二、都市农业

都市农业是指在都市化地区，利用田园景观、自然生态及环境资源，结合农林牧渔生产、农业经营活动、农村文化及农家生活，为人们休闲旅游、体验农业、了解农村提供场所，将农业的生产、生活、生态等“三生”功能结合于一体的产业。关于都市农业的具体介绍详见“任务四　学习内容三”。

三、绿色农业

所谓绿色农业，是指以生产并加工销售绿色食品为轴心的农业生产经营方式。绿色食品遵循可持续发展的原则，按照特定方式进行生产经专门机构认定的，允许使用绿色标志的无污染的安全、优质、营养类食品。积极发展绿色农业，已成为迎接国际挑战的战略举措。

绿色农业不是传统农业的回归，也不是对生态农业、有机农业、自然农业等各种类型农业的否定，而是避免各类农业种种弊端，取长补短，内涵丰富的一种新型农业。其内涵包括五个方面：

(1) 绿色农业及与其伴随的绿色食品出自良好的生态环境。地球为人类提供了良好的气候、新鲜的空气、丰富的水源、肥沃的土壤，使人类能够世代繁衍生息。但是由于人口剧增、经济发展，使资源受到了破坏，环境受到了污染，这种对自然资源的伤害，到最后都反馈给人类本身。人们出于本能和对科学的认知，开始越来越关心健康，注重食品安全，保护生态环境。特别是对没有污染、没有公害的农产品倍加青睐。在这样的背景下，绿色农业及绿色食品以其固有的优势被广大消费者认同，成为具有时代特色的必然产物。

（2）绿色农业是受到保护的农业。绿色农业既是改善生态环境，提高人们健康水平的环保产业，同时也是需要支援，加以保护的弱质产业。绿色农业尽管没有立法，但是作为绿色农业的特殊产品，绿色食品是在质量标准控制下生产的。绿色食品认证除严格要求产地环境、生产资料投入品的使用外，还对产品内在质量、执行生产技术操作规程等有极其严格的质量标准，可以说从土地到餐桌，从生产到产后的加工、管理、贮运、包装、销售的全过程都是靠监控实现的。因此，绿色食品较之其他农产品更具有科学性、权威性和安全性。

（3）绿色农业是与传统农业的有机结合。传统农业是自给自足型的农业。它的优势是节约能源、节约资源、节约资金、精耕细作、人畜结合、施有机肥、不造成环境污染。但也存在低投入、低产出、低效益、种植单一、抗灾能力低、劳动生产率低的弊端。绿色农业是传统农业和现代农业的有机结合，以高产、稳产、高效为目标，不仅增加了劳力、机械、设备等农用生产资料的投入，还增加了科学技术、信息、人才等软投入，使绿色农业更具有鲜明的时代特征。

（4）绿色农业是多元结合的综合性农业。以农林牧为主体，农工商、产加销、贸工农、运建服等产业链为外延，大搞农田基本建设，提高了抗灾能力与科学技术水平，体现了多种生态工程元件复式组合。

（5）绿色农业是贫困地区脱贫致富的有效途径。1996—2000 年，联合国工业发展组织中国投资促进处多次组织专家到绿色产业项目所在地进行实地考察。多数项目地区水质、土壤、大气良好，绿色食品原料资源丰富，但由于缺少科学规则、市场信息不灵、科技素质低下，一些贫困地区只能出售绿色食品原料，效益不高。实施绿色食品开发之后，贫困地区发挥了受工农业污染程度轻，环境相对洁净的资源优势，原料转化为产品，高科技、高附加值、高市场占有率拉动了贫困地区绿色产业的快速发展，促进了区域经济的振兴。这一点不仅对我国边远山区、经济不发达地区有指导意义，而且对亚洲一些贫困地区脱贫致富也提供了有益的尝试。

四、白色农业

白色农业是指微生物资源产业化的工业型新农业，包括高科技生物工程的发酵工程和酶工程。白色农业生产环境高度洁净，生产过程不存在污染，其产品安全、无毒副作用，加之人们在工厂车间穿戴白色工作服帽从事劳动生产，故形象化地称之为“白色农业”。

白色农业的概念最早产生于中国。它是把传统农业的动植物资源利用扩展到微生物新资源利用，创建以微生物产业为中心的新型工业化农业。白色农业还能改善农、牧业产品的品质，减轻环境污染，提高农产品的产值，是农民增收的一个新途径。在我国，组织培养技术已经成功地用于农业生产，在花卉、草莓、甘薯等脱毒苗亩生产中得到广泛应用，并已经形成产业化。微生物发酵工程应用于农业领域，还可以生产出生物肥料、生物农药、兽药抗生素、食品和饲料添加剂、农用酶制剂、动物生物调节剂等。

五、蓝色农业（海水农业）

由于陆地资源的日渐缺乏，人类目光开始转向海洋，开始向这个蓝色聚宝盆索取资源。所谓蓝色农业（海水农业），就是利用从海洋中抽吸的海水灌溉种植耐盐性农作物。

人口、资源和环境是威胁人类当今和未来发展最主要的问题，提供足够的食品来面对日益增长的人口压力是一个全球性的问题。根据预测，到2030年中国的人口将达到15亿至16亿，如何养活如此众多的人口将会是多途径的，其中，以发展海洋动植物的人工养殖为主要活动的蓝色农业是具有极大潜力的一个方面。发展到了近代，当地球上的人口超过了60亿，单纯依靠陆地农业已经无法保证粮食供应了，甚至在一些地区开始出现粮食危机。于是人类开始研究和发展蓝色农业，虽然才只有几十年的历史，但取得的成功和进展是具有里程碑意义的。中国在这方面的起步比世界上其他国家或地区都早，而且成就巨大。无论从数量和规模上来说，以发展鱼、虾、贝、藻等蛋白类食品养殖业为主的中国的蓝色农业在世界上可以算得上首屈一指，已经引起了全世界的注意，一些国家还热心地进行学习和仿效。但总体来说，蓝色农业的规模和获得的数量、产值水平还远远赶不上陆地农业。

由此可见，蓝色农业还处在初级阶段，还只是迈出了万里长征的第一步，今后还有更加漫长和更加光辉的路程要走。

六、数字农业

数字农业是1997年由美国科学院、工程院两位院士正式提出，是指在地学空间和信息技术支撑下的集约化和信息化的农业技术。

数字农业技术系统是以大田耕作为基础，定位到每一寸土地。它从播种、施肥、灌水、田间管理、植物保护、产量预测到产品收获、运输、贮存管理的全过程实现数字化，全部应用遥感、遥测、遥控等先进技术，以实现农业生产的精细作业。具体有以下特点：

（1）农业生产高度专业化、规模化、企业化。美国农业生产的专业化是多层次的，这主要表现在地区专业化、农场专业化和生产工艺专业化。美国大陆划分为几个主要的作物带，每个作物带中最适合一种作物的生长，如著名的“玉米带”“奶牛带”等；绝大多数的农场只生产一种作物，进行大规模种植；而有的农场只生产一种作物的一个品种，或只做一种作物的育种。这样因地制宜、各有所专，达到了专业化与规模化的很好结合，形成了专业化生产、集约化经营、企业化管理现代产业模式。

（2）农业生产体系完善。美国已形成发达的产前、产中、产后紧密衔接的农业生产体系，包括农业生产资料的生产和供应，以及农产品的收获后的储藏、运输、加工和销售等部门。他们分工明确，高效协作，在相关农业法律体系的维护下，农业生产有序而高效。

（3）农业教育、科研和推广“三位一体”。美国的农业是由私人经营的，但各级政府积极支持农业科学技术的发展，建立了富有特色的“三位一体”的农业教育科研和推广体系，农学院同时承担农业教育、科研和推广三项职能，使教学科研和推广紧密地结合起来，为农业发展提供强大的技术推动力。

七、基因农业

（一）基因农业的概念

基因农业就是指利用 DNA 重组技术、克隆技术等生物技术培育新的、安全的食物。

（二）发展基因农业的意义

（1）生物技术突破了动物、植物和微生物之间及初种之间的界限，实现了界间转移，极大地拓宽了生物界初科优势及其利用价值。

（2）使农业生物技术发生了根本性的变化，通过对特定基因进行控制，就可以生产出安全的食品。

（3）可以利用基因工程技术改良现有的农作物品种，创造新的动植物品种，从而使高技术农业成为现实。

（三）转基因技术

（1）采用人工分离和修饰技术，将一个物体（种）的基因插入另一个物体（种）的基因组织中，从而达到改造生物的目的。这种人工干预基因的方法就叫转基因。

（2）转基因技术能克服本身的缺点，降低栽培难度，减少农药用量。

（3）转基因技术易引起癌变、绝育，导致不明原因的慢性病，使作物的种性和食物营养变得复杂，食物营养下降，引起基因突变，病虫、杂草抗性增强，污染不可逆转。

八、网上农业

（一）网上农业的概念

网上农业指人们利用电脑网络开展农业信息技术服务，指导农业生产的方式；涉及气候、土壤、水与物种等环境资源信息，生产资料供求信息，农产品生产、流通、价格信息，科技、教育、政策法规等信息。

（二）发展网上农业的意义

在知识经济时代，农业各个方面的信息进入电脑网络。气候、土壤、水与物种等环境资源信息，生产资料供求信息，农产品生产、流通、价格信息，科技、教育、政策法规等信息通过计算机联网，成为人类共享资源。从网络中可以便捷地获得生产经营需要的各种信息，增加了生产预期，克服了盲目性。通过网络可以随时和世界各地的用户乃至潜在用户进行沟通。通过网络购买生产资料、销售农产品是知识化农业的显著特征。

九、沙漠农业

（一）沙漠农业的概念

利用沙漠阳光足、温度高、温差大、土壤透气好的优点，栽种适宜的农作物，进行农业称作沙漠农业。

（二）发展沙漠农业的实践和意义

土地沙漠化是人类面临的严重问题，预计今后50年内全球将有近2亿人因沙漠化而被迫迁徙。以以色列为例，以色列国土面积狭小、土地贫瘠、水资源缺乏，沙漠占国土总面积的60%以上。以色列开国总理古里安在建国后曾豪迈地预言：以色列的未来在南方。南方是内格夫沙漠，对以色列人来说，它如同我国的大西北，以色列人正是在这片土地上，靠治理荒漠创造了举世瞩目的奇迹。今天的内格夫沙漠生机勃勃，现代化城镇、农庄和工厂掩映在沙漠森林、果园、温室和农田之中，沙漠开发和现代农业，使以色列可耕地面积由立国之初的10万公顷增加到44万公顷，灌溉面积从3万公顷扩大到26万公顷，农业产值增长了16倍。以色列开发沙漠地区的经验主要有：

第一、国家制定科学法规，开发与生态保护并举，注重可持续发展和长远规划。以色列建国后，陆续出台了自然资源保护、规划建筑、水源和水井控制等方面的法规，对珍贵的水资源实行严格的配额和奖惩制度，在保护生态的前提下开发沙漠。以色列政府在保护植被的同时，通过植树、种草以防止土地沙漠化。如今，在年降雨量仅100 mm、蒸发量却高达3 000 mm的沙漠区，以色列建造了3个森林区，绿化面积达1.2万公顷，大大改善了当地的气候和生态环境。以色列1986年制定了全面绿化沙漠规划，继续探索在保护生态前提下，根据降雨、地表水、地下水与动植物的生态状况建设绿洲。现在，内格夫沙漠开发区已营造出新的生态系统，在尽量保持地貌的前提下，因地制宜实现沙漠绿化。

第二、开发沙漠现代农业技术，科研和生产密切结合。以色列政府建立了很多沙漠研究所，开发出高精尖的沙漠农业技术。以色列淡水资源仅16亿 m^3，人均270 m^3，是世界平均水平的1/33，是我国的1/7。政府从1953年开始，用11年时间建造了145 km长的“北水南调”输水管线。但沙漠改造和现代农业真正腾飞是在20世纪60年代中期发明滴灌技术以后。当时国家大力支持滴灌技术的推广，形成电脑化的全国灌溉网，取代了沟渠漫灌。封闭输配水灌溉系统极大地减少了渗漏和蒸发，水、肥的利用率高达80%~90%，节省用水1/3。以色列还因地制宜开发地下盐碱水灌溉、沙漠温室大棚、沙漠养鱼、地表水径流利用、花卉及废水灌溉技术。农民甚至更喜爱沙漠种植，因为沙漠地区气温高、蒸腾强、沙土通气、不板结、容易控制水肥。

第三、政策倾斜和市场机制并举。为了缓解沿海城市人口压力，政府把沙漠地区列为最优惠开发区，把内格夫沙漠作为未来农业和社会发展的重点。国家除扶持出口型农产品企业，还鼓励工业项目发展，采取了对企业实行10年免税等优惠措施。以色列开发沙漠的经验，特别是他们在开发南部地区时很多成功的做法，对我国今天的西部开发无疑具有重要的借鉴意义。

十、太空农业

（一）太空农业的概念

太空农业是继地球农业、海洋农业以后，以航天技术为基础，开发利用太空环境资源而开辟的一个崭新的农业领域。其中包括利用卫星或高空气球携带搭载作物种子、微生物菌种、昆虫样品，在太空宇宙射线、高真空、微重力等特殊条件作用下，诱发染色体畸变，进而导致生物遗传性状的变异，快速有效地选育新品种的空间诱变育种。利用卫星和空间站在太空环境下直接种养、生产农产品，用于解决太空人员的食物来源，甚至返销地面以补稀缺。

（二）发展太空农业的意义

粮食问题将是一个长期的根本性的战略问题，任何时候都不能有丝毫放松。解决粮食问题必须依靠科技进步，航天育种虽然是新生事物，却已显示出其活力和生命力，加上在国际上的优势和特色，应从本国国情出发，给予必要的扶植和支持；要在以往工作的基础上，加强总体规划、系统统筹和精心设计，组织农业育种和航天技术两方面的精干技术队伍，将基础研究和应用研究相结合、宏观研究和微观研究相结合、高新技术和常规技术相结合，跨部门、跨专业团结协作，进行联合攻关，重点开展地面育种应用和机理研究，以及模拟试验、搭载设备研制两大方面工作。相信在国家计委、科委的支持下，这一高新技术可以尽快在农业生产中发展大作用，为解决中国粮食问题做出新贡献。

目前，中国育种工作者富有独创性地首先开始利用返回式卫星和高空气球搭载农作物种子，进行空间诱变育种研究，已取得一批极有价值的研究资料和成果，获得一些对产量有突破性影响的罕见突变，选育出一些有应用前景的新品系。

利用航天技术进行农作物育种工作是一个具有中国特色的新兴研究领域，虽然从总体上来说，仍处于起步阶段，但已显示出诱人的前景，同生物技术、核技术农业应用一样，空间技术育种已成为促进中国粮食增产、缓解粮食压力的一条有效途径。

课后实训：想象一下未来农业将是怎样一番景象？未来农村会是什么样子的？

【学习任务小结】

多年来，我国农业产业化经营已经取得了长足发展。不少地方的农户在龙头企业带动下，围绕某种农（副）产品的生产和深加工，形成了集经科贸、种养加为一体，产前、产中、产后服务一条龙的产业化经营体系，并在此基础上，形成了当地的主导产业和农产品生产加工基地。但必须看到，目前我国农业产业化的发展水平还不高，还存在很多问题，我们应不断耕耘，提出解决对策。

随着科学技术的发展，未来农业将在保护和强化利用现有农业资源的基础上，不断开拓并合理利用新的资源，逐渐建立起既能满足人类自身持续生存需要，又能合理、永续地利用自然资源，并同保护和改善农业生态环境相结合的可持续发展农业。

【复习思考】

一、判断题

1. 农业产业化是指对传统农业进行技术改造，推动农业科技进步的过程。（　　）

2. 我国目前推行的农业产业化主要是着眼于扩大农业生产的外延。（　　）

3. 利用各类作物的“空间差”和“时间差”，进行错落组合，综合搭配，构成多层次、多功能、多途径的高效生产系统属于“平面式”。（　　）

4. 所谓海水农业，就是利用从海洋中抽吸的海水，灌溉种植耐盐性农作物。（　　）

5. 基因农业就是指利用DNA重组技术、克隆技术等生物技术，培育新的、安全的食物。（　　）

参考文献

1. 官春云. 农业概论［M］. 3 版. 北京：中国农业出版社，2015.

2. 张红宇，冀名峰. 农业经济专业知识与实务（中级）［M］. 北京：中国人事出版社，2020.

3. 韩茂莉. 世界农业起源地的地理基础与中国的贡献［J］. 历史地理研究，2019（01）：114-124.

4. 赵志军. 中国农业起源概述［J］. 遗产与保护研究，2019（01）：1-7.

5. 朱解放. 农业的自然再生产和经济再生产［J］. 安徽农业科学，2011（10）：6251-6253.

6. 李秉龙，薛兴利. 农业经济学［M］. 3 版. 中国农业大学出版社，2015.

7. 叶兴庆. 新时代中国乡村振兴战略论纲［J］. 改革，2018（01）：65-73.

8. 步显银. 浅析我国种植业发展的现状及对策建议［J］. 种子科技，2019（08）：4.

9. 宋志伟. 植物生长环境［M］. 3 版. 北京：中国农业大学出版社，2015.

10. 乔卿梅. 药用植物病虫害防治［M］. 3 版. 北京：中国农业大学出版社，2015.

11. 何笙. 植物病理［M］. 北京：中国农业出版社，2019.

12. 王萍莉. 植物化学保护［M］. 北京：中国农业出版社，2018.

13. 王晓力，周学辉. 现代畜牧业高效养殖技术［M］. 兰州：甘肃科学技术出版社，2016.

14. 席磊，武书彦，朱坤华. 现代畜牧业信息化关键技术［M］. 中原农民出版社，2016.

15. 和元. 浅析现代畜牧业的现状与发展［J］. 畜禽业，2020（12）：83，85.

16. 吴双凤. 现代畜牧业发展存在问题及解决路径［J］. 畜牧兽医科学，2020（22）：182-183.

17. 孟燕婷. 现代林业发展思路探析［J］. 现代农业科技，2019（08）：134，141.

18. 高晶，支玲. 林业产业发展研究综述［J］. 林业调查规划，2019（01）：112-115.

19. 赵占永. 我国林业现状及发展趋势［J］. 现代园艺，2018（18）：30.

20. 何蕊，许凯. 中国林业和草原年鉴［M］. 北京：中国林业出版社，2019.

21. 吴银梅. 防沙治沙造林技术的应用［J］. 现代农业科技，2018（22）：148.

22. 姚金芝. 农产品加工贮藏技术［M］. 石家庄：河北科学技术出版社，2014.

23. 王颉，刘亚琼，孙剑峰，等. 农产品加工技术［M］. 石家庄：河北科学技术出版社，2010.

24. 闫碧玮. 国外农产品（食品）质量安全管理实践及其启示［J］. 世界农业，2015（10）：77-82.

25. 占家智，羊茜. 高效养淡水鱼［M］. 北京：机械工业出版社，2015.

26. 王楠，周进. 现代渔业园区概念、国内建设规模及其规划设计要点［J］. 中国渔业经济，2019（05）：69-77.

27. 刘龙腾. 我国现代渔业示范园区发展分析［J］. 中国水产，2018（6）：35-37.

28. 白选杰. 农业生物技术［M］. 成都：西南交通大学出版社，2011.

29. 赵福宽. 现代生物技术与都市农业［M］. 中国农业科学技术出版社，2009.

30. 徐雅群. 生物技术在现代农业中的应用［J］. 广东蚕业，2019（07）：43，45.

31. 赵彩梅. 生物技术在现代农业生产中的应用［J］. 南方农机，2020（24）：61，71.

32. 刘彦钊，张丽丽，徐挺，等. 现代生物技术在动物源性食品抗生素残留检测中的应用进展［J］. 中国食品添加剂，2020（12）：122-130.

33. 唐永金. 现代农业生产·经营管理研究［J］. 安徽农业科学，2015（30）：328-330，366.

34. 赵春江，薛绪掌，王秀，等. 精准农业技术体系的研究进展与展望［J］. 农业工程学报，2003（04）：7-12.

35. 赵春涛. 农家乐开办经营指南［M］. 北京：金盾出版社，2014.

36. 张琪琪，夏珍平，陈静. 新媒体下生态农庄发展模式研究［J］. 中外企业家，2020（06）：85-86.

37. 胡庆，张博. 我国生态农庄发展思路探讨［J］. 现代商业，2020（20）：47-48.

38. 杨晓娜. 生态宜居背景下我国生态新农庄的发展路径［J］. 农业经济，2020（04）：31-33.

39. 李万超. “农家乐”旅游发展研究［J］. 现代农业，2020（05）：99-100.